巨型都市网络：

粤港澳大湾区高质量发展新范式

Mega-City Network:
A New Paradigm for High-Quality Development
of the Greater Bay Area

方 煜 赵迎雪 著

中国建筑工业出版社

审图号：GS 粤（2024）1195 号
图书在版编目（CIP）数据

巨型都市网络：粤港澳大湾区高质量发展新范式 =
Mega-City Network : A New Paradigm for High-
Quality Development of the Greater Bay Area / 方
煜，赵迎雪著 . -- 北京：中国建筑工业出版社，2024.
7. -- ISBN 978-7-112-29907-2

Ⅰ . F299.276.5

中国国家版本馆 CIP 数据核字第 2024JZ8686 号

责任编辑：毋婷娴　石枫华
责任校对：王　烨

巨型都市网络：粤港澳大湾区高质量发展新范式

Mega-City Network: A New Paradigm for High-Quality Development
of the Greater Bay Area

方　煜　赵迎雪　著

*

中国建筑工业出版社出版、发行（北京海淀三里河路9号）
各地新华书店、建筑书店经销
北京方舟正佳图文设计有限公司制版
恒美印务（广州）有限公司印刷

*

开本：787毫米×1092毫米　1 / 16　印张：15¾　字数：284千字
2024年8月第一版　2024年8月第一次印刷
定价：**188.00**元
ISBN 978-7-112-29907-2
　　　（42831）

序

我国已进入高质量发展阶段，在高质量发展过程中要体现中国式现代化特征，城市群已经成为我国引领高质量发展与实现中国式现代化的重要载体，大湾区要实现世界级城市群建设与高质量发展典范的国家使命，需要率先探索其高质量发展新范式。

在我国古籍中，"范"有"模型""规范"之义；"式"有"规格""榜样"之义，"范式"有"模范"等含义。美国学者托马斯·库恩在 1962 年提出"范式"的概念，被认为是通过定律、理论、应用等方式提供的一种模型或模式，也可以是一种假说、准则或方法，而"新范式"则代表了一种新的世界观、方法论，或新的理论体系与思维方式。本书主要基于复杂系统理论与复杂科学方法，来认识大湾区在空间结构上的独特性以及与高质量发展要素之间的系统关系，从而通过寻求系统优化的路径来探索大湾区高质量发展新范式。

本书所提出的巨型都市网络，具体揭示了粤港澳大湾区高质量发展的新范式内涵，并抽象地将其提炼为"三体六维"模型，其中"三体"反映了大湾区拥有香港、广州、深圳三个经济体量相当的中心城市，且由于大湾区空间地域面积相对较小、人口等要素高密度集聚与高强度流动，其所构成的三大都市圈范围也高度叠加；"六维"反映了大湾区环境风景、人文服务、交通互联、开放包容、创新活力、产业发展等高质量发展要素的不断迭代与相互支撑。由此，"三体六维"模型综合反映了大湾区"六维"高质量发展要素迭代演进，通过在空间上的集聚与扩散影响"三体"即三大全球城市与都市圈价值提升的过程，从而实现粤港澳大湾区整体"空间—要素"系统的优化，其不仅是大湾区高质量发展评估的算法模型，更是大湾区高质量发展新范式的内涵所在。

我国城市群受人口密度相对较大、行政区经济主导等因素影响，有着自身独特的发展特征，包括每个城市群在空间结构与要素构成上都有着不同的系统特征，大湾区通过巨型都市网络与

"三体六维"模型所开展的高质量新范式研究，不仅为城市群理论与方法研究提供了一个独特的视角，也为我国高质量发展与中国式现代化建设提供了一种可行的路径，有着重要的学术价值。

　　本书也是中国城市规划设计研究院深圳分院基于湾区多年项目实践与中规智库研究长期积累的成果，希望今后能够再接再厉，以更高水平的学术研究服务于国家大湾区战略，并持续探索适合中国城市群的高质量与现代化发展道路。

王凯

2024 年 3 月 15 日

前言

    城市群的高质量发展与自身的空间结构有着紧密的关系，受独特的地理环境与制度因素的影响，粤港澳大湾区有着特殊的城市群空间结构，基于不同制度逻辑所形成的香港、广州、深圳三大中心城市共同分担全球职能，以香港、广州、深圳为中心的三大都市圈在高密度、高强度要素流动网络的作用下腹地范围高度叠加，以都市化和网络化两种动力持续推动着大湾区空间结构的演化过程，这一空间结构和演化特点使得戈特曼（Jean Gottmann）的"大都市带"（megalopolis）以及彼得·霍尔(Peter Hall)的"巨型城市区域"等城市群理论难以适用于大湾区。因此，本书尝试提出"巨型都市网络"的概念以更为精准地概括大湾区这一特别的区域地理空间现象，并作为巨型城市区域的一种独特类型。

    为了对大湾区高质量发展进行评估，基于大湾区的独特性构建其空间结构与高质量发展的系统逻辑，形成"三体六维"模型，其中"三体"代表香港、广州、深圳三大中心城市及其所在的都市圈，三大中心城市基于差异化的生长逻辑形成多源异构的三大体系，并反映在其三大都市圈的独特性上。对于大湾区而言，三大中心城市与都市圈不仅是影响其空间结构演化的主导力量，同时也是代表其参与全球竞争、建设世界级城市群的核心价值区域。"六维"则充分参考了世界级湾区与城市群在人居环境系统上的卓越品质表现，以及《粤港澳大湾区发展规划纲要》五大战略定位的要求，将大湾区的高质量发展分解为环境风景、人文服务、交通互联、开放包容、创新活力、产业发展六个维度。"三体六维"模型是对大湾区作为复杂系统结构的抽象提炼，以尊重差异、深度合作作为价值导向，反映出空间结构的演化与价值的提升是高质量发展要素系统持续迭代与作用的结果，是一个动态、有机的系统评估模型。

    另外，"三体六维"模型也揭示了大湾区作为巨型都市网络高质量发展的新范式，其中六维高质量发展要素充分围绕人的需求构建，体现了大湾区建设世界级城市群以人为本的高质量发展的基本门槛，并以开放包容兼顾了大湾区的制度特性。在6个维度均追求高质量发展的同时，更突出创新活力和产业发展的重要作用，强调未来全球核心价值的持续提升，以支撑大湾区作为世界级城市群的"内核"所在。六大维度高质量发展以及不断耦合协同的过程，必然反映在空间结构的优化上，其中关键就是三大中心城市全球职能的升级以及三大都市圈全球竞争力的提升，即反映在"三体"在全球价值网络中地位的升级。因此，"三体六维"模型不仅是大湾区面向高质量发展的算法评估模型，更以空间结构的独特性以及空间结构与高质量发展要素的持续迭代与系统优化揭示了大湾区建设世界级城市群与高质量发展的新范式。

而将街镇尺度作为大湾区高质量发展评估的基本单元，可以更精准地刻画大湾区巨型都市网络空间结构演化的动态趋势，并兼顾数据的可获取性，可以根据研究的需要拓展到区县乃至城市等空间尺度，也可以看作是本书除巨型都市网络、"三体六维"模型之外的重要探索之一。

本书共分为8章，其中第1章分析了全球城市群的发展趋势和城市群的概念内涵与空间演化，认为巨型城市区域充分反映了城市群的快速涌现；第2章通过国内外案例介绍了巨型城市区域的多种类型；第3章基于大湾区作为巨型城市区域的独特性提出了巨型都市网络的概念；第4章基于"空间—要素"系统框架，构建"三体六维"算法模型，揭示大湾区作为巨型都市网络其高质量发展新范式；第5章基于"质—流—链"通过大数据确定"三体六维"指标体系，以对大湾区高质量发展进行智能评估；第6章从"三体引擎"的角度重点对香港、广州、深圳三大中心的影响力及其腹地进行分析；第7章从"六维协同"的角度对"六大维度"进行发展评估，揭示其存在的主要问题，并提出策略建议；第8章从深度融合的角度叠加"三体"与"六维"对大湾区高质量发展进行综合评估，并提出其高质量发展的策略建议。

中国城市规划设计研究院深圳分院参与本书撰写的主要同志有：方煜、赵迎雪、石爱华、孙文勇、解芳芳、周璇、张旭怡。其中方煜负责全书的内容布局与模型构建，赵迎雪负责全书的技术统筹与内容校审，各章撰写分工如下：第1章和第2章由石爱华统筹，石爱华、张旭怡、解芳芳、周璇撰写；第 3 章和第 4 章由方煜统筹，石爱华、解芳芳、孙文勇、蔡澍瑶、周璇、张旭怡撰写；第 5 章和第 6 章由孙文勇统筹，孙文勇、蔡澍瑶、解芳芳、石爱华撰写；第 7 章和第 8 章由赵迎雪统筹，石爱华、周璇、解芳芳、张旭怡、孙文勇、蔡澍瑶撰写。全书由方煜、赵迎雪、石爱华、孙文勇统稿，由方煜、赵迎雪负责完成最后的审定工作。

本书的撰写离不开中国城市规划设计研究院深圳分院多年《粤港澳观察蓝皮书》的积累，尤其是《2022 年粤港澳观察蓝皮书》素材的提供，在此感谢深圳分院各部门对蓝皮书工作的大力支持，尤其是感谢李春海、何舸、冯楚芸、罗丽霞、陈菲、刘岚、郑琦、李福映、牛宇琛、邓紫晗、樊明捷、黄晓希、张文娜、张佳玥、陈思伽、孙婷、王陶、解玮、徐雨璇、邱凯付、罗仁泽、李林晴、王海涛、李瑶、李澜鑫等同志在《2022 年粤港澳观察蓝皮书》中的辛苦付出。

在本书出版过程中，也感谢中国城市规划设计研究院原副院长李迅和副总规划师陈明为完善书稿所提出的宝贵意见，感谢孙文勇、蔡澍瑶、刘行对图纸修改和送审工作的大力支持，感谢中国建筑工业出版社石枫华编审与毋婷娴副编审为本书出版所作出的辛苦努力！

受篇幅所限，对所有人的付出难以详尽列出，在此一并致谢！

由于本书出版较为仓促，大湾区以及城市群的研究也是一个持续的过程，书中存在的某些不足之处，还请广大同行和读者批评指正。

2024 年 3 月 28 日于深圳

目录

第1章

巨型城市区域：城市群涌现的新现象

城市群已经成为主导城市化高质量转型、推动全球经济发展、影响世界竞争格局的重要载体与核心力量。虽然对城市群概念与空间结构的研究还没有形成统一的标准，但简单地从城市群的规模以及结构形态的标准来认识它已经远远不够，尤其是在引导一个城市群走向高质量发展与建设世界级城市群时，需要对其内部空间结构演化及其内在机制进行分析。但无论如何，对现有城市群相关概念内涵与空间演化相关研究进行分析，有助于找到认识大湾区空间结构独特性的切入点，尤其是站在巨型城市区域多中心、网络化、功能性等视角进行分析的时候，我们仿佛看到了城市群被作为一个复杂系统持续涌现着新现象，并由此开启从"空间—要素"系统的视角来探索大湾区高质量发展新范式的思考。

1.1 中国成为引领全球城市群发展的主力

1.1.1 21世纪是"城市群的世纪"

联合国数据显示，至2022年，全球人口规模达到80亿左右，其中超过50%的人口居住在城市地区。到2050年，全球人口规模将达到峰值97亿，届时将有约3/4的人口为城市人口（图1-1）。

伴随着稳健增长的城市化人口，城市化主战场近几年发生了显著变化，主要表现在：城市的经济、社会、物理空间等的发展逐渐超越其行政边界向外围非城市区域扩张，形成连绵的都市圈，继而都市圈与周边都市圈及其连绵地区交织成片，最终形成城市群。可以说，21世纪将是"城市群的世纪"。

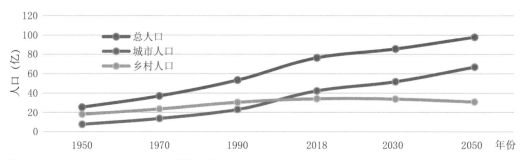

图1-1 1950-2050年全球人口变化趋势示意图
资料来源：联合国经济和社会事务部人口司，《2022年世界人口展望：成果摘要》

1.1.2 亚洲成为全球城市群崛起的主战场

目前全球尚没有统一的城市群定义。联合国《世界城市化展望：2018年报告》（*World Urbanization Prospect: The 2018 Revision Report*，以下简称《2018报告》）认为城市群或城市聚集区（urban agglomeration）是指城市化跨越了行政边界，并向邻近郊区地区扩散的连绵空间。这一定义侧重城市化功能的扩散与渗透，并不强调（或者并不认为）城市群有可界定的、明确的物质边界。与此同时，《2018报告》对城市化地区的分级做了更为清晰的界定，将人口超过 1000 万人的高密度城市化地区定义为超大城市（megacity），500 万～1000 万人口的城市化地区为大城市（large city），100 万～500 万人口规模为中等城市（medium-sized city）。按照这一标准体系，截至 2018 年，全球共有 33 个达到 1000 万人口门槛的超大城市，覆盖全球约 7% 的总人口、12.5% 的城市人口。这一数字较 1990 年翻了三番，预计到 2030 年将达到 43 个。现有 33 个超大城市分布在 22 个国家，且大部分位于亚洲，仅中国就占了 6 个（图 1-2）。

根据《2018 报告》提供的详细数据，各大洲之间的城市规模结构存在着巨大的差异，亚洲在超大城市数量上有绝对优势，而拉丁美洲生活在超大城市 / 城市群的人口比重最高，欧洲、北美洲、大洋洲等发达地区的超大城市则相对较少（图 1-3、表 1-1）。

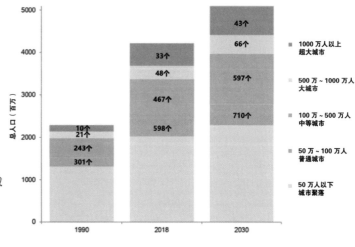

图 1-2　人口规模和全球各等级城市数量（1990-2030 年）
资料来源：《2018 报告》，原文为英文，图表文字由作者翻译

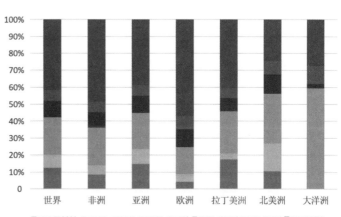

图 1-3　全球及各大洲生活在不同规模城市 / 城市群的人口比重
资料来源：作者根据《2018 报告》中的数据绘制

地区	城市／城市群人口规模等级	城市人口（百万）	占比（%）	个数
世界	1000万人以上	529	12.5	33
	500万~1000万人	325	7.8	48
	100万~500万人	926	21.9	467
	50万~100万人	415	9.8	598
	30万~50万人	275	6.5	714
	30万人以下	1750	41.5	—
非洲	1000万人以上	47	8.5	3
	500万~1000万人	30	5.5	5
	100万~500万人	122	22.2	55
	50万~100万人	50	9.1	71
	30万~50万人	34	6.2	87
	30万人以下	266	48.5	—
亚洲	1000万人以上	335	14.8	20
	500万~1000万人	201	8.8	28
	100万~500万人	483	21.3	250
	50万~100万人	230	10.2	333
	30万~50万人	139	6.2	362
	30万人以下	877	38.7	—
欧洲	1000万人以上	23	4.2	2
	500万~1000万人	26	4.8	4
	100万~500万人	87	15.8	52
	50万~100万人	58	10.5	88
	30万~50万人	43	7.8	114
	30万人以下	315	56.9	—
拉丁美洲和加勒比地区	1000万人以上	92	17.6	6
	500万~1000万人	18	3.4	3
	100万~500万人	131	24.8	63
	50万~100万人	41	7.8	57
	30万~50万人	31	5.9	81
	30万人以下	213	40.5	—
北美洲	1000万人以上	31	10.5	2
	500万~1000万人	50	16.6	8
	100万~500万人	87	29.2	41
	50万~100万人	34	11.5	48
	30万~50万人	24	8	62
	30万人以下	72	24.2	—

地区	城市/城市群人口规模等级	城市人口（百万）	占比（%）	个数
大洋洲	1000 万人以上	—	—	—
	500 万～1000 万人	—	—	—
	100 万～500 万人	17	59.6	6
	50 万～100 万人	1	2.4	1
	30 万～50 万人	3	10.8	8
	30 万人以下	8	27.2	—

资料来源：根据《2018 报告》数据整理

联合国的另一份研究——《全球大都市区 2020 年发展现状报告：人口数据手册》（*Global State of Metropolis 2020: Population Data Booklet*，以下简称《人口手册》）进一步预测，在 2020 年全球 1934 个 30 万人以上人口规模的城市/城市群的基础上，未来 15 年（2020—2035 年）每两周将产生一个新的都市区。至 2035 年，全球将有 2363 个 30 万人口规模以上城市/城市群，包括 14 个新兴千万人口规模以上的超大城市/城市群（图 1-4）。

如今，美国东北部大西洋沿岸城市群、北美五大湖城市群、英国中南部城市群、欧洲西北部城市群、日本太平洋沿岸城市群被公认为五大世界级城市群，在这些城市群向世界级迈进的过程中，往往也会同步伴随其中心城市向全球城市的转化以及世界一流都市圈的

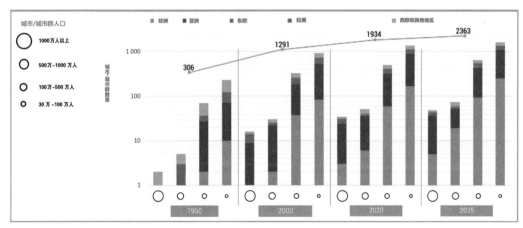

图 1-4　1950-2035 年全球城市/城市群数量
资料来源：《人口手册》，原文为英文，图表文字由作者翻译

发育形成，例如全球著名的纽约、东京、伦敦、巴黎等全球城市及其都市圈。

随着全球城市化的不断发展，除了纽约、东京、伦敦等发达国家传统都市圈/城市群外，亚洲和非洲等发展中地区将成为未来城市化人口和土地增量的主要来源，产生更多的超大城市、都市圈、城市群，是未来全球城市化的主力。其中长三角、京津冀、粤港澳大湾区已经或正在跻身于世界级城市群，后续长江中游、成渝城市群的快速发展，都说明亚洲正在成为全球城市群崛起的"主战场"。

1.1.3 中国成为亚洲城市群发展的主阵地

相较于全球城市群，中国城市群是国家新型城镇化的主体，是国家高质量发展的战略核心区。因此，有相对清晰的、以行政单元为基础的城市群地理空间边界，方便其自上而下地进行顶层设计与战略指引。

中国的城市群发展路径是国家促进区域发展的重要战略部署之一。2006年，国家"十一五"规划纲要首次提出要"把城市群作为推进城镇化的主体形态"；2010年，《全国主体功能区规划》提出构建"两横三纵"为主体的城市化战略布局，形成3个特大城市群和若干新的大城市群和区域性城市群；2013年，中央城镇化工作会议在北京举行，首次提出把城市群作为推进新型城镇化的主体；2014年，《国家新型城镇化规划（2014—2020年）》提出以城市群为主体，推动大中小城市和小城镇协调发展的发展战略；2016年，国家"十三五"规划提出以城市群为主体形态，加快新型城镇化步伐，并明确"19+2"的全国分级城市群空间体系；2018年，《中共中央 国务院关于建立更加有效的区域协调发展新机制的意见》中，提出建立以中心城市引领城市群发展、城市群带动区域发展的新模式，以推动区域融合互动发展；2020年，国家"十四五"规划提出优化行政区划设置，发挥中心城市和城市群带动作用，建设现代化都市圈。

"十三五"以来，在国家和区域层面陆续组织编制并实施了19个国家级（5个）、区域级（8个）和地区级（6个）的城市群发展规划（表1-2）。其中，长三角城市群、粤港澳大湾区和京津冀城市群在规模和功能等级上已跻身世界级城市群行列，也是我国参与国际竞合的重要战略平台。

等级	城市群 名称	主要 规划	发布 日期	面积 （万 km²）
国家级	长江三角洲城市群	《长江三角洲区域一体化发展规划纲要》	2016 年 6 月	21.17
	珠江三角洲城市群 （粤港澳大湾区）	《粤港澳大湾区发展规划纲要》	2019 年 2 月	5.6
	京津冀城市群	《京津冀协同发展规划纲要》	2015 年 6 月	21.6
	长江中游城市群	《长江中游城市群发展规划》	2015 年 4 月	31.7
	成渝城市群	《成渝城市群发展规划》	2016 年 4 月	18.5
区域级	辽中南城市群	—	—	8.15
	山东半岛城市群	《山东半岛城市群发展规划》	2021 年 12 月	7.3
	海峡西岸城市群	《海峡西岸城市群发展规划》	2010 年 12 月	12.4
	哈长城市群	《哈长城市群发展规划》	2016 年 2 月	5.11
	中原城市群	《中原城市群发展规划》	2016 年 12 月	28.7
	关中平原城市群	《关中平原城市群发展规划》	2018 年 2 月	10.71
	北部湾城市群	《北部湾城市群发展规划》	2017 年 2 月	11.66
	天山北坡城市群	《天山北坡经济带发展规划》	2012 年 11 月	20
地区级	晋中城市群	—	—	2.3
	呼包鄂榆城市群	《呼包鄂榆城市群发展规划》	2018 年 2 月	17.5
	滇中城市群	《滇中城市群发展规划》	2020 年 7 月	11.14
	黔中城市群	《黔中城市群发展规划》	2017 年 3 月	5.38
	兰西城市群	《兰州—西宁城市群发展规划》	2020 年 3 月	9.75
	宁夏沿黄城市群	—	—	2.87

数据来源：各政府网站发布的相应规划原文，由作者整理汇总

从全球分区域城市群发展现状和展望可以看到，以中国为核心的亚洲正在成为全球城市化发展的主要动力，甚至可以说 21 世纪的全球城市群发展是"中国世纪"。中国城市群的高质量发展战略地位正在向前所未有的高度提升，这既关系到中国未来的国家实力与人民生活，又影响着全球城市化的前进轨迹。

在中国整个城市群格局中，长三角、京津冀、粤港澳大湾区三大城市群总面积 63 万km²，2022 年总人口 4.3 亿，国内生产总值（GDP）总量为 52 万亿元，以全国 6.6% 的国土面积拥有 30.5% 的人口总量和 43.0% 的经济总量，承担着率先建设世界级城市群、引领全

球产业分工的国家使命价值，发挥着引领其他城市群迈向高质量发展、探索中国式现代化道路的先行示范作用。国家层面发布的三大城市群纲领性文件不仅将其上升为国家战略，在共建世界级城市群共同目标的基础上，也提出了各自的发展路径指引，其中京津冀重在协同发展，长三角重在一体化，粤港澳大湾区重在深度融合。

1.2 城市群的概念内涵与空间演化

1.2.1 城市群的概念与内涵

1）研究历程综述

（1）20世纪初期：现代城市群理论初步搭建

城市群概念的雏形最早可追溯至 1898 年英国艾比尼泽·霍华德（Ebenezer Howard）"田园城市"理论中的城镇群体（town cluster）概念。1915 年，帕特里克·格迪斯（Patrick Geddes）通过对英国城市的研究，在著作《进化中的城市》（Cities in Evolution）中，提出城市的扩展使诸多功能跨越了城市边界，以致众多城市影响范围互相重叠产生了"城市区域"（city region），并创造了一个新的词汇"组合城市"（conurbation）来描述这种新的区域空间。1918 年，芬兰城市学者埃列尔·萨里宁（Eliel Saarinen）提出"有机疏散"理论，认为城市群的发展将经历从无序集中到有序疏散的历程。其后，苏联一些学者也提出了城市经济区、经济城市、规划区等区域空间概念，并尝试用具体指标识别城市群空间范围。1933 年，德国地理学家克利斯泰勒（Walter Christaller）提出了著名的中心地理论，首次系统论证了城市群的空间结构体系和组织模式，成为现代城市群研究的基础理论之一。此后，杰弗逊（Jefferson）和齐普夫（Zipf）分别对城市群的规模分布开展了理论研究，其中齐普夫创新性地将万有引力定律引入城市群的空间分析。

（2）20世纪中期：国际城市群研究百家争鸣

20 世纪中叶，"二战"后社会和经济的快速复苏，使得人口大量涌入城市，从而引发了城市向郊区的快速蔓延扩散，城市群的理论和实践工作都取得了新的突破，最重要的成果来自美籍法国地理学家戈特曼（Jean Gottmann）。1957 年，戈特曼在考察北美城市化地区后发表《大城市群：东北海岸的城镇化》，提出了大都市带 / 城市群（megalopolis）的概念，认为其是由多个城镇组合而成的一种区域空间形态，大都市带概念奠定了现代城市群研究的重要基础。他进一步提出了城市群必须满足的四个条件：①必须有一定密度以上的若干城市，以维持城市和周边区域在社会经济方面的紧密交流；②人口规模至少达到2500万、人口密度超过250人/km²；③必须有足够发达和高效的基础设施以维持核心城市之间的联系；④是国家层面的中心和全球化的重要节点。

在这一时期，许多经典理论得到了系统的发展与发表，包括法国佩鲁（Francois Perroux）的"增长极理论"，瑞典哈格斯特朗（Hagerstrand）的现代空间扩散理论，以及哈盖特（Haggett）和克里夫（Cliff）的区域城市群空间演化过程模式、道萨蒂亚斯（Doxiadis）的世界都市构想等，在一定程度上揭示了城市空间结构演化的内在机制。而更多其他学科的视角也被加入城市群的研究，如美国地理学家弗里德曼（Friedman）在罗斯托（Walt Whitman Rostow）的经济成长阶段理论基础上，从经济学视角将城市群空间拓展阶段划分为工业化前期、初期、成熟期和后期四个阶段，阐述了城市群空间演化的过程。

（3）20世纪中后期：中国城市群研究接轨世界

在20世纪中后期，随着中国改革开放的进行，城市化高速推进，中国学者对城市群的研究也逐渐登上世界舞台。宋家泰最早在1980年提出"城市区域"概念，即一个包含多经济中心的经济区域。1983年，于洪俊、宁越敏受戈特曼大都市带思想的启发，在著作《城市地理概论》中首次提出"巨大都市带"的概念，拉开了国内"大都市带"研究的帷幕。1986年，周一星针对中国的城市组织特征，提出市中心—旧城区—建成区—近市区—市区—城市经济统计区—都市连绵区的地域概念体系，并在1988年进一步发展为中国城市空间单元体系，其中都市连绵区（metropolitan interlocking region，MIR）概念是中国特色化了的、与戈特曼城市群（megalopolis）相对应的中国城市群概念。姚士谋在1992年提出，城市群是特定的地域范围内具有相当数据的不同性质、类型和等级规模的城市，依托一定的自然环境条件，以一个或两个特大或大城市作为地区经济的核心，借助于综合运输网的通达性，发生与发展着城市个体之间的内在联系，共同构成一个相对完整的城市"集合体"。他定义城市群需满足三个条件：①有相当数量的不同类型的城市；②有一个以上特大城市作为区域中心；③城市之间存在着联系。这一概念定义在今天仍被广泛引用与应用。1999年，顾朝林在《中国城市地理》一书中提出了城市集聚区的概念，也是对中国式城市群概念界定的尝试。胡序威其后辨析了城镇密集区与城镇群的概念异同，认为前者更强调城乡之间的相互作用和城乡一体化，而城镇群则更侧重城市之间的联系与作用。

（4）21世纪：动态化、全球化、跨学科、多视角的多元城市群研究

进入21世纪，中外学者对城市群的研究更加多元化。首先表现为从静态的范围研究转向动态的关系研究。如帕特罗诺夫（Protnov）等从通勤关系定义了城市群，认为城市群是由一至两个核心城市的通勤可达范围圈定的若干相互联系的城市所在的地域。蒂福德（Teaford）则发现随着社会生产力和市场经济的发展，城市之间的链接正在飞速增长，这种增长逐渐模糊了以传统行政边界为代表的、城市和周边地区的物理界限。其次城市群在全球化趋势下的独特价值正在日益受到重视。斯科特对城市群的研究加入了公共政策和社会学的视角，提出了"全球城市—区域"的概念。同时，城市群的形成、发育、演化机制也逐渐成为研究热点。王兴平分析了大量城市形态的演化路径，认为城市空间形态经常遵循着"一般城市→都市区→城市密集区→城市群→大都市区→都市连绵区→都市带"的演化升级模式。方创琳等则认为城市群是一种新兴的城市空间形态，由高度集聚的产业和人口、高度通达的交通网络、强有力的中心城市和倾斜的区域激励政策等驱动。城市群是大都市发展后期的产物，既是经济共同体也是利益共同体，区域应共享共担总体规划框架、产业链组织、城乡发展计划、交通网络系统、信息网络系统、金融系统、市场、科技创新、环境保护与治理、生态建设等关键发展命题。

总结以上对城市群概念和理论研究的回顾，可以发现，尽管全球各领域专家学者对城市群持续了一百多年的研究与探索，在不同历史阶段、基于不同研究目的、受不同学科启发，给出了各种视角和方式的城市群概念界定与命名，其中不乏我们耳熟能详的城市区域（urban region）、城市集群（urban cluster）、都市区（metropolitan area）、城市经济区（urban economic zone）、城乡融合区域（urban-rural integrated area）、城市群/都市带（megalopolis）、都市连绵区（MIRs）等，但至今全球尚未就城市群的概念与内涵达成一致的标准与理解。相对一致的描述方向有：城市群是由一个或多个超大或特大城市为核心，包含多个都市圈或城市、空间组织紧凑、社会经济联系紧密、高度一体化发展的区域。作为国家/区域城市化发展到高级阶段的产物，即便在欧美发达国家的成熟城市化区域，其城市群仍在缓慢增长与发育，关于城市群的研究与实践还有很大的探索和创新空间。

2）形成与发展过程

城市群的形成与发育过程是各城市之间由竞争变为竞合的一体化和同城化过程，集聚和扩散始终是推动城市群演化的核心动力。大量学者对城市群的形成和发育阶段做过研究。斯科特将城市群成长阶段划分为单中心、多中心和网络化三大阶段；弗里德曼提出了工业化前期、初期、成熟期、后期四阶段；姚士谋将城市群空间扩展过程划分为农业经济时代、前工业化时代、工业化时代和城市化阶段四大阶段；张京祥将城市群空间拓展阶段划分为多中心孤立膨胀阶段、城市空间定向蔓延阶段、城市间向心与离心扩散阶段、城市连绵区内的复合式扩张阶段等四大阶段；方创琳等在前人研究基础上，提出了城市群发展的分散独立式节点均衡发展、单体大都市区形成与继续拓展、基于单节点的空间结构与职能结构整合发展、多都市区一体化区域的形成、都市区整合发展与结构重组、城市群稳定与持续发展等几个阶段。

这些研究有的结合产业／技术等的发展周期展开，有的单纯从空间扩张视角进行城市群拓展模式论述。本书倾向于介绍方创琳在另一篇研究中对城市群空间演进过程的概括性描述：城市群形成与发育遵循了从城市—都市区—都市圈—城市群（大都市圈）—大都市带（都市连绵区）的一条主线时空演进路径，并对这四次扩张过程绘制了基本空间特征（表1-3、图1-5）。这一四阶段理论，消除了经济和技术等不同地区、不同时代对城市群发展带来的差异性，又保留了从规划和地理学视角出发的基本空间属性特征，可以相对清晰地用来描述当今全球范围内都市圈和城市群的梯度演化和多层次性结构。在一次次空间和功能的扩张下，城市集聚和辐射效应不断增强、影响范围不断外扩，最终城市之间互相连接，逐步成长为区域、国家乃至国际的动力中心。

城市群形成发育中空间范围四次扩展过程的基本特征比较分析表　　　　表1-3

城市群形成发育扩展过程	第一次扩展	第二次扩展	第三次扩展	第四次扩展
名称	城市	都市区	都市圈	城市群	大都市带
空间范围	小	逐步扩大	进一步扩大	跨区扩大	跨界扩大
影响范围	市内意义	市级意义	市际意义	大区及国家意义	国家及国际意义
城市个数	1个	1个	1个	3个以上城市或3个以上都市圈	2个以上城市群，数十个城市

城市群形成发育扩展过程		第一次扩展	第二次扩展	第三次扩展	第四次扩展
名称	城市	都市区	都市圈	城市群	大都市带
交通网络	向市内地区延伸，城市间交通网络不发达	向邻近地区延伸	向周边地区进一步延伸	向市外地区延伸，城市或都市圈之间交通网络较密	向界外地区延伸，都市圈或城市群之间交通网络更密
产业联系	城市之间很弱	城市之间较弱	城市之间开始互补联系	城市或都市圈之间互补性较强	都市圈或城市群之间互补性更强
地域结构	单核心结构	单核心圈层结构	单核心放射状圈层结构	单核心或多核心轴带·圈层网络结构	多核心星云状高度交织的网络结构
梯度扩张模式	点式扩张	点环扩张	点轴扩张	轴带辐射	串珠状网式辐射
发展阶段	城市群形成的雏形阶段	城市群形成的初级阶段	城市群形成的中期阶段	城市群发育的成熟阶段	城市群发育的顶级阶段
中心功能	城市增长中心	城市增长中心	区域增长中心	国家增长中心	国际增长中心

资料来源：方创琳.城市群空间范围识别标准的研究进展与基本判断[J].城市规划学刊，2009，4（182）：1-6.

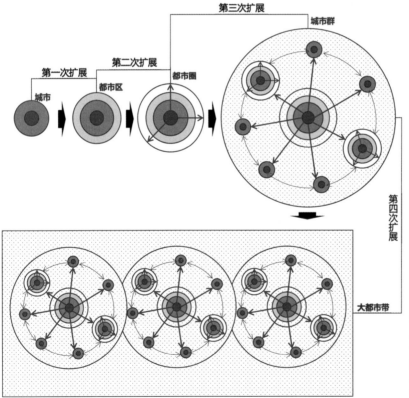

图1-5　城市群形成发育过程中空间范围的四次拓展过程示意图

资料来源：方创琳.城市群空间范围识别标准的研究进展与基本判断[J].城市规划学刊，2009，4（182）：1-6.

3）未来的研究展望

在全球化和逆全球化的双向趋势下，城市群作为国家和区域参与全球竞争的主要着力点，对其形成、成长、扩张的研究将越来越重要。城市群将积极参与全球资本、信息和劳动力等的资源交流与交换，以及政治、经济、文化等的竞争与合作，共建全球人类命运共同体。

但迄今为止，全球尚未就城市群的定义和内涵达成共识，这对下一步全球各地区、各领域如何开展基于城市群的合作与交流、如何提升区域一体化发展质量具有重要影响。因此，对城市群的概念定义、价值内涵等，需要更加系统和深入的持续研究。

对于城市群的生长动力和扩张机制等的研究，现有研究普遍认为经济全球化、信息化、新型工业化、快速交通、知识经济以及政策支持等对城市群的产生和发育起到了重要的促进作用，而从一般城市、都市区、都市圈、城市群再到大都市带（都市连绵区）的四阶段时空生长路径也基本概括了对全球城市群扩张的普遍认识。然而，世界正处在百年未有之大变局，新的技术革命、不断深入的全球化中逐渐出现的逆全球化趋势、全球突发性危机的爆发、生态环境压力的日渐增大，都给未来全球城市群的发展带来了巨大的不确定性和可能性，依据历史经验和发展现状总结和得到的城市群认知，需要基于新的发展形势不断更新与进化。

未来全球的城市群发展主战场将在亚洲，而亚洲的主阵地在中国。可以说中国的城市群将成为未来全球经济、文化、资源等汇聚和流通的主要核心。近几年，中国的新型城镇化正致力于构建高质量发展的城镇格局，城市群是其中重要的发展和提升重点。中国的城市群发展如何从过去的增量转向未来的提质，是关乎中国乃至全球城市化未来发展方向的关键。同时，中国也提出了"一带一路""内外双循环"等倡议及发展理念，积极地参与全球分工与合作，而城市群正是中国与世界合作、交流的重要平台与载体。综上，对中国的城市群研究将在未来的全球城市群和区域研究中受到越来越多的关注，成为新的研究重点和热点。

1.2.2　城市群的空间结构及其演化

1）城市群空间结构分类

城市群空间结构是反映人类社会经济活动的投影，目前在学术及规划实践中分为两个方向。第一类为以若干城市群为整体进行的结构体系研究，第二类为以单体城市群的内部空间结构为研究或实践对象。

方创琳等学者提出"城市群结构体系"，旨在研究3个以上不同规模、不同等级和不同发育程度的城市群，按照一定的组合方式通过各种通道有机联系而成的空间聚合体和综合集群体，并通过测度发现中国城市群结构体系是由28个大小不同、规模不等、发育程度不一的城市群组成的空间有序、分工相对合理的空间集群体。早在1995年姚士谋等根据城市群规模功能结构与布局形态把中国城市群划分为组团式、带状和分散式（放射状或环状）城市群。宋吉涛等通过中心性指数和分形网络维数等方法将中国城市群划分为单核分割型、单核偏离型、单核集中型、双核平衡型和双核偏离型共五大类型。

学术领域侧重以具体城市群的发展现状为基础，通过特征归纳、社会网络分析、中心地理论、引力模型等分析方法，形成对其空间结构体系的评估与提炼。在总体的空间结构上，学者通过实证认为城市群呈现出轴带发展、圈层化或多中心网络化的空间格局。如长三角城市群在产业演化的背景下呈现出轴线、圈层和网络三大特征，并在伴随高铁网络的建设下，整体网络密度迅速提高，中心城市对外辐射增强。长江中游城市群通过中心性进行测定，发现形成了4个"核心—边缘"结构的城市圈组成多中心巨型城市区域。珠三角城市群则形成多中心模式城市群空间组织。在职能空间上，陆大道提出在全球生产网络与"流"空间的影响下，形成了核心城市为引领与周边专业化扩散的空间结构，即城市群中的核心城市是国家或大区域的金融中心、交通通信枢纽、人才聚集地和进入国际市场最便捷的通道，即资金流、信息流、物流、技术流、人才流的交会点，周围地区承担着的垂直和横向产业联系的专业化扩散。曾春水等学者也指出世界发育成熟城市群区域中心城市以生产性服务业为主导职能，外围形成制造业和专业化服务业城市，但国内城市群存在核心－外围的分工还不明确的问题。郑艳婷通过对核心城市外围区域研究，发现呈现"分散性区域集聚"空间模式特征。

目前在国内城市群规划实践中延续了学术界"网络化"的城市群空间结构认识。在规划中侧重基于当下发展现状以及未来趋势的城市群空间引导，依托核心城市及周边城镇形成都市圈，依托经济发展与交通干道形成串联都市圈的发展轴带，形成轴带－都市圈－核心城市的空间结构组织。如《长三角城市群发展规划》提出"发挥上海龙头带动的核心作用和区域中心城市的辐射带动作用，依托交通运输网络培育形成多级多类发展轴线，推动南京都市圈、杭州都市圈、合肥都市圈、苏锡常都市圈、宁波都市圈的同城化发展，强化沿海发展带、沿江发展带、沪宁合杭甬发展带、沪杭金发展带的聚合发展，构建'一核五圈四带'的网络化空间格局"。

2）城市群空间结构拆解

城市群是城市与区域在空间结构体系上的体现，其内部从城市到区域的空间结构体系演变，经过多年研究，总体上形成都市区—都市圈—城市群的空间结构体系。

都市区目前被学者认为是城市发展到高水平阶段的空间结构形式，是一个拥有特定人口规模的核心城市及与其有着紧密经济社会联系的周边邻接地域组合成的区域或地理现象，其核心城市是超大城市、特大城市或辐射带动功能强的大城市，即大都市是都市区形成的前提条件且只有一个，都市区被看作是都市圈的基本单元与核心区域。

都市圈目前被学者认为是以超大城市、特大城市或辐射带动功能强的大城市为核心，以核心城市的辐射距离为半径，所形成的功能互补、分工合作、经济联系比较紧密的区域，以一个或多个大城市作为中心城市，是城市群中核心城市及外围城镇形成的紧密联系区域或一体化地区，被看作是城市群的次区域。2019 年国家发展和改革委员会（以下简称"国家发改委"）发布的《关于培育发展现代化都市圈的指导意见》将其范围界定为：城市群内部以超大城市或辐射带动功能强的大城市为中心、以 1 小时通勤圈为基本范围的城镇化空间形态。

城市群作为戈特曼所提出的"megalopolis"的中国化表述，是指在特定地域范围内，以 1 个超大或特大城市为核心，由 3 个以上都市圈（区）或大城市为基本构成单元，依托发达的交通通信等基础设施网络，所形成的空间组织紧凑、经济联系紧密、最终实现同城化和高度一体化的城市群体。

可见，都市区是都市圈的基本构成单元和核心区域，都市圈又是城市群基本构成单元和前提条件，从而通过都市区—都市圈—城市群形成一个由小到大、在不同发展阶段层层嵌套的结构体系。面对我国城市区域化的高速发展，都市区的价值更多地被中心城市替代，形成中心城市—都市圈—城市群的空间结构体系。

3）新城市群空间特征的涌现：巨型城市区域

总体而言，对于城市群内部结构的分析，早期以城镇体系的方式对其中心等级结构进行描述。20世纪90年代以后，随着信息网络、交通技术的发展，城市群研究范式发生了"从中心地模式向网络化模式的转化"，从而存在"场所空间"与"流动空间"的不同研究视角，尤其是随着卡斯特"流空间"理论被广泛认可，开启了城市—区域多中心网络研究阶段。其中彼得·霍尔（Peter Hall）所提出的巨型城市区域是典型代表，它是由形体上分离但功能上相互联系的 20～50 个城镇组成，在一个或多个较大的中心城市周围集聚，并被通过高速公路、高速铁路和承载"流动空间"的电信电缆传输的密集人流和信息流所连接，作为更广阔的功能上的城市区域存在，并以"欧洲都市"整体面貌介绍了欧洲 8 个巨型城市区域的不同发展阶段和空间结构演化特征。关于巨型城市区域的研究重点多集中在其多中心、网络化、功能性等 3 个普遍性特征方面，其多中心不仅是"形态多中心"，更强调"功能多中心"。网络化不仅包括交通等实体网络，更包括产业等功能联系网络。功能性是强调产业协作、就业与居住之间形成紧密功能联系，在各种流的作用下，不同尺度的功能地域通过尺度重组和空间重构进一步强化了网络化发展趋势。比较而言，城市群更强调高度连绵的实体形态，巨型城市区域更强调功能网络联系，在空间流的作用下，生产要素的集聚与扩散促进空间不断重组，导致其边界具有模糊性特征，但依然以一个或多个中心城市作为核心区，可看作是城市群概念的深化。

从城市群到巨型城市区域，如果巨型城市区域作为城市群的一种概念类型，也可以说，从城市群不同的概念来看，过去的很多研究更多将城市群作为一个整体进行其概念界定与空间演化的研究，而巨型城市区域则深入到城市群作为复杂系统的内部提供了多中心、网络化、功能性等 3 个视角，从而为揭示不同城市群系统内部的空间结构及其演化的差异性提供了很好的思路。与此同时，这也是城市群作为复杂系统快速崛起和不断涌现的发展需求。

1.2.3　对粤港澳大湾区的已有认知

1）以巨型城市区域为主的城市群概念认知

由于城市群相关概念的模糊，以及粤港澳大湾区从小珠三角到大珠三角再到粤港澳大湾区的复杂演化历程，其使用的相关概念也较多。受周一星"都市连绵区"概念的影响，珠三角也被称为都市连绵区，如莫大喜认为珠三角已经具备了都市连绵区的所有特征，其形成主要是因为香港首位城市龙头作用显著，广州、深圳中心城市地位凸显。随着姚士谋城市群概念的提出，珠三角也被称为城镇群或城市群，如广东省于1994年编制了《珠江三角洲经济区城镇群规划》，成为国内第一个城市群规划，强调了珠三角发展与港澳的紧密关系，2004年编制了《珠江三角洲城镇群协调发展规划》，首次提出建设世界级城市群的目标。随着对都市区和都市圈概念的关注，珠三角也被称为大都市区或都市圈，如王蓓等通过分析京津冀、长三角和珠三角地区科技资源投入产出的主要指标，阐述了三大都市区的科技发展态势，陈红霞等对京津冀、长三角和珠三角等三大都市圈的城市网络结构进行了分析。随着对巨型城市区域与全球城市区域的关注，珠三角或大湾区也被称为巨型城市区域或全球城市区域，如李郇等从巨型城市区域的视角审视粤港澳大湾区空间结构，闫小培等以珠江三角洲地区为例，研究巨型城市区域土地利用变化的人文因素分析。

可以看出，从本质上来说，这里大都市带、大都市区、都市圈、巨型城市区域、全球城市区域都是对城市群概念的不同表达，很多概念的使用与该概念的提出以及学者们对概念的理解有关，也进一步验证了城市群概念的多样化与缺乏统一。另外，虽然过去珠三角城市群在概念上也有时涵盖港澳，但其规划往往从广东省范围内的9个城市展开，而粤港澳大湾区则更体现其"9+2"的整体空间范畴，随着对内部中心城市—都市圈—城市群等空间结构的认识，也更多地从巨型城市区域或城市群本身而非大都市区或都市圈的视角对其整体进行研究。

2）以都市圈为主的城市群空间演化认知

早期关于粤港澳大湾区空间结构的研究主要聚焦于城市体系，重点关注其中心城市的变化及其对区域空间结构演化的影响。随着"流动空间"以及巨型城市区域等概念的提出，研究视角开始重点关注区域空间的网络化发展过程。学者们认为珠三角内部空间组织格局从"单中心"向"双中心"演变，呈现多中心网络化趋势，并借助各种流数据以及夜间灯光等多源大数据形式对区域空间结构进行分析，对其功能多中心以及尺度敏感性进行实证研究，通过城市创新网络、区域合作网络等对大湾区的网络化特征进行分析，揭示其内部以香港、广州、深圳为核心的圈层式结构特征，且其圈层化结构表现为核心区域相对集中连片，中间区域不断萎缩并逐渐破碎化，外围总体保护较好的特征。李郇认为粤港澳大湾区作为巨型城市区域，去边界化趋势明显，且将形成广佛、港深两大核心区。

《粤港澳大湾区发展规划纲要》（以下简称《湾区纲要》）中也明确提出"构建极点带动、轴带支撑网络化空间格局，即发挥香港—深圳、广州—佛山、澳门—珠海极点带动，依托以高速铁路、城际铁路和高等级公路为主体的快速交通网络与港口群和机场群，构建区域经济发展轴带，形成主要城市间高效连接的网络化空间格局"。自 2019 年《湾区纲要》发布至今，省、市层面已经开启了对湾区结构的诸多想象。在省级法定规划层面，2021 年广东省自然资源厅发布了《广东省国土空间规划（2020—2035 年）》，是国土空间规划体系改革后广东省对整体空间进行的法定性空间安排，提出以香港—深圳、广州—佛山、澳门—珠海强强联合的组团式、多中心、网络化的空间格局，以广州、深圳、珠江口西岸、汕潮揭、湛茂等五个都市圈为载体的区域协同一体化格局。

除法定规划外，湾区的未来发展格局也在诸多战略规划、专项规划等非法定规划中开展布局研究，同时也引起了规划领域专家学者的热烈讨论。李郇基于湾区创新驱动与产业发展的视角，提出未来粤港澳大湾区将在"创新更加集聚、生产更加分散、产业的连接形成更加网络化"的原则下，形成大集中、大分散、大网络的新空间格局，将会形成超级城市＋功能区的形态，即"一国两制"下的深港双城与典型的圈层结构的广佛地区，而周边各个地区将形成各种生产的、创新的功能区的点状布局，承载湾区专业化的分散结构。伴随国家先后出台前海、横琴、南沙总体方案及香港提出北部都会区的建设设想，环珠江口诸多重大平台要素集聚，广东省随即提出"黄金内湾"发展战略构想，引发以培育"黄金内湾"的"脊梁""通道""枢纽"等概念为支撑的都市圈网络化格局。

目前对粤港澳大湾区空间概念与空间结构的研究已经围绕巨型城市区域多中心、网络化、功能性展开，并强调了中心城市—都市圈—城市群的整体空间组织逻辑，但对其独特性及其背后的形成机制仍然缺乏一定的认识。

第2章

全球视野：巨型城市区域的空间演化

巨型城市区域作为全球化进程与区域经济发展、行政管理、历史文化、自然地理等多方面因素综合作用的产物，其空间结构有着复杂的演化与形成机制。借鉴"欧洲都市"所在的八大巨型城市区域以及东京都市圈、纽约湾区、旧金山湾区和京津冀、长三角两大城市群的成长历程，可以看出，空间结构本身并不能直接影响其全球竞争力，即并非哪一种空间结构更有利于全球竞争力的培育或者建设世界一流湾区乃至世界级城市群，其关键在于单个或多个中心城市之间对全球职能的有效分工与功能联系，并以都市圈等形式形成良好的中心—腹地关系，即区域中心城市之间以中心—腹地的"深度融合"过程。

2.1 欧洲都市：疏密有致的都市网络

彼得·霍尔在《多中心大都市：来自欧洲巨型城市区域的经验》一书中，介绍了来自欧洲的 8 个巨型城市区域（即多中心巨型城市区域，mega-city region，MCR），八大巨型城市区域距离相近，且区域内部以及区域之间功能高度联系，以疏密有致的都市网络和"五边形"超级巨型城市区域形成西北欧"欧洲都市"（Europolis），覆盖欧洲心脏地区。

根据彼得·霍尔在书中的描述，在八大巨型城市区域中，英格兰东南部、巴黎区域、瑞士北部大都市区域、德国莱茵美因、荷兰兰斯塔德、德国莱茵鲁尔区域空间结构与功能发育成熟，而比利时中部和爱尔兰都柏林相对而言，仍属于正在培育中的巨型城市区域。下面仅对前面 6 个区域其空间结构与功能特点进行简要介绍，并将其划分为单中心主导型和多中心主导型两类。

2.1.1 欧洲都市中单中心主导型的巨型城市区域

1）英格兰东南部：超强的全球链接能力

早在 20 世纪 90 年代，在英格兰东南部 51 个功能性城市区域（functional urban region，FUR）① 中，以伦敦为主导的 FUR 总人口就达到 902 万，接近区域人口总量的 1/2，其空间从中心延伸到平均 50km 半径范围内。整个区域的通勤呈现出以伦敦为核心的放射性流动主导模式，其他中心之间以伦敦为核心存在着错综复杂的通勤网络关系。

英格兰东南部历史上就是英国最重要的经济活动和财富产出区域，受工业革命影响，先后通过发展制造业和高端生产者服务业再次发挥经济核心地位，区域所有就业中几乎 80% 是服务业，并形成明确的专业化分工，其中伦敦是欧洲最大的高端生产者服务业集聚中心，银行业、金融业和保险业等高度集中在金融城（City of London）和金丝雀码头（Canary Wharf）等地区，这些地区使伦敦与其他世界城市保持高度的全球连通性，并进一步以紧密的交通联系与信息交流、专业化分工等网络联系整个巨型城市区域，这些城市之间的联系

---

① 彼得·霍尔在《多中心大都市：来自欧洲巨型城市区域的经验》中，以功能性城市区域作为分析巨型城市区域功能联系的重要单元。

通过全球技术和知识创新以伦敦为纽带为全球性跨国公司提供高价值服务，从而建立整个区域链接全球的服务网络。

2）巴黎区域：单中心功能的过度集聚

由于高度集中的政治、文化和经济功能，在经济全球化推动的产业体系变革下，巴黎几乎成为法国唯一的世界城市，集聚了 1100 万居住人口，高端生产者服务业高度集中，主要公司在空间分布上以密集的集群的形式，从巴黎的 CBD 一直延伸到拉德芳斯和布洛涅－比扬古。人口和高端服务业的高度集聚导致该区域表现为极端的以巴黎为核心的单中心通勤模式，且主要以较近地区进入巴黎的巨大通勤流为主导，其他则在相对边缘的中心形成次一级的地方性通勤网络。

随着集中化和单中心所出现的不均衡现象加剧，多中心的空间规划政策被认为是解决这一问题的有效方案。《巴黎盆地跨区域规划协议（1994—1999）》提出多中心的两种不同设想，第一个设想为"多极与集中化设想"，在考虑巴黎大区职能强化的基础上，外围城市形成制约的层级化多中心模式。第二个设想为"大都市区网络远景"，通过在大巴黎区域构建更为多中心的地理空间体系来削弱空间发展的不公平。但由于多中心空间规划与实施本身的局限性，实际上大量的知识密集型企业仍然认为集聚和全球流通性是主要发展动力，且随着外围部分地区的发展，在分散化的过程中，进一步增加了巴黎单中心的功能要素集聚程度。

3）瑞士北部大都市区域：知识经济主导下的区域功能共同体

瑞士北部大都市区域由苏黎世主导，包括巴塞尔、卢塞恩等中等规模城市和阿劳、巴登－布鲁克、温特图尔、圣加伦、楚格等规模较小的城镇。瑞士经济增长主要依靠技术创新和高端生产者服务业，属于小规模、开放性经济模式，汇聚了各种要素流动的全球网络节点，成为以知识为主的高科技制造业或高端生产者服务业的首选，而节点的国际化要素集聚与服务能力而非规模成为该区域及其内部各城市重要的竞争力。尽管瑞士有着高度发达的公共交通和通信网络，但高端生产者服务业仍继续向主要城市集聚，其中大部分都集中在了苏黎世，使其成为全球重要的银行、商务服务和交通枢纽。

整个大都市区域已经成为一个具有紧密联系的功能区域，即由高品质的中心、知识创新型企业、完善的公共基础设施等构成的功能性共同体，且随着全国人口持续向该区域集聚，城市空间则继续向城乡接合地区扩张，区域的功能联系进一步加强。其中苏黎世通过知识网络拓展和组织周边的城镇，以医疗技术集群等形式使得瑞士北部大都市区域成为以创新为主导的地区。该区域已经拓展到苏黎世机场一小时范围内，周边巴塞尔、卢塞恩、圣加仑等三个城市以瑞士国土面积的 1/4 拥有全国 1/2 的人口，不同城市之间已经形成相对明确的专业化分工。

4）德国莱茵美因：区域一体化的功能组织模式

该区域是德国仅次于莱茵鲁尔地区的第二大城市群，人口主要集中在法兰克福、威斯巴登、美因茨、达姆斯塔特、奥芬巴赫等五个城市。法兰克福作为中世纪德国国王的加冕之地和罗马帝国时期的自由城，在 14 世纪拥有了金融自治权和司法行政权后，发展成为重要的跨区域贸易、展览、银行及图书出版中心，经过"二战"后的边界调整，莱茵美因地区结束了分属三个不同国家的历史。19 世纪 40 ~ 50 年代建立了以法兰克福为中心的放射性铁路，开始了早期的区域一体化进程。"二战"后，法兰克福取代柏林成为重要的金融中心。20 世纪 70 年代开始，区域居住人口开始从城市中心向外围迁移，外围中小城镇在郊区化的推动下快速发展，随着通勤流的增加，区域内部的联系也得到加强。随着产业分工的国际化以及通信技术的发展，区域一体化进程进一步加快，形成以高端服务业为主的空间组织与功能分工。

一体化的区域进程形成了城市之间的高效分工，其中法兰克福仍是高端生产者服务业的首选之地，集聚了大量的知识密集型跨国商业服务机构总部。另外，该区域一体化的交通基础设施、优质的高等教育机构与研发设施，再加上优越的自然景观、高品质的环境质量、充足的住房供应等，也成为吸引国际战略性企业选择的重要影响因素。

2.1.2 欧洲都市中多中心主导型的巨型城市区域

1）荷兰兰斯塔德：典型的多中心城市区域

兰斯塔德呈现明显的多中心结构特征，围绕中央"绿心"由阿姆斯特丹、海牙、鹿特丹和乌得勒支等城市主导形成环形城市，并包括哈勒姆、莱顿、代尔夫特、多德雷赫特、阿莫斯福特、阿尔默勒等其他中等规模的若干城镇。早在 16 世纪，绝佳的水上运输条件就形成了兰斯塔德地区多中心区域结构与明显的功能分工。之后，其功能联系不断增强与日趋复杂，全球化的影响不断重塑其功能分工，更加高效的交通设施不断强化其功能联系，进一步增加了企业和居民对城市选址的相对自由，使得兰斯塔德无论是城市、城镇还是乡村都被纳入内部的紧密联系与协作分工中，并以极其复杂的形式构建与全球联通的网络。

兰斯塔德地区拥有区域乃至国际政治、金融、文化、门户等多重功能，并分散在各个城市，形成紧密的功能联系。以高端生产者服务业为例，2002 年，荷兰 54% 的商业服务部门就业岗位即 75.2 万个岗位位于兰斯塔德，且企业一般会将服务全国市场的公司选址于四大中心城市（阿姆斯特丹、海牙、鹿特丹和乌德勒支）。

2）德国莱茵鲁尔：分散的区域主义下的多中心结构

莱茵鲁尔是德国北莱茵—威斯特法伦州城市化程度最高的区域，除首府杜塞尔多夫以外，还包括核心城市科隆、波恩、埃森、多特蒙德、杜伊斯堡，以及十几个中等尺度和大量小尺度的城市。受分散的区域主义以及分权的德国联邦政府系统的影响，与大多数欧洲国家不同，德国国家城市系统逐渐形成了由十几个人口超过 50 万人的稍大城市与大量重要的中小城市组成的密集网络，相对而言，更多是以多中心结构而非单个中心占据主导地位的形式呈现，从而通过城市之间的有效分工与国际上其他大都市区进行竞争。

莱茵鲁尔地区由历史上发展各异的城市组成，没有形成在各类功能方面占据主导地位的中心城市，更多地体现为规模分级系统与产业分工系统相互结合的产物。莱茵鲁尔整个地区仍以工业为基础，高端服务业表现弱于其他区域，但杜塞尔多夫、科隆、波恩等知识密集型商务服务业发展相对较好，杜塞尔多夫集中了规模最大、数量最多的高端生产者服务业公司，科隆、多特蒙德、埃森、波恩和杜伊斯堡也有显著的高端生产者服务业集中于此，各个城市中心之间形成明显的专业化分工。

2.2 东京都市圈：从中心疏解到都心回归

广义的东京都市圈由"1 都 7 县"构成，面积约 3.7 万 km^2，占日本国土面积的 9.8%，总人口规模达 3700 万人，约占全日本的 1/3，为日本贡献了 3/4 的工业产值以及 2/3 的经济总量。东京都市圈号称"轨道上的都市圈"和"产业湾区",以其优秀的轨道交通网络、运输能力和第三产业为主、高端制造业为辅的优化产业结构、"工业 + 研发 + 政府"的创新产业模式闻名于世界。

2.2.1 都市圈的空间结构演化

1)以东京为核心的单核环状结构

20 世纪 20 年代,东京都市圈依托港口在太平洋沿岸建成了日本四大工业带之一的京滨工业带并发展迅速,东京处于京滨工业带的核心位置。基于当时的国际大环境,通过港口为纽带,京滨工业带建立起以钢铁、化工、机械以及与军事相配套的产业体系,"二战"中形成了相关产业人才的密集流动和聚集,使东京依托政治基础、自然环境和工业条件等方面优势发展成为都市圈核心的潜力城市。作为大型工业城市,至 1940 年,东京以"一极集中"成为都市圈的核心城市。

20 世纪 50 年代,日本作为朝鲜战场最重要的后勤基地,在美国巨额投资军重工业迫使日本生产军事装备的背景下,工业经济发展迅猛,东京都市圈的工业受益于此,从而进入发展的快车道。1955 年,东京以都市圈 6% 的土地面积,集中了京滨工业带的绝大部分制造业,占据首都圈制造业产值的 75% 以上,牵动着区域制造业的发展,但也带来单极集中的脆弱性。

为了控制东京无序扩张,应对战后东京经济高速发展,规划引导在东京都市中心周边地区兴建多摩新城、千叶新城、筑波科技城等卫星城,希望将其打造成为工业城市,通过技术、资本输送向神奈川、千叶、埼玉县周边区域蔓延。加之 1959 年《工业控制法》的实施,东京大批劳动密集型制造业和重工业外溢迁至周边新开发街区,以研发为主的知识密集型现代化工业则集聚在东京都。由于高强度发展以及资本、人力、技术等要素不断被吸引,东京都及东京的外围出现了茨城、栃木、群马、埼玉、千叶、神奈川等多元产业分布节点,此时东京都市圈形成了以东京为核心的单核环状结构。

2)多核分散的功能空间结构

为了充分利用优良的港口运输能力,在港口区域就地发展制造业,促进进出口贸易的开放和扩大，1967 年日本颁布《东京湾港湾计划的基本构想》，提出整合东京及周边六大港口，发挥港口群的整体优势以实现区域一体化、改善环境和提升国际竞争力。东京都制造业产值占比逐年下降，都市圈其他地区制造业发展速度迅速上升，东京都市圈在港口群出现了西向的京滨工业地带和东向的京叶工业地带，横滨和千叶分别为中心。

同期群马县以纤维、服装为主，并大力发展电力机械和运输机械产业；千叶县的重工业（钢铁、化工、石油及煤炭）制品发展迅猛；栃木县的橡胶、非铁金属、运输机械等受到刺激积极生产；埼玉县的服装、造纸及纸制品、金属制品及精密机械产量较大；神奈川县重点发展化工、石油煤炭制品，以及电力机械、运输机械产业。而东京都制造业虽有所转移但仍保持门类相对齐全，首都周边形成多核分散的功能空间结构。

3）多中心圈层网络结构

为应对人口和国家枢纽的行政管理职能仍然不断向首都和其外围地区过度集中的情况，1976 年和 1986 年，日本政府分别实施第三次和第四次《首都圈基本计划》，提出建立东京都以外的"业务核心市"，加强其行政管理、教育、文化等职能，同时提高小城市圈周边农业和工业生产力。通过分类疏散城市中枢职能，辐射并带动周边地区的振兴，东京都周边的副中心城市逐渐兴起，制造业的外溢回报给东京都更多的高价值空间，反向促进东京都的金融、信息、服务等第三产业迅猛发展。同期日本处于国家铁路实行"东京通勤五方面作战"时期，东京都与"业务核心市"交通通信网络紧密连接起来，东京都市圈形成多核多圈域结构。

20 世纪 90 年代日本进入漫长的经济寒冬，东京都市圈的发展重心转向存量更新。此时日本仍然坚持东京都市圈的必要集聚，以东京都中心区的城市再开发项目强化首都的国际金融职能和中央行政管理职能，各副中心城市的分工日益明晰，东京都市圈 7 县制造业发展逐渐均衡，多个业务核城市也形成了功能互补、系统相连的就业圈、生活圈和服务圈，新宿、池袋、涩谷承接商业、文化、娱乐、交流、居住功能，上野、浅草、锦丝町、龟户聚集文化设施和文化娱乐产业；临海发展知识、技术、研究开发等功能。在 20 世纪 60、70 年代形成的西东向京滨工业地带和京叶工业地带中的制造业也逐渐向高新技术、信息、金融等服务型和知识型产业升级。21 世纪 10 年代至今，东京都市圈"一对多"的高速交通网络结构被调整为"环首都圈＋多对多"结构，东京都市圈产业呈现较为分散的整体布局，其中仅商贸、金融保险业和信息产业高度集中于东京都，其他产业均存在不同的县市同构化发展。东京都市圈通过信息技术及物流等连接，空间上形成功能较为紧凑且结构较为稳定的多中心圈层网络结构。

2.2.2 圈层式的空间功能布局

1）圈层式的功能布局

日本通过导入地区产业和功能、加强区域交通条件、改善生活环境质量，分圈层打造东京都市圈的首都副都心、新都心、业务核心城市等独立功能"区域核"以平衡区域职住。东京都市圈内已基本形成合理的城市和地域圈分工合作体系，虽然都市圈中心地区及外围地区的功能类型存在一些同构化，但各自服务范围和对象比较明确，共同促进了圈域整体的经济发展。

正在经历从工业主导功能向服务业主导功能转型的东京都市圈，总体上以高端生产性服务业代表的知识密集型产业和高附加值轻工业为主，呈现更为明显的中心集聚特征，技术密集型重工业则逐渐被置换到周边地区，农林水产业、矿业和制造业外围集聚特征突出。

（1）10km 圈范围

以东京中心为圆心的 10km 圈范围内是全日本高度发达的商业区，由于成本高企和商业的影响，因而居住环境不佳。而都心北部地区与东京交通通达，有高度发达的交通廊道，且生态环境良好，自然出现了衍生住宅型城市功能，被称为东京的"卧城"。这些以居住功能主导的城市地区集中在埼玉县南部，紧邻东京北部，是东京都中心区密切通勤的地区。

（2）20～30km 圈范围

与东京都功能相似的中枢业务管理型城市位于 20～30km 的圈层内，以东京区部的西部地区周边城市最为集中，它们共同为东京都市圈的企业提供生产性服务，搭建国际信息交流平台，以金融、广告、信贷等功能为主。

（3）30～50km 圈范围

在政策的引导下，中心地区的科研开发、教育功能逐渐转移至近郊地区的创新区，包括东京都、神奈川、千叶二县在 30～50km 圈的南关东地区，相较于中心区，这些地区与工业生产的联系更为紧密，能够更好地实现产学研联动，科研和生产的双向反馈，科研教育功能主导的地区与邻近的工业城市形成了技术、人才的双向流通，集成新知识、新技术、新管理、高等人才和企业家等要素，共同发展成为东京都市圈高端技术和劳动力市场。

南关东地区的工业制造业已经历了从资源密集型向劳动密集型最后向知识密集型转化的过程，目前 IT 产业已成为南关东地区的主导功能产业。由于 IT 产业需要依托科研开发和教育功能，因此其功能空间的发展自发地与近郊地区以科研开发、教育功能主导的创新区形成了良性的产学研联合体，激发了该片区整体发展活力。

（4）50～160km 圈范围

都市圈的工业制造业功能主导型城市主要分布在距都心 50～160km 的圈层段，细化分类包含轻工业、IT 产业、机械制造业、汽车制造业、重化工业、资源密集型工业和工业发育型等类型（图 2-1）。虽然机械制造业城市功能广泛地分布在东京湾沿海地区、北关东内陆地区，但主要的工业城市群正在北关东内陆地区迅速崛起，且以汽车制造为主导产业，同时轻纺工业、资源密集型工业也是北关东地区的支柱型产业，在该地区形成了贯穿东西方向的狭长的重工业地带，西端始于群马县的前桥和高崎市，东端直至日立市港口城市以及茨城县东西部的鹿岛工业地带。北关东地区有相对独立的次级行政管理功能，其次中心城市功能辐射范围为东京都市圈北部 3 县。

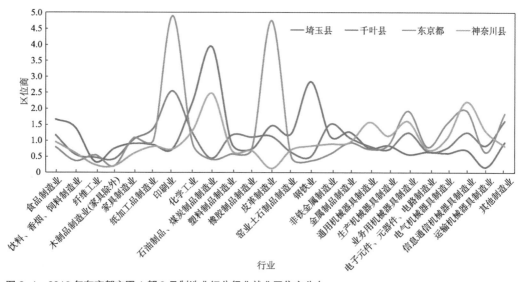

图 2-1　2016 年东京都市圈 1 都 3 县制造业细分行业就业区位商分布
资料来源：陈红艳，骆华松，宋金平. 东京都市圈人口变迁与产业重构特征研究[J]. 地理科学进展，2020，39（9）：1498-1511.

2）从中心疏解到都心回归

虽然整体来看，东京都市圈呈现阶层分明、梯度发展的产业空间结构，但由于历史和市场需求等原因，一些有特色的制造业仍然集聚于东京都。例如重视信息功能的传媒类杂志、报刊的出版印刷业仍高度集中于东京都，皮革工业作为东京都的传统特色产业，以前沿时尚类产业的身份在东京保留。

行政管理职能、以高端生产性服务业为代表的知识密集型产业集聚在中心地区——东京区部的中央位置，功能辐射范围涵盖了东京都市圈全域，是东京都重要的社会经济形态且持续强化，这类高端生产性服务业包括信息通信业、金融保险业、专业技术服务业等，都具有知识、技术和人才密集等特征。尤其在其中心区的东京地区聚集了高新技术企业形成的产业群，制造业企业研发、营销、资本运作、战略管理等知识密集型劳动绝大部分汇聚在中心区，引领日本制造业先进技术水平，在磨具铸造、数控机床、新材料、生物工程、节能环保等方面世界领先。而东京区部的东南地区依靠良好的区位条件和完善的交通设施，聚集了交通枢纽功能主导的城市，支撑着圈内企业所需的人才、信息、商品等集散功能。

因此可以说，经历了"中心疏解"到"都心回归"，东京都市圈仍然强调多种功能的集聚，通过产业集群和人口聚集，东京都市圈成为日本最大的工业城市群和全球重要的金融中心、航运中心、商贸中心和消费中心。

2.3 纽约湾区：空间规划引导、功能转型、结构优化的成功典范

纽约湾区位于哈德逊河口，濒临大西洋，总面积 3.4 万 km²，居住人口 2300 万，横跨纽约州、康涅狄格州和新泽西州，包含 31 个县。纽约湾区是全球竞争力最强的地区之一，是金融、贸易、媒体、地产、教育、时尚、旅游、法律、制造等众多行业的中心。2021 年 GDP 总量近 2 万亿美元，占全美近 10%，是全球最大的都市圈级经济体。

2.3.1　强核多中心区域圈层网络的形成过程

1）港口区位奠定贸易物流基础，形成单中心集聚

16 世纪纽约湾区被欧洲人发现，因附近有大量海狸，所以最早以曼哈顿港为据点从事皮毛贸易。1785—1790 年，纽约市成为美国建国以来的第一个首都，在经济、政治和移民等多重资源的加持下，逐渐有了城市的雏形。1810 年，纽约成为美国最重要的港口之一，是欧洲人进入北美地区和加勒比海地区的重要门户。1825 年开通的伊利运河连接哈德逊河流域和五大湖流域，大大拓展了纽约腹地，使得纽约成为连接大西洋和美国中西部农业产地的主要口岸。这一阶段的纽约湾区，依托地理区位优势，以"运河 + 港口"模式大力发展商贸物流行业，主要功能区围绕曼哈顿布局，腹地扩展至美国内陆地区。

2）工业化推动城镇化，引发单中心圈层扩散

发达的贸易物流业为纽约的工业化和现代化提供了发展的土壤。1840—1860 年，服装制造、制糖、印刷、制革、造船等制造业开始在纽约聚集，20 世纪初纽约湾区成为美国最大的制造业基地，制造业人口占常住人口的 37%，现代金融业雏形也在商贸和制造业的蓬勃发展中孵化。至 20 世纪 80 年代，超过 70% 的出口货物需要通过纽约或其周边港口，纽约从一个单纯的贸易港口成长为汇集强大制造业和金融功能的都会区。

纽约从 20 世纪上半叶便成为全球移民的重要目的地，并于 1925 年首次超过伦敦，成为人口最高密度聚集的地区。为解决大量人口向中心集聚带来的交通拥堵、环境恶化等问题，1929 年纽约湾区开启了第一次整体区域规划：《纽约及其周边的区域规划》（*Regional Plan of New York and Its Environs*），旨在通过联通的交通网络和合理的用地布局缓解中心城区压力，规划研究范围 14317 km²，覆盖 22 个县，这次规划韦拉扎诺海峡大桥的建设、乔治华盛顿大桥的选址以及主要港口迁出曼哈顿等建议在日后被证实非常成功。两次世界大战期间，大量财富和资源流向纽约，纽约湾区的郊区化进程大大加快并引发了一系列问题。对此，纽约湾区在 1968 年进行了第二次以"再聚集"为主题的区域规划，规划面积扩大至 33022.5 km²，覆盖 31 个县，不再拘泥于单一中心的构建，而是在内城和郊区选定了 20 多个中心，以提供丰富的就业岗位和高质量的服务。

3）信息化与全球化带来产业转型，向强核多中心的区域圈层网络演进

20世纪下半叶，信息革命的到来促使纽约开始产业转型升级，开启后工业化进程。随着传统工业部门衰落，制造业逐渐从纽约大都市中心迁出、就业人数持续减少。针对这些挑战，1996年纽约湾区编制了题为《风险中的区域》（*A Region at Risk: The Third Regional Plan*）的第三版区域规划，引入"精明增长"理念，提出全球城市概念，认为全球城市应该是多中心的区域化形态，通过轨道系统串联形成以区域中心为节点的都市区网络。伴随着美国金融业管制的放宽、全球经济一体化以及科技发展与金融创新，纽约金融业快速发展，主要在核心区曼哈顿高度集聚，在后工业化时期，纽约湾区实现了从区域制造中心向全球信息中心和服务中心的转变（图2-2）。

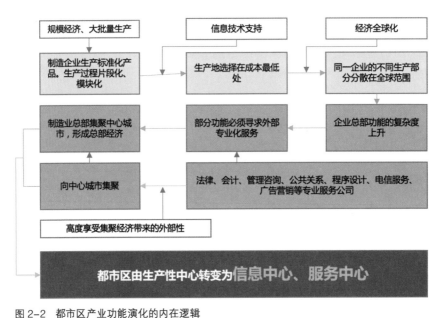

图2-2 都市区产业功能演化的内在逻辑
资料来源：高汝熹.转变经济发展方式的国际比较与经验借鉴（上）[J].科学发展，2009（3）：87-102.

2008年全球金融危机爆发，作为全球金融中心的纽约湾区首当其冲，从而迫使区域寻求更加多元化的经济发展方式，高科技成为重要的发力点。2009年，纽约发布《多元化城市：纽约经济多样化项目》，大力发展硅巷，并在此后正式提出建设"全球创新之都"的目标定位，高科技产业很快成为地区内仅次于金融的第二大产业。"9·11"恐怖袭击以及气候变化

所引起的海平面上升、洪水、海啸、飓风、高温极端天气等也暴露了都市区存在的脆弱性与安全威胁，除经济结构调整之外，风险和不确定性正在成为新时期纽约湾区发展的主要挑战。2017 年第四版区域规划《让区域为所有人服务》（*The Fourth Regional Plan: Making the Region Work for All of Us*）在完善都市区多中心多圈层结构的同时，规划的治理属性越发明显，2020 年新冠肺炎疫情的爆发，证实了其对区域韧性安全考量的必要性和重要性。

2.3.2 功能空间耦合下的圈层化有序分工

1）全球要素配置中心

从区域整体来看，纽约湾区是一个综合性的世界级枢纽，从中心向外围形成了高端的专业化分工。纽约，特别是曼哈顿，处于功能的塔尖，汇集了金融、文化、创意、航运枢纽、总部经济等高端职能，外围形成先进制造、科技研发、休闲娱乐和其他新兴产业等支撑功能的功能据点，据点与中心形成的网络，使得纽约湾区具备了配置全球资源、调动本地市场的强大能力。

2）三圈层疏密有致、分工有序

纽约湾区的人口分布也出现了圈层式分布，以曼哈顿岛为内核，人口密度高达 2.7 万人 / km²；以纽约市区为内圈层，人口密度为 1.1 万人 / km²；而与纽约市区经济高度联系的通勤外核地区，其人口密度则降低至约 2000 人 / km²（表 2-1）。

纽约湾区三圈层空间特征一览　　　　　　　　　　　　　　表 2-1

区域	内核 （曼哈顿）	内圈层 （纽约市）	外圈层 （外围地区）
范围	曼哈顿区全域	纽约市五区全域	纽约 – 新泽西 – 康涅狄格州 31 个县
面积（km²）	73.5	800	34000
人口密度（万人 / km²）	2.7	1.1	0.2

在产业结构上，三个圈层同样表现出了明显的集聚与梯度差异。GDP 总占比上，内核曼哈顿与大其近 50 倍的外圈湾区分别占了约 43% 的比重，内圈层纽约市则仅占 14%。在

产业构成上，曼哈顿内核圈层主要以信息技术、金融保险、休闲娱乐和各类商务服务与旅游餐饮相关的现代高端服务业为主，湾区外圈层逐渐向第二和第一产业过渡，制造业、采矿业和农林牧渔产业主要分布在此，内圈层产业则处于内核和外圈层的产业过渡带，主要还是以第三产业为主（图2-3）。

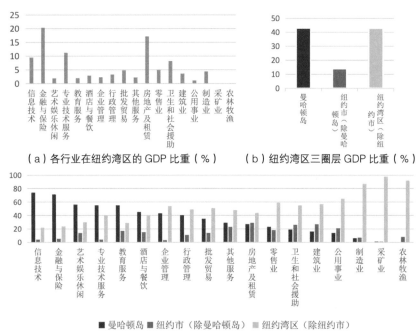

（a）各行业在纽约湾区的GDP比重（%）　　（b）纽约湾区三圈层GDP比重（%）

■ 曼哈顿岛　■ 纽约市（除曼哈顿岛）　■ 纽约湾区（除纽约市）
（c）各行业在纽约湾区三圈层的GDP比重（%）

图2-3　纽约湾区各行业产值情况（2018年）
资料来源：美国人口普查局，美国劳工统计局，中金公司研究部

2.3.3　全球顶级要素的集聚与控制能力的形成

1）世界金融心脏曼哈顿

纽约是全球金融中心，纽约湾区的金融核心毫无疑问集聚在曼哈顿。曼哈顿的办公空间供给约占整个湾区的2/3，而其中超过一半的高级办公空间被金融和律师事务所占据。曼哈顿以非正式的边界分为上城、中城和下城三个区，华尔街即在下城最南端的金融区内，集中了众多金融机构的办事处和总部，包括纽约证券交易所、纽约联邦储备银行、纽约商品交易所、纳斯达克、纽约期货交易所等，是纽约成为世界金融和经济中心的重要原动力。

以金融区为中心，南端滨海地区布局了炮台公园绿色空间，北面则为市政厅和家居办公（SOHO）文化区。中城位于曼哈顿中段，是重要的商业、娱乐和媒体中心，联合国总部大楼、帝国大厦、洛克菲勒中心、中央车站等重要建筑均位于此，金融和金融科技相关企业近年来也在不断迁入，区内还有以第五大道为代表的零售购物中心和以时代广场百老汇为代表的娱乐中心。同为办公集聚区，中城也吸引了大量跨国公司总部，但是整体业态更加多元，企业来自金融、生物科技、房地产、文娱、贸易物流等多种行业，区内更有一所纽约金融学院。曼哈顿上城主要为高品质的住宅区。

2）全球科创新贵硅巷

纽约打造科技创新之都的策略与旧金山等地区不同，一开始就设立了"应用科学"的导向，更关注在产学研基础上的实用性和商业转化价值。经过多年的发展，纽约已成为全球第二大创业生态系统，拥有9000多家初创公司和120多个孵化器，并且在2019年超过洛杉矶，荣登全球科技之城首位。针对"科创兴城"的战略，纽约也提供了多样化的创新空间，最为有名的便是创造了"硅巷"模式，区别于硅谷在远郊培育科技园，"硅巷"泛指在中心城区培育科创的一种普遍模式。纽约的硅巷起源于曼哈顿第五大道和23街交会处的熨斗区，现蔓延至曼哈顿的中城、下城，甚至影响至曼哈顿对岸的布鲁克林地区。硅巷的主要吸引力来自曼哈顿作为全球金融中心完善的服务设施和办公环境，而其成长与成熟则在于将互联网技术与本地优势的金融业、广告业、娱乐业和传媒等行业结合，逐渐形成了新媒体、游戏设计、数字媒体、金融科技等产业分支。相较于硅谷，硅巷的创新生态环境在高校的智力和技术支持之外，更增加了纽约大量的资金和风投资源，及其附带的高商业敏感度，还有以百老汇为中心的创意阶层和传媒人士的艺术文化思想的融合，因此在形成全链条创新生态圈的同时，又多了别样的活力与色彩。

3）都市新兴制造服装区

在纽约的后工业化时代，制造业在地理空间上出现了两个变化，一个是从事标准化、批量生产的制造环节从城市中心退出，向外迁移；另一个是都市产业在核心和内圈层的集聚特征。都市产业特指制造业中的印刷出版业和服装业等适宜小批量、非标准化生产的轻工业门类。以服装业为例，纽约时尚产业引领全球，大批设计师在此集聚，由于时尚业快速的生产节奏，对于就近解决从设计、生产到批发、销售的产业闭环，仍有极大需求。纽约中心区经典的服装制造集聚区是位于曼哈顿的服装区（garment district）。据纽约大都会艺术协会的统计，曼哈顿地区有1600家成衣制造公司，其中25%在服装区内。服装区紧邻第五大道，区域面积约2.6 km²，是许多知名设计师及其生产线、仓库、陈列室的所在，也汇集了大量面料和配件供应商，形成了一个完整的时尚生态系统。服装区也为大量底层劳动力，特别是移民，提供了就业机会，在包容性增长、社区可持续发展等方面也具有重要意义。

2.4 旧金山湾区：协同分工的多中心均质发展模式

旧金山湾区是美国西部沿岸大都市带的重要组成部分，坐落于美国西海岸萨克拉门托河下游出海口的旧金山湾四周，由旧金山、奥克兰和圣何塞三大城市为引领，包含9个县、101个建制镇，陆地面积达1.8万km²，2022年湾区9县总人口约750万人，约占加利福尼亚的1/5。以旧金山湾区为核心包含外围5个县构成"圣何塞—旧金山—奥克兰"联合统计区域（CSA），2022年人口约922万，面积2.6万km²，是美国第五大地区。

旧金山湾区经济是全美表现最好的地区之一，2021年GDP为1.16万亿美元，占全美的4.9%，其人均经济产出更是领先于全美所有其他大都会区，2020年已经是纽约市都会区的1.8倍，其中湾区中部的"旧金山—奥克兰—海沃德"大都市区（MSA）占湾区经济总量的63%，是仅次于洛杉矶的美国西岸第二大都市区、全美第四大都市区。

2.4.1 空间结构：从单中心向三中心网络化格局演变

旧金山湾总体上经历了从单中心到双中心再到多中心的空间演变，形成了以三大中心城市为引领的网络化的空间形态（图2-4）。

1）中心集聚：资源导向下的单中心发展起源

淘金移民引发旧金山城市化起步。伴随1848年爆发的"淘金热"，旧金山湾区在大量移民的迁入下，集聚了大量的资本与人口，并开始积累城市化初期发展的原始资本。旧

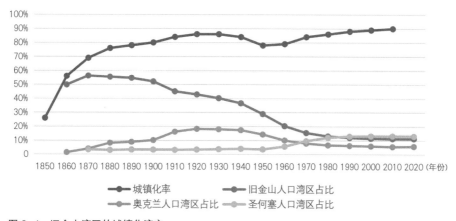

图 2-4　旧金山湾区的城镇化演变

数据来源：城镇化率数据来源于中指研究院，人口数据来源于美国人口普查局

金山市凭借移民与货物集散中心，使其轻、重工业得到快速发展，产业结构从农业转向加工制造业，随后伴随移民生活物资的需求，其商贸业也开始兴起，此时旧金山湾区形成了以旧金山为单中心的空间格局。

2）功能外溢：工业化驱动下从单核到双城联动

产业分工调整与区域铁路建设形成区域双中心格局。19 世纪末至 20 世纪初，由于旧金山成本压力的攀升与跨海大桥的修建，加速了旧金山的制造业外流与郊区化的发展，开启了奥克兰的工业化进程。而奥克兰铁路的建设与"二战"期间政府对重工业的引导，增强了奥克兰制造业与物流运输实力，使其成为湾区重要的制造业与交通枢纽。

公路网引发郊区化发展形成专业化外围城镇。20 世纪中期后，伴随旧金山湾区内高速公路网络的建设，旧金山及奥克兰开始郊区化，沿着 1 号公路及环湾道路等重要交通干线，发展了若干承担居住、教育、生产的外围城镇。由此，旧金山湾区形成了以旧金山、奥克兰为核心，以若干外围城镇为节点的双中心格局。

3）区域协作：硅谷崛起形成多中心网络发展

产业结构转型与硅谷崛起带动区域均质化增长。20 世纪 80 年代，美国工业化向信息化产业转型，湾区南部依托斯坦福大学设立硅谷，促使以半导体、软件、互联网等为主导的新兴产业开始兴起，引发人口、资本、技术、企业大量向南湾集聚，促使湾区第三大都市圣何塞的崛起。

湾区规划政策引导与区域要素流动加快形成网络化协同发展格局。自20世纪90年代后期开始，湾区强调以精明增长为导向的区域发展与合作愿景，在湾区政府协会和大都会交通委员会的推动下，湾区编制的多版规划，提出交通、住房与土地相关规划及政策，引导湾区形成了依托三大都市为中心，以外围其他城镇为功能节点的网络化协同发展的城市群格局（图2-5）。

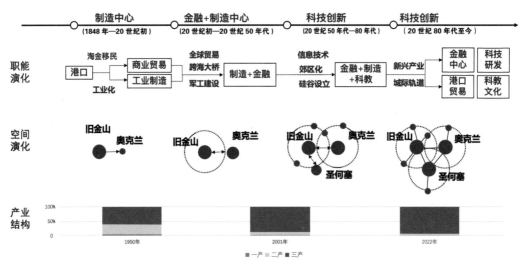

图2-5　旧金山湾区的演变示意

2.4.2　职能分工：多中心互补协同承担全球顶级综合职能

在全球顶级职能上，旧金山湾区是美国西海岸最重要的金融中心、制造业中心、高新技术研发中心之一以及世界最重要的科教文化中心之一。自20世纪90年代初以来，贸易、运输和公用事业、教育和卫生服务业、制造业、金融业等始终是湾区主要支柱行业。近年伴随知识经济的崛起，信息产业、专业和商业服务业也成为湾区增速最快且最具区域性优势的产业（图2-6）。

在职能空间分工上，三大核心城市及其大都市区形成了错位互补的发展职能。旧金山形成了以金融业、批发零售业、专业及商业服务业的集群，是全球金融的中心之一。奥克兰侧重发展先进制造业与港口物流业，是美国西海岸同世界海运系统连接的重要枢纽，其所在的阿拉米达县则承担区域贸易运输业、制造业、教育及卫生服务业的职能。圣何塞所在的圣克拉拉县云集了众多高科技公司，是全球信息科技行业中心（图2-7）。

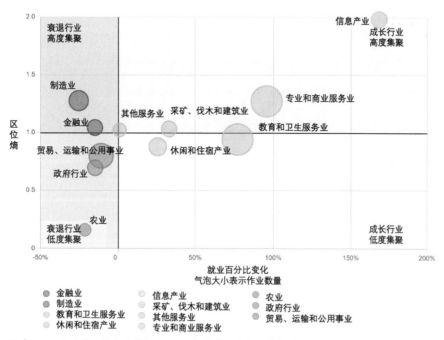

图2-6 旧金山湾区就业人数相比1990年增速及各产业的加利福尼亚区位熵
资料来源：根据大都市交通委员会的旧金山湾区生命体征进行翻译

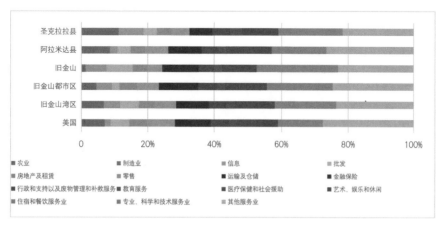

图2-7 旧金山湾区及美国就业结构图
数据来源：美国经济分析局

1）以"旧金山—奥克兰—海沃德"为核心建设全球金融中心

旧金山湾区是美国西海岸的金融中心，是全球顶尖的金融中心之一。根据"全球金融中心指数"显示，2023年旧金山金融水平位列全球第五，全美第二，是面向全球发挥金融辐射与金融专业性服务的顶级地区之一。湾区金融最早集中于旧金山市，伴随旧金山市产业结构的调整与郊区化演进，部分金融业逐渐从旧金山市迁出至周边地区，目前旧金山及其周边区域所构成的"旧金山—奥克兰—海沃德"都市区集聚了湾区74%的金融从业人员，形成了以大都市区为核心，以周边区域为支撑的区域金融功能组织（图2-8）。

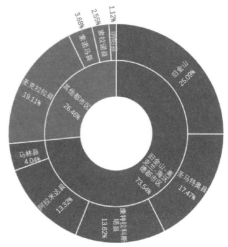

图2-8　旧金山湾区金融区域分布
数据来源：美国经济分析局

2）依托"旧金山—圣何塞"创新集群建设全球科技创新中心

以顶尖创新企业为引领汇聚科技创新企业集群。旧金山湾区形成了以硅谷为核心平台，以101公路连接湾区旧金山与圣何塞两大核心城市的科技信息产业集群（图2-9）。据统计，

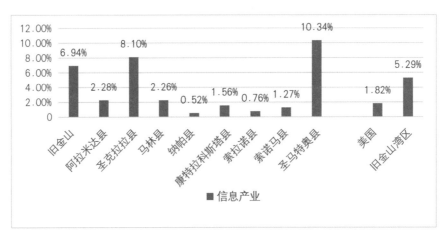

图2-9　旧金山湾区及美国的信息产业占比
数据来源：美国经济分析局

"旧金山—圣何塞"地区拥有多达 2000 家创业公司，被《2023 全球科技创新中心评估报告》评为全球第一的创新中心。近年旧金山湾区科技创新实力稳步提升，形成了以互联网、金融、生物医药等新兴产业为引领的独角兽龙头企业，成为引领全球企业创新的顶尖引擎，其中旧金山市的独角兽公司数量以 181 家位列全球第一。

2.4.3 典型地区：多维要素耦合协同集聚顶级价值

1）蔓延发展下的科创圈集群——硅谷片区

硅谷位于旧金山湾区南面圣克拉拉县，其发展并非局限在一个固定的中心，而是围绕新的产业支撑条件，由北向南不断产业扩散化发展，形成以头部企业为引领，以产、学、城紧密结合的圈层式创新聚落结构。

（1）在不断郊区化的企业迁移下形成高新技术集群

1951 年斯坦福大学设立斯坦福工业园区，在重大科研资源外溢的效应下，20 世纪 70 年代硅谷形成了围绕斯坦福大学、山景城、桑尼维尔和圣克拉拉市的高科技集群及圣何塞以南的高科技地区。由于高科技产业日益增长的土地扩张需求，大量工业园在硅谷南部复制斯坦福大学工业园模式设立工厂，同时伴随为初创企业服务的风险投资与法律咨询开始由旧金山南移，硅谷形成了具有大学、企业、风险投资、法律咨询等功能集聚的高科技产业集群。

（2）顺应科创企业成长规律，形成高质量的多维支撑生态

伴随硅谷南部圣克拉拉大学与圣何塞州立大学响应当地生产系统需求而发展出了教育和培训课程，硅谷南部增加的教育机会进而吸引了企业的迁移。在科技产业土地扩张、员工高等再教育、初创企业风险投资的需求带动下，原科技产业集群进一步扩散并继续南下，至 1990 年从北部的圣马特奥一直延伸到南部的圣何塞。至此，硅谷形成了大学、科研机构、孵化器、企业、风险投资、法律咨询等功能集聚的自给自足的产业生态。

2）功能复合的区域性综合中心——旧金山市

旧金山市随时代产业变革与区域协作关系的变化，不断丰富地区职能，通过主动调整土地利用，形成功能混合的区域性地区中心。

（1）规划引导塑造高强度商务金融中心

20 世纪 60 年代旧金山区划法令调整，框定中心区范围，并在 1971 年《旧金山城市设计总体规划》《邻里商业保护和发展》等一系列规划下，提出形成超高强度的单中心商务区和高密度低层高的邻里地区。1985 年旧金山提出面向市中心分区的"1% 艺术项目"，增加了中心区随处可见的公共艺术文化活力。至此，旧金山市成为一个高强度的商务中心及富有人文气息功能混合的邻里片区。

（2）高质量要素功能混合汇聚科技创新集群

受 2008 年金融危机冲击的影响，旧金山金融业开始衰退，城市中心出现大量办公空置。随着新一轮信息革命以及共享经济、互联网络的发展，旧金山市由于拥有多元开放的国际文化氛围、多样的城市生活、便利的公共交通，且邻里小规模社交商业场所和服务设施满足了科创人士沟通信息、寻求创意的场所需求，位于旧金山市中心东、南、东南的传教区（Mission district）、西索马（West Soma）、波特雷罗山（Potrero hill）等社区，吸引了大量人才及年轻人，引发了科技回归都市的热潮。

2.5 京津冀城市群：区域协同发展探索的典型案例

京津冀城市群也叫首都经济圈，包括北京市、天津市与河北省（石家庄市、唐山市、保定市、秦皇岛市、承德市、沧州市、廊坊市、张家口市、衡水市、邯郸市和邢台市等 11 个地级行政区）三省市，面积 21.6 万 km²，占全国国土面积的 2.3%。2022 年，京津冀城市群总人口约为 1.09 亿，GDP 总量为 10.03 万亿元，人均 GDP 为 9.14 万元，略低于长三角城市群和粤港澳大湾区（表 2-2）。京津冀城市群作为我国三大城市群之一，是国家创新能力最强、北方最大的城市群和国家核心增长极。

2022 年中国三大城市群主要指标对比　　　　表 2-2

城市群	面积（万 km²）	人口（万人）	GDP（亿元）	人均 GDP（元/人）	地均 GDP（万元/km²）	人口密度（人/km²）
长三角	35.8	23695	290289	122511	8109	662
粤港澳	5.6	8040	130432	162233	23291	1436
京津冀	21.6	10967	100293	91447	4643	508

2.5.1 区域协同发展历程

1）从京畿地区一体发展到京津双核竞争

辽金以来，尤其是金中都和元大都的建设，以北京为中心的京畿地区逐渐形成一个特殊的地理和文化区域。元、明、清时期定都北京，天津与河北成为具有战略价值的"畿辅"地区，以北京为核心，基本形成了京畿地区一体发展格局。1860年，天津被迫开放为商埠，逐渐成为北方地区对外贸易的重要口岸和拉动京畿地区以及全国经济发展的主要推动力。到1931年，天津进出口总额占全国的25%，仅次于上海成为全国第二大外贸中心，并确立了我国北方金融中心的地位。

1949年，河北省设立，下辖唐山、石家庄、保定、秦皇岛四市，以及包括天津专属在内的10个专区，北平改为北京。1967年，天津改为中央直辖市，就此形成京、津、冀三个独立的行政区划。1979年，京、津、冀三省市的行政区划范围基本确定。该阶段，北京提出建设我国强大的工业基地和科学技术中心，形成了较为成熟的工业体系。天津响应国家工业化战略，重点发展机器厂、电机厂等机械工业，两地产业竞争开始显现。1979年北京市、天津市GDP总量分别为120亿元和93亿元，双核结构明显。

2）从首都圈到"2+8"首都经济圈

1982年，《北京城市建设总体规划方案》首次提出"首都圈"概念，包括由北京、天津两市和河北省的唐山、廊坊和秦皇岛三市组成的内圈和由承德、张家口、保定和沧州四市组成的外圈两个圈层。1996年，《北京市经济发展战略研究报告》将首都圈具体化到"2+7"模式的"首都经济圈"，即以京津为核心，包括河北省的唐山、秦皇岛、承德、张家口、保定、廊坊和沧州七市，面积16.8万km²。2001年清华大学吴良镛教授主持开展的"京津冀北（大北京地区）城乡空间发展规划研究"提出以北京、天津"双核"为主轴，以唐山、保定为两翼，廊坊为腹地，构建"大北京"地区组合城市，实现区域交通从"单中心放射式"向"双中心网络式"转变。

2006年，国家发改委启动京津冀都市圈规划编制，其范围增加石家庄，调整为"2+8"模式。与此同时，北京"十一五"规划明确其"国家首都、国际城市、文化名城、宜居城市"的发展定位，不再提及"经济中心"。2006年10月由吴良镛院士主持的"京津冀地区城乡空间发展规划研究"首次以"首都地区"概念构筑京津冀"一轴三带"空间发展骨架，即京津发展轴、滨海新兴发展带、山前传统发展带和燕山—太行山山区生态文化带，突出京津以双城联动的形式强化"一轴"建设，推动首都经济圈发展。

3）以功能协调推动京津冀协同发展

北京非首都功能疏解以及三省市功能协调是京津冀城市群协同发展的关键。2014 年，面积仅占 8% 的"城六区"① 就集聚了北京全市 60% 的人口、70% 的 GDP、70% 的三甲医院和 70% 的高等院校，"大城市病"进一步加重。4 月 30 日，中共中央政治局召开会议，审议通过《京津冀协同发展规划纲要》，提出将京津冀城市群建设成以首都为核心的世界级城市群、区域整体协同发展改革引领区、全国创新驱动经济增长新引擎、生态修复环境改善示范区。其对三省市也提出分工要求，北京市以"全国政治中心、文化中心、国际交往中心、科技创新中心"，即"四个中心"明确了"首都核心功能"，并提出 2020 年以后，常住人口规模要维持在 2300 万以内，成为全国第一个减量发展的超大城市。天津市为"全国先进制造研发基地、北方国际航运核心区、金融创新运营示范区、改革开放先行区"，河北省为"全国现代商贸物流重要基地、产业转型升级试验区、新型城镇化与城乡统筹示范区、京津冀生态环境支撑区"。2016 年，中共中央政治局会议部署建设北京城市副中心及雄安新区带动非首都功能疏解。2017 年京津冀联合印发《关于加强京津冀产业转移承接重点平台建设的意见》，打造"2+4+N"产业合作格局，包括通州副中心和雄安新区两个集中承载地；曹妃甸协同发展示范区、北京新机场临空经济区、张承生态功能区、天津滨海新区等四大战略合作功能区；其他 46 个承接平台，搭建承接非首都功能疏解的空间平台与功能体系。

2.5.2 城市群空间结构演化特征

1）"单中心"的非均衡结构

在城镇体系规模等级结构方面，京津冀城市群以北京为核心城市，以天津、石家庄、保定、唐山、邯郸、秦皇岛等为区域中心城市，由 30 多个大中小城市组成，其中超大城

---

① 东城区、西城区、朝阳区、海淀区、丰台区和石景山区。

市 2 个，即北京和天津；Ⅰ型大城市 1 个，即石家庄；Ⅱ型大城市 6 个；中等城市 5 个；小城市 20 多个，缺少特大城市，且Ⅰ型大城市、Ⅱ型大城市和中等城市比例也不均衡（表2-3）。2022 年北京市 GDP 总量 41610.9 亿元，占京津冀城市群的 41.5%，常住人口规模 2184.3 万人，GDP 总量和常住人口规模分别是天津市的 2.55 倍和 1.6 倍，呈现明显的以北京为核心的单中心结构。

京津冀城市群不同规模城市数量　　　　　　　　　　　表 2-3

国家标准		人口规模	京津冀城市群相应规模城市	
			数（个）	名称
大城市	超大城市	1000 万人以上	2	北京、天津
	特大城市	500 万 ~ 1000 万人	0	—
Ⅰ型城市		300 万 ~ 500 万人	1	石家庄
Ⅱ型城市		100 万 ~ 300 万人	6	唐山、邯郸、保定、秦皇岛、邢台和张家口
中等城市		50 万 ~ 100 万人	5	衡水、沧州、廊坊、承德和三河
小城市		50 万人以下	超过 20	迁安、滦州、霸州、定州、新乐、辛集、遵化、涿州、晋州、武安、南宫、沙河、安国、高碑店、平泉、泊头、任丘、黄骅、河间、深州等

资料来源：2020 年《中国城市建设统计年鉴》

另外，"环京津贫困带"也在一定程度上反映了京津冀城市群的非均衡发展。2005 年亚洲开发银行提出的"环京津贫困带"具体是指在国际大都市北京和天津周围，环绕着的 32 个贫困区县，贫困人口达到 272.6 万。该地区在京津冀协同发展战略推动下已得到长足发展，但与周边或整个区域相比，仍存在较大差距。2018 年，环京津贫困带 GDP 为 2538.8 亿元，人均 GDP 为 2.76 万元，远低于同期河北省 4.78 万元与京津冀 7.52 万元；城镇化率 44.28%，远低于同期河北省 56.4% 与京津冀 65.9%。

2）"双城"引领的轴带特征

《京津冀协同发展规划纲要》明确提出"一核、双城、三轴、四区、多节点、两翼"的空间结构："一核"即北京是京津冀协同发展核心；"双城"即北京和天津是主要引擎；"三轴"即京津、京保石、京唐秦三个产业发展带和城镇聚集轴是主框架；"四区"即中部核心功能区、东部滨海发展区、南部功能拓展区和西北部生态涵养区；"多节点"即石家庄、保定、唐山等河北次中心节点城市；"两翼"即北京城市副中心、河北雄安新区。

从空间结构描述来看，京津冀城市群仍呈现明显的轴带发展特征，其中京津发展轴本身包括了"一核"北京和"双城"北京与天津，在各类功能要素不断集聚的趋势下，形成凝聚京津冀城市群核心发展动力与活力的主轴。京保石和京唐秦则形成连接重要节点城市，带动东西两侧发展的重要轴带。该轴带发展特征一方面说明京津冀城市群的空间结构仍处于发育过程中，虽然也呈现"点线面"的结构特点，但"点"和"线"还是少量的中心城市与发展轴带，"面"更多的是空间发展本底或特征区域，尚未依托中心城市与发展轴带形成相对成熟的功能联系紧密的中心 - 腹地化的网络化都市圈，即"点线面"的资源或者城市之间的功能联系与空间组织还有待强化和培育。可以说，除了北京都市圈发育较为成熟以外，其他中心城市尚未形成有效分工以及一定规模，或者处在北京都市圈的腹地范围内，导致其他都市圈的发展受到一定影响。

3）"多中心"网络化的发育

但实际上，京津冀城市群内部的多中心网络化在持续发育。从北京、天津作为核心城市来看，雄安新区、通州副中心的建设在疏解非首都功能的同时完善了北京多中心的建设，天津滨海新区的发展也以"津城 + 滨城"的"双城"模式完善了天津的多中心空间结构，并更好地将其腹地范围向滨海地区拓展。另外，从京津冀城市群空间关联网络来看，区域尺度的多中心也正在培育，并形成一定的中心—腹地关系，其中石家庄的中心城市地位获得进一步提升，形成北京、天津以外的又一中心城市（图 2-10）。

随着中心城市的持续发育以及与周边联系的强化，都市圈的结构也不断发育并演化，除了北京首都都市圈以外，天津、石家庄都市圈也逐渐形成，其中北京的都市圈范围可辐

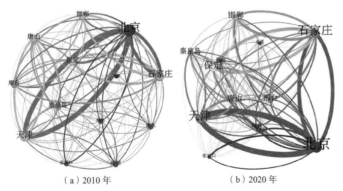

（a）2010 年　　　　　（b）2020 年

图 2-10　2010 年与 2020 年京津冀城市群空间关联网络

资料来源：王瑞，何文举，鲁婵.三大国家级城市群网络结构特征及其层级联系研究[J].湖南工业大学学报，2022，36（6）：91-98.

射到承德、张家口、保定、廊坊，天津都市圈的范围可辐射到秦皇岛、唐山、沧州、廊坊；石家庄都市圈的范围可辐射到保定、沧州、衡水、邢台、邯郸，其中廊坊同时接受北京、天津两大都市圈的辐射，沧州同时接受天津、石家庄两大都市圈的辐射，保定同时接受北京、石家庄两大都市圈的辐射。虽然目前来看，天津都市圈和石家庄都市圈还更多地受北京都市圈要素集聚和吸引作用的影响，石家庄的辐射能力还相对薄弱，但都市圈的培育与有效分工有利于从要素流动与功能联系的视角重塑城市群"点线面"空间结构，朝着空间组织更为高效的多中心网络化巨型城市区域发展。

2.6　长三角城市群：中国城市群多中心网络化的空间范本

长三角城市群是我国经济最具活力、开放程度最高、创新能力最强、吸纳外来人口最多的区域之一，区域一体化发展接连取得丰硕成果。根据 2019 年中共中央、国务院印发的《长江三角洲区域一体化发展规划纲要》，长三角城市群规划范围包括上海市、江苏省、浙江省、安徽省全域，总面积 35.8 万 km²，其中土地面积 21.2 万 km²，建设用地面积 6.97 km²，常住人口为 1.54 亿人。

2022 年，上海、江苏、浙江三地政府联合发布《上海大都市圈空间协同规划》，提出上海大都市圈的概念，包括上海、苏州、无锡、常州、南通、宁波、嘉兴、湖州、舟山等 9 座城市。同时，该规划也是全国首个公开发布的跨区域、协商性的国土空间规划，旨在打造具有全球影响力的世界级城市群。从面积上看，上海大都市圈总面积 5.6 万 km²，和粤港澳大湾区总面积相当，规模上具有可比性。除此之外，上海大都市圈城市数量、经济总量、人均经济指标也与粤港澳大湾区相当（表 2-4）。

上海大都市圈与粤港澳大湾区指标对比		表 2-4
主要指标	上海大都市圈	粤港澳大湾区
GDP 总量（万亿元）（2022 年）	13.3	13.0
土地面积（万 km²）	5.6	5.6
城市数量（个）	9	11
人口（万人）（2021 年）	7794	8677
人均经济总量（万元）	17.02	15.07

2.6.1　空间结构演化：网络化不断演进

1）时空演化下的多中心网络格局

全球城市、世界城市网络界定了城市区域的外部关系，而多中心的网络组织已成为城市区域内部空间关系的主要特征。"多中心"是与"单中心"相对的区域模式，是一种由多个核心共同组成的空间实体。长三角城市群中上海一直维持区域主核心地位，地区间网络流量方面各地往上海流向非常明显，具有绝对连通优势，整个网络的大部分联系均与上海相关。但随着网络整体区域性发展水平的提升，城市群整体联结性明显增强，以上海为核心，杭州、南京为次中心的多中心网络结构发展趋于成熟，节点层级性也更加明晰。

从长三角的多中心网络演化来看，企业量和跨城联系均趋于增强，多中心网络化趋势明显，城市群的多中心程度快速提升，网络节点层级性逐渐明晰化，跨城企业数量明显增加，城市间总部—分支机构的联系表现得更为频密且逐渐增强，区域一体化程度有较大程度的提高。尽管长三角城市群的多中心程度在提升，但是城市体系的层级性却有增强的趋势，核心城市的多区位企业集聚现象更为突出，多中心程度的增加主要来自整体网络的拓扑结构演变，除了上海之外，杭州、南京等次级城市地位提升，上海的主核心绝对集聚优势有所削减，各节点均有较明显的多中心发展趋势。

随着长三角多中心网络化更加明显，城市关联网络已经扩散到潜力地区甚至是长三角的外围地区，长三角整体范围内的网络关联更加明显，同时城市与城市之间的网络关联度也更加紧密，核心城市之间的联系也普遍增强，长三角的一体化与同城化趋势进一步加深，城市也开始跨越行政边界，形成联系更加紧密的巨型城市地区。

2）网络空间组织及复杂性结构特征

综合各类对长三角城市群空间联系的研究可以看出，随着长三角城市经济发展水平的提升以及区域一体化的推进，城市群内部各城市间产业联系强度逐步提高，同时城市间的功能联系更为复杂与多元，这说明城市群整体经济发展水平在整体提升的同时趋于均衡。因此，由点轴联系走向网络联系正是长三角城市群走向成熟的重要标志之一。

通过长三角经济关联的分析，在不同的业态长三角关联度呈现不同的关联网络。从生产性服务业来看，上海龙头地位突出，同时南京、杭州、合肥的省内关联突出，上海—南京—杭州形成较强的关联网络，合肥的关联度相对较弱。除了生产性服务业，制造业在长三角更处于一种网络化、区域化与价值链分工的发展阶段，特别是"生产在安徽，总部在上海"的发展模式比较典型。从制造业关联度来看，上海处于绝对核心地位，其控制力与影响力地位突出。从新经济关联来看，杭州地位崛起，基本形成杭州和上海的双中心格局。总体来看，上海以卓越的全球城市为发展目标，地位突出；杭州作为新经济的发展代表，迅速崛起。不同业态的关联网络在未来总体格局中还存在变动的发展态势。可以发现，新经济在全球关联网络中的地位和作用越来越突出（图2-11）。

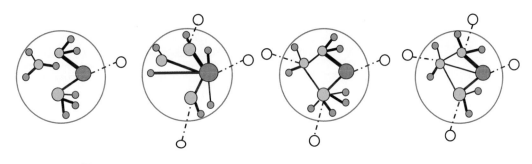

生产服务关联：
✓ 上海辐射长三角
✓ 南京、杭州、合肥省内联系为主

制造关联：
✓ 上海成为绝对关联核心

新经济关联：
✓ 浙江联系增强，杭州成为首位联系城市

总体关联：
✓ 上海辐射长三角
✓ 其他省内为主
✓ 全国关联相对均衡

图例：⭕ 长三角范围 ⚫ 核心城市 ⚪ 省会城市 ⬤ 省内城市 ⭕ 区域外城市

图2-11 长三角不同产业主导下的城市关联网络模式图

长三角空间结构的重塑与等级化、网络化力量在长三角地区的作用关联密切。一方面，以上海为龙头，南京、杭州等为补充，覆盖全域的城市等级体系，将成为全球城市网络中越来越重要的力量，作为全球城市和国家中心城市的重要节点，将在金融、创新、文化影响力等方面发挥越来越重要的作用，同时这些城市也要发挥辐射带动周边的责任和能力，促进周边地区同城化发展。另一方面，以空间廊道为支撑，形成相互之间更加密切联系的网络关系，尤其是经济网络、人口流动网络等要素的联系，让要素充分地流动起来，形成更加一体化的地区。

2.6.2 全球职能与分工：经济全球化进程中的产业和分工网络

1）"两个扇面"：向外连接全球网络与向内辐射区域腹地

伴随着经济全球化的进程，长三角区域越来越纳入全球经济网络，已经形成出口导向的世界级制造业基地，同时也成为世界上最主要的城市密集区域之一。受到全球经济环境的影响，长三角城市群的经济全球化具有不同的阶段特征。与此同时，经济全球化进程的空间格局也发生了显著变化，既呈现出空间扩散的趋势，又显示出与区域性交通基础设施的空间关联性。其中一个主要特征是，上海作为长三角区域的"门户城市"，发挥向外连接全球网络和向内辐射区域腹地的"两个扇面"作用。

上海作为长三角城市群的核心城市，已经成为全球经济网络中的重要"节点"，无论是面向全球还是辐射腹地的关联网络都显示出明确的层级特征。生产性服务业的跨国公司以上海作为"门户城市"，为长三角区域作为世界级制造业基地提供必需的生产性服务，并在一些区域主要城市设置分支机构，提供更为直接的地方服务。

2）完整产业链与垂直分工的价值区段

经济全球化进程中的国际劳动分工导致长三角城市群的城市体系形成完整的产业链分工体系，并且形成以垂直分工价值区段为特征的空间经济结构。总体上来看，长三角各城市的功能体系呈现明显的等级化特征，上海、南京、杭州以生产性服务业为主导的特征突出，处于价值链的前端，承担了中心城市和门户城市的作用。

从 2000 年和 2015 年长三角不同城市价值区段分析来看（图 2-12），技术密集型产业主导的城市明显增多，反映了技术密集型产业在长三角的扩散态势，以及集中连片发展的趋势；资本密集型产业主要集聚在石化、钢铁、临港工业等产业类型，从布局强度来看，沿江布局的强度在降低，沿海地区的强度在增加，反映了资金密集型产业沿海化的趋势；劳动密集型制造业呈现向长三角外围扩散的态势，大量一般制造业和农业为主的城市基本也都分布在长三角的外围地区。在长三角地区，总体来说呈现低价值区段向外围扩散，中价值区段功能向潜力地区集中，高价值区段功能向核心地区集聚的态势，长三角地区以"价值区段"为特征的垂直分工趋势正在显现。

总而言之，长三角不同城市处于功能的不同价值链环节，表现为明显的等级化与层级

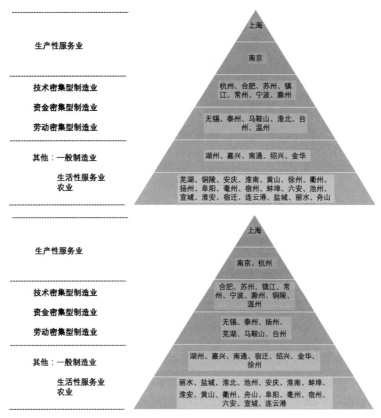

图 2-12　2000 年与 2015 年长三角不同城市的价值区段分层示意图
资料来源：郑德高. 经济地理空间重塑的三种力量 [M]. 北京：中国建筑工业出版社，2021.

结构，以及相对完整的产业链，这是中国区域空间布局的一个重要规律。发达国家的巨型城市区域整体都处于后工业化阶段，与其不同的中国巨型城市区域，则是在同一地域分布内形成不同价值区段，并形成相对完整且价值区段垂直分工的产业链发展模式。

第 3 章

巨型都市网络：大湾区空间结构演化的独特性

大湾区基于不同的生长逻辑形成香港、广州、深圳三个经济体量相当的中心城市，共担全球城市，共享湾区腹地。由于大湾区地域空间范围相对较小、要素高密度集聚与高强度流动，导致三大中心城市所形成的都市圈腹地范围高度叠加，从而推动大湾区的都市化发展进程，可以说这一"三体"特征是主导大湾区空间结构不断演化的核心动力。同时，在空间演化过程中，大湾区不断形成新的功能节点，其网络化进程也不断推进。此外，大湾区还受到环境风景、人文服务、交通互联、开放包容、创新活力、产业发展等六大维度在各自独特性与相互作用上的影响。大湾区正是由于其"三体"与"六维"的特征共同导致都市化与网络化不断推进，形成独特的"巨型都市网络"结构特点。

3.1 大湾区城市群发展的现实基础

粤港澳大湾区包括广东省广州市、深圳市、珠海市、佛山市、惠州市、东莞市、中山市、江门市、肇庆市9个市和香港、澳门2个特别行政区，简称"9+2"，总面积5.59万km²，仅占全国国土总面积的0.58%，2022年总人口8662万，占全国人口总量的6.13%，GDP约为13.04万亿元，占全国经济总量的10.78%。

粤港澳大湾区作为我国三大城市群之一，与京津冀和长三角相比，是相对地域空间范围最小、人口最密、对外开放程度最高的城市群之一，也是我国未来支撑世界级城市群建设的重要战略节点与独特类型之一。

3.1.1 经济发展与产业创新

1）经济实力较为雄厚，跻身世界一流湾区与城市群

与国内京津冀、长三角两大城市群相比，粤港澳大湾区在人均GDP、地均GDP、人口密度上已经遥遥领先。由于大湾区地域空间范围较小，相对而言，人均GDP更能反映其总体经济发展质量，2022年大湾区人均GDP达到16.22万元，分别为京津冀和长三角的1.77倍和1.32倍。与其他三大世界湾区相比，粤港澳人口总量、人口密度、集装箱吞吐量、机场旅客吞吐量等均排名首位，其中经济总量已经超过纽约湾区，接近东京湾区，约为旧金山湾区的1.7倍（表3-1）。与五大世界级城市群相比，粤港澳大湾区人口总量最大，人口密度也相对较高，仅次于日本太平洋沿岸城市群，经济总量已经比较接近欧洲的两大城市群（表3-2）。总之，粤港澳大湾区已经以中国城市群中的佼佼者跻身于世界一流湾区与城市群，反映了其雄厚的经济实力。

但相对而言，粤港澳大湾区的经济实力更多的还是反映在部分总量与要素密度等指标上，与其他一流湾区和城市群相比在高质量发展方面还存在较大的差距，未来发展仍任重而道远。

全球四大湾区主要指标对比 表 3-1

指标	粤港澳大湾区	纽约湾区	东京湾区	旧金山湾区	数据年份
面积（万 km²）	5.61	3.59	3.69	2.63	2021
人口（万人）	8677	2408	4436	870	2021
人口总量占本国比重（%）	6	13	35	3	2021
GDP（万亿美元）	1.95	1.93	2.04	1.15	2021
人均 GDP（万美元）	2.24	10.02	4.62	13.20	2021
人口密度（人 / km²）	1552	671	1202	331	2021
地均 GDP（亿美元 / km²）	3.47	5.38	5.53	4.37	2021
港口集装箱吞吐量（万 t）	6600	465	766	227	2021
机场旅客吞吐量（亿人次）	2	1.3	1.12	0.76	2018
世界 100 强大学数（个）	5	16	1	5	2021
世界 500 强企业数（个）	25	24	40	10	2021
第三产业比重（%）	65.60	89.40	82.30	82.80	2021
科研经费占 GDP 比重（%）	2.10	2.80	3.70	2.80	2018
金融中心城市最高排名	香港 3	纽约 1	东京 9	旧金山 5	2021
支柱产业	金融、航运、制造业、互联网	金融、航运、电子	装备制造、钢铁、化工、物流、金融	电子、互联网、生物科技	2021

资料来源：根据相关数据整理

大湾区与其他世界级重要城市群比较 表 3-2

名称	面积（万 km²）	GDP（万亿美元）	人口（万人）	人口密度（人 / km²）	地均 GDP（万美元 /km²）	人均 GDP（万美元/人）	数据年份
美国东北部大西洋沿岸城市群	14.6	4.40	5600	383	3014	7.86	2019
日本太平洋沿岸城市群	3.5	3.38	7000	2000	9663	4.83	2017
北美五大湖城市群	24.5	3.36	8500	346	1371	3.96	2017
欧洲西北部城市群	14.5	2.10	4600	317	1448	4.57	2017
英国中南部城市群	4.5	2.02	3650	811	4486	5.53	2017
中国粤港澳大湾区	5.6	1.67	8604	1536	2985	1.94	2020

资料来源：根据相关数据整理

2）产业体系相对完备，世界级产业集群持续发育

大湾区作为"世界工厂"，已经形成具有国际竞争力的现代化产业体系。先进制造业快速发展，珠江东岸电子信息产业带已初具规模，西岸的高端装备制造带正抓紧构建；战略性新兴产业不断壮大，集成电路、生物医药、新能源新材料等产业快速崛起，5G产业、数字经济规模均居全国首位，尤其是在华为、比亚迪、腾讯等多个世界级龙头企业的引领下，正在全面布局新能源、智能制造、通信技术等未来产业；现代服务业加快发展，区域生产性服务业正向专业化和价值链高端延伸发展，且依托中心城市以及港口群与机场群，形成金融、商贸、航运、物流等多个现代服务中心；海洋经济快速崛起，海洋运输业、海工装备制造业发展迅速。

大湾区产业进一步集聚，产业集群快速发育。如新一代信息技术、高端装备制造、新能源、数字创意产业分别有86.5%、81.8%、87%、89.2%的企业分布在广州市和深圳市；东莞、佛山、中山以专业镇方式推动经济发展，以特色产业组成了多元的产业集群。大湾区已经形成新一代电子信息、绿色石化、智能家电、先进材料、现代轻工纺织、软件与信息服务、汽车制造等7个万亿元级产业集群，其中电子信息、智能家电、汽车制造等已经成为具有世界影响力的制造业集群。2021年在工业和信息化部确定的全国两批高规格25个先进制造业集群中，珠三角地区占了6个，包括深圳市新一代信息通信集群、深圳市电池材料集群、东莞市智能移动终端集群、广佛惠超高清视频和智能家电集群、广深佛莞智能装备集群、深广高端医疗器械集群。

3）创新动力持续强劲，正在迈向世界级科技创新中心

科技创新要素不断完善。粤港澳大湾区2021年研发费用支出约占GDP的3.14%，投入超过3800亿元。2020年发明专利公开量约36.59万件，为东京湾区的2.39倍，旧金山湾区的5.73倍，纽约湾区的7.85倍。大湾区聚集了5所世界100强大学，根据中国科学技术部发布的《中国火炬统计年鉴2020》，高新技术企业年末从业人员707.73万人，其中大专以上占42.19%，人才结构不断优化。随着国家超级计算中心、中国散裂中子源、中子科学城、中微子实验装置、中国科学院加速器驱动嬗变研究装置、中国科学院强重流离子加速器装置、深圳鹏城实验室等一系列重大科技基础设施及重要机构的集聚，大湾区科技创新要素优势逐步呈现。

企业创新主体持续活跃。大湾区创新机构集聚效应显著，科技和领先企业数量众多。根据世界知识产权组织发布的《全球创新指数2021》报告，"深圳—香港—广州"创新集

群继续位列全球第二，仅次于日本"东京—横滨"创新集群。从科创巨头型公司如华为、腾讯，到独角兽公司如大疆、广汽埃安、小马智行等，大湾区诞生了一批强大的科创企业。根据《2020胡润全球独角兽榜》，中国有227家独角兽企业上榜，其中大湾区有33家上榜，在四大湾区中仅排在旧金山湾区之后，居第二位，与纽约湾区数量持平。

创新空间平台不断涌现。随着光明、松山湖、南沙等科学城的建设和重大科学装置的落地，以及若干知名大学、科研机构的入驻，大湾区的科技创新能力进一步提升，国际科技创新中心建设稳步推进。广深港澳科创走廊作为大湾区科创主轴，正在串联各创新平台，形成大湾区核心创新网络，其中珠江东岸重点依托中新广州知识城、广州科学城、深圳光明科学城、东莞松山湖科学城、惠州潼湖生态智慧区、西丽湖国际科教城、河套深港科技创新合作区等重点创新平台建设，珠江西岸重点依托肇庆新区、佛山粤港澳合作高端服务示范区、琶洲人工智能与数字经济试验区、南沙粤港澳全面合作示范区、中山翠亨新区、珠海西部生态新区、江门大广海湾经济区等重点创新平台建设。该创新网络同时也是湾区创新要素与主体的活跃地区，以及推动大湾区产业链与供应链重构的关键区域。

3.1.2　人口增长与公共服务

1）人口增长：高密度集聚下的分布与结构新趋势
（1）人口分布
①人口密度：全球人口密度最高的地区之一

改革开放以来，大湾区特别是珠三角地区人口持续增长，人口增速保持高位，体现出强大的社会经济活力与人口吸引力，经过40多年的增长，大湾区已形成以广深港为核心的多中心高密度人口空间分布格局，成为全球人口密度最高、规模最大的城市群之一。

根据第七次全国人口普查（以下简称"七普"）数据，大湾区以全国0.58%的国土面积承载了5.29%的人口，达到1393人/km²，高于长三角（657人/km²）、京津冀（506人/km²）两大城市群。街镇层面，澳门、香港、广州、深圳部分街道（分区）的人口密度已达到5万人/km²以上，是我国人口密度最高的地区之一。

②人口迁移：持续向珠江口沿岸地区集聚
根据2010—2020年常住人口重心和标准差椭圆的分析结果发现（图3-1）：第一，在

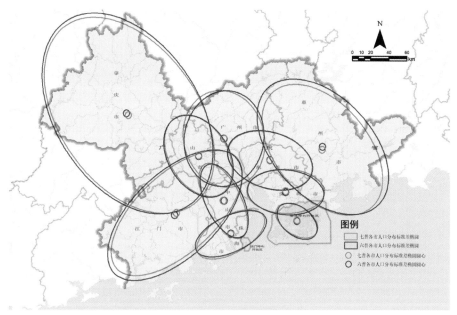

图 3-1　2010—2020 年大湾区城市人口重心与标准差椭圆分布

数据来源：第六次、第七次全国人口普查（以下简称"六普""七普"）数据

大湾区层面，人口重心表现为小幅度向东迁移特征，同时整体椭圆的面积明显缩小，表明人口向珠江口沿岸地区集聚的趋势；第二，在城市层面，大多数城市人口重心向珠江口方向迁移，如广州向南、香港向北、惠州向西南、江门向东等；第三，在人口空间集聚程度上，大湾区约一半城市人口分布更加聚拢，其中深圳比较特殊，标准差椭圆呈扩大态势，这与深圳原关内地区资源紧约束进一步加剧，原二线关地区成为人口增长主要载体有关。

③人口重心：核心都市圈成为集聚主要载体

以大湾区各城市边界地区的街镇为研究对象，发现边界地区人口增长规模达到约 881 万人，增长率高达 40%，远高于大湾区平均水平，这些边界地区的增长主要集中在深莞边界、深惠边界、广佛边界等核心都市圈内部的城市边界地区。2010—2020 年期间，广州都市圈人口规模占大湾区比重稳定在 37.5% 左右，深圳都市圈的比重从 36.2% 提升至 39.5%，大湾区近 90% 的人口增量集中在广州都市圈和深圳都市圈，其中深圳都市圈的增量占大湾区的近 50%（图 3-2、图 3-3）。总之，广州与深圳的城市区域化趋势明显，城市边界地区已经成为核心城市中心区产业、人口等要素外溢的重要地区。

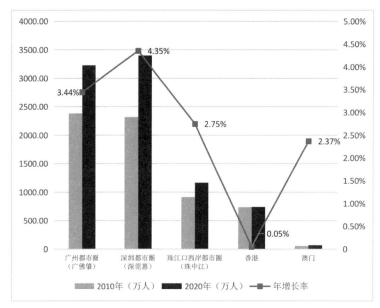

图 3-2 2010—2020 年大湾区
城市分组人口规模与年增长率
数据来源：六普、七普数据

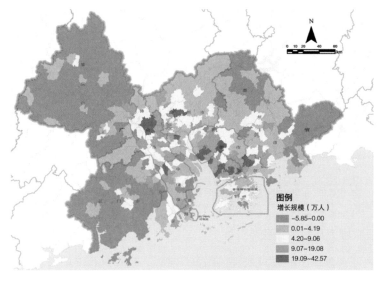

图 3-3 2010—2020 年大湾区
各街镇人口增长分布
数据来源：六普、七普数据

（2）人口结构

①年龄结构：老龄化趋势显现

改革开放以来，大湾区的高速发展吸引了大量的外来人口，使人口年轻化成为最重要的特征。深圳是大湾区中相对年轻型的城市，其中 20 ～ 40 岁的年轻人，从 2000 年的 465 万，增加到 2010 年的 631 万，再增加到 2020 年 881 万，短短 20 年间增长了 53.7%。随着区域发展趋向成熟，老龄化水平也持续提升。香港作为大湾区老龄化最严重的地区之一，老龄化水平远超联合国标准的老龄化社会标准，其中港岛和九龙老龄化水平甚至达到了"超老龄社会"标准（20%以上）。其他具有老龄化趋势和风险的地区主要包括广州老城区与肇庆、江门、惠州的山区（县）等。曾经最"年轻"的深圳，18～60岁的人口比例在2010—2020年的10年间也大幅下降至不足80%，已经低于同样大幅下降的东莞；同时60岁及以上的人口比例大幅上涨，虽然仍远低于老龄化标准，但发展趋势已经足够引起警惕。而广州这10年间已经突破10%红线进入老龄化社会，老龄化成为影响区域城市发展的重要因素之一（表3-3）。

东莞、广州、深圳2010年、2020年人口类型及比例（%）　　　　表3-3

城市	人口类型	2020年比例	2010年比例
东莞	60岁及以上	5.47	3.53
	18～60岁	81.41	87.15
广州	60岁及以上	11.41	9.74
	18～60岁	74.72	78.79
深圳	60岁及以上	5.36	2.95
	18～60岁	79.53	88.19

数据来源：六普、七普数据

②人才资源：结构性红利凸显

以大学及以上学历人口作为人才的度量指标，大湾区城市核心区拥有绝对优势，如深圳南山区、福田区以及广州的天河区，其高学历人口比例均大于40%，超过香港的平均水平（图3-4）。中心城市的非传统核心地区人才比例实现了最大程度的提升，如广州黄埔、深圳原关外地区、香港新界地区等；而大湾区的外围地区，人口教育水平仍然较低，且在增长趋势上也并无优势。值得注意的是，广州市有82所高校，超过广东省其他所有城市的总和，2020年在校大学生规模全国第一。但七普数据显示，深圳都市圈拥有大学及以上文化水平人口规模数量略高于广州都市圈。可见，广州都市圈的教育资源优势在一定程度上被深圳都市圈的创新产业发展态势所带来的人才吸引力优势所稀释。

③常住人口：本地化趋势明显

以东莞、广州、深圳三个城市为典型代表，2010年开始户籍人口一直稳步增长，但常住人口在2020年后几乎停止增长，流动人口减少，户籍人口占比逐渐升高，本地化趋势明显（表3-4）。

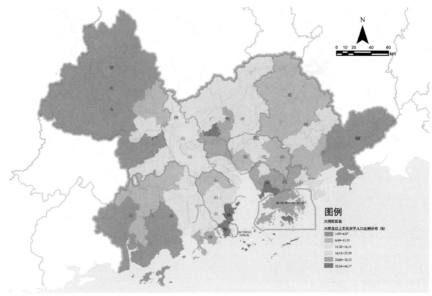

图 3-4　大湾区各区县大学及以上文化水平人口比例空间分布

数据来源：六普、七普数据

东莞、广州、深圳 2010 年、2020 年、2022 年常住与户籍人口（万人）　表 3-4

城市	人口类型	2022 年	2020 年	2010 年
东莞	常住	1043.7	1048.4	822.5
	户籍	292.5	263.9	181.8
	户籍 / 常住	0.28	0.25	0.22
广州	常住	1873.4	1874	1271
	户籍	1034.9	985.1	806.1
	户籍 / 常住	0.55	0.53	0.63
深圳	常住	1766.2	1763.4	1043.8
	户籍	583.5	584.6	260
	户籍 / 常住	0.33	0.33	0.25

数据来源：六普、七普数据，东莞、广州、深圳三市 2022 年国民经济和社会发展统计公报

2）人文服务：岭南文化基底深厚，公共服务水平不断提升

（1）岭南文化影响力不断提升，但文化魅力融合和发挥不足

大湾区隶属岭南地区，内部文化同源。基于独特的地理环境和历史条件，以农业文化和海洋文化为源头，融合海丝贸易、近现代革命、国际交流、殖民影响等因素，形成了以粤语、

传统习俗为纽带的多元、开放、包容的"鸡尾酒"文化。

早在 2006 年，粤港澳三地就成功将"凉茶"申请列入国家级非物质文化遗产名录；2011 年又联合申报，将"粤剧"列入国家级非物质文化遗产；以粤菜点心、功夫、醒狮、龙舟等为代表的特色文化不断吸引外国人关注。近年来，岭南文化在社交平台上被广泛传播，《2021 巨量引擎岭南篇非遗数据报告》显示，截至 2021 年 10 月，岭南非遗创作者在抖音直播场次较 2020 年同期增长 55%，陈皮、六堡茶等岭南特色商品也因此得到消费者的追捧。

近年来，大湾区各城市文化品牌影响力不断提升，文化创意产业持续发展。但对比长三角的江南文化、京津冀的燕赵文化，大湾区在文化资源数量、文化吸引力等方面，依然存在较大距离，尤其是文化产业产出效率较低，且尚未形成具有代表性的特色文化品牌，文化竞争力有待提升。《湾区纲要》虽已发布几年，但受文化教育和思想差异的影响，使大湾区难以形成真正的文化共同体，从而在一定程度上影响经济、社会、文化和生态等方面的深度合作。

（2）基本公共服务不断完善，但优质服务资源配置不均衡

城乡基础公共服务设施配套不断完善，城区范围已基本实现全覆盖。随着城乡公共服务配套一体化的持续推进，乡村地区的公服设施配套水平不断提高，广州、深圳等代表城市逐步推行集团化办学，促进了优质教育资源的均衡布局。同时，粤港澳三地合作不断加强，其中医疗方面，合作建设医院和联合共建医教研产创新平台，谋划共建区域医疗联合体和区域性医疗中心；教育方面，港澳多所高校联合办学和缔结姐妹学校等。

优质资源仍集中于大城市老城区，市域层面基础公共服务设施布局不均衡。虽然各城市不断加强外围地区尤其是乡村地区的基础公共服务设施密度，并推进优质服务资源向外迁移，缩小地区间公共服务水平的差异，但是老牌名校、高品质医疗等优质公共服务资源仍大量集中于广州主城区、深圳原关内地区、惠州中心城区、肇庆中心城区等老城区，年轻人大量集聚的城市外围与边界融合地区，优质配套资源严重不足。

3.1.3　用地空间与生态交通

1）用地空间增速快、强度大、约束高

（1）用地规模：快速城镇化形成高强度特征，造就空间规模最大的城市群

大湾区经历了改革开放 40 年以来"以土地换资金，以空间换增长"的城镇化高速发

展阶段。1978—2018年的40年间，粤港澳大湾区建设用地总面积共增加了7469.23km²，其中珠三角地区成为空间拓展的重点，以深圳、珠海、东莞与惠州为代表的城市成为湾区发展土地扩张增速最快的地区（表3-5）。大湾区经历快速发展与空间扩张阶段后，正在由增量拓展向存量改造的土地供应模式转型，多市土地开发强度超过国际公认的30%警戒线，空间拓展面临巨大的困境，其中深圳、东莞国土开发强度已逼近50%，佛山、中山已达35%左右（图3-5）。总之，自改革开放以来的快速增长模式，使得珠三角形成了巨大的城镇连绵地带，2015年世界银行的《东亚变化中的都市景观》报告显示，由广州、佛山、深圳及东莞组成的珠三角城市区人口数达4200万人，在人口和面积上均成为全球最大的城市带，并将其列为全球最大规模的城镇连绵地区。

1978—2018大湾区城镇空间资源变化 表3-5

城市	不同时期的面积变化（km²）				年均变化率（%）
	1978—1988年	1988—1998年	1998—2008年	2008—2018年	
广州	133.50	494.23	277.72	625.65	7.28
深圳	100.81	356.54	232.06	245.46	16.01
珠海	31.32	43.55	158.89	185.92	13.90
佛山	145.83	180.89	629.66	41.20	9.23
惠州	73.85	97.46	225.32	558.71	10.56
东莞	61.48	261.49	561.32	108.09	11.78
中山	46.24	95.15	167.77	204.34	9.27
江门	118.53	123 .93	140.84	113.16	8.22
肇庆	81.67	1.22	188.40	133.59	7.69
香港	22.59	102.33	36.94	42.01	4.20
澳门	4.34	8.25	3.11	3.87	4.28
总计	820.16	1765.04	2622.03	2262.00	—

（2）用地效率：土地利用粗放低效，城镇空间发展受限

大湾区由于快速发展时期的城乡建设空间无序蔓延，导致用地效益较低，土地利用开发较为粗放，2018年旧金山、纽约、东京湾区地均产出分别为0.45亿美元/km²、0.65亿美元/km²、0.49亿美元/km²，而粤港澳大湾区粗放的土地开发模式导致地均产出仅为0.24亿美元/km²，是四大湾区中地均产出最为粗放的地区；而区域分布上东西两岸的产出差异大，呈现不平衡的土地开发绩效，以深莞惠地区为代表的东岸地区的用地投放对GDP、人口的

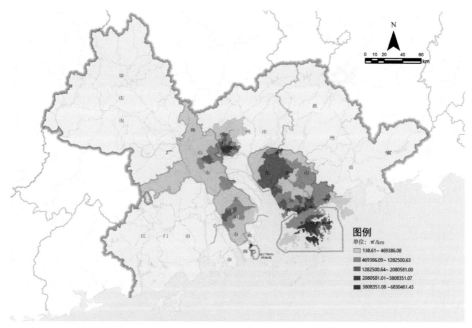

图 3-5 大湾区开发强度 25% 以上区域建设强度分布图

注：广州筛选越秀区、天河区、荔湾区、海珠区、白云区五个核心区

拉动要普遍高于区域其他地区，以广佛地区为代表的西岸地区的用地投放相对粗放且以蔓延为主，其扩张效益低于深莞惠（图 3-6）。蔓延的土地利用方式使得珠三角的城市用地基本饱和，据广东省城乡规划设计研究院研究显示，相较于 2020 年土规调整方案，中山、东莞、佛山、肇庆、江门目前已突破 2020 年规划城乡用地规模，中山突破 123km²。

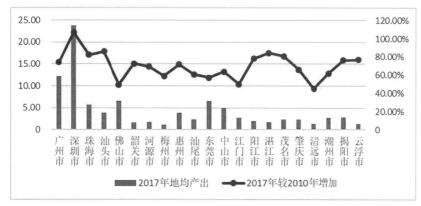

图 3-6 广东省 2010 年及 2017 年各地市年均地均 GDP 情况（亿元 /km²）

资料来源：广东省城乡规划设计研究院《广东省人口城镇化发展趋势研究》阶段成果

（3）用地功能：形成都市圈网络化的格局与空间组织

伴随改革开放外向型经济崛起与"一国两制"特殊制度环境下的引导，湾区城市之间在经济、社会、文化、交通等方面进行频繁的要素流动，逐渐从单中心演化为以香港、深圳、广州三大中心城市为核心的多中心巨型都市网络化的格局。当前，都市圈是湾区功能组织的载体成为发展共识，也成为广东省及大湾区相关规划的引导方向，在粤港澳大湾区发展纲要的网络化空间格局战略下，广东省政府基于大湾区都市圈发展特性，更是提出了粤港澳大湾区的三大都市圈发展规划——《广州都市圈发展规划》《深圳都市圈发展规划》《珠江口西岸都市圈发展规划》。目前从职住通勤上，深圳、广州两个核心城市为中心的都市圈现象明显，统计显示，大湾区9市间日均出行量542万人次，广佛肇占49%，其次为深莞惠占36%。深圳都市圈的深圳、东莞、惠州形成了高度网络化强联系、大尺度的都市圈，广州、佛山也形成了紧密联系的广州都市圈，珠江口西岸都市圈仍处于培育阶段。

2）生态资源丰富，地处全国重要的生态地区

（1）生态区位：国家生态格局的重要组成

从生态结构来看，大湾区是全国生态型城市群之一。通过对城市群范围内的各类用地按照生态用地、耕地和城乡建设用地三大分类进行统计计算，其中生态用地包括林地、草地、湿地、水面和未利用地，生态用地视为自然度较高、生态功能较强的区域；耕地视为半人工半自然、生态功能一般的区域；城乡建设用地视为人类强干扰、生态功能较弱的区域。2010年与2000年相比，珠三角城市群的生态用地、耕地与城乡建设用地的基本构成比例较为接近。2010年珠三角城市群的生态用地比例超过60%，从与全国其他城市群比较来看，珠三角城市群生态用地比例相对较高，是全国生态型城市群之一（图3-7、图3-8）。

从生态价值来看，大湾区城市群是国家生态格局的重要组成。从我国"两屏三带"生态安全格局来看，大湾区城市群以水源涵养为主导功能，是重要的生态功能区，也是南岭生物多样性优先保护区，属于华南地区生态安全的重要屏障，生态重要性和敏感性较高。从生态系统类型上看，具有三大代表性：一是生态系统类型齐全的开放河口生态系统；二是人地交互作用剧烈的城市群生态系统；三是海陆交互作用剧烈的滨海复合生态系统。大湾区城市群形成了山、城、河、田、海的独特生态格局，是我国唯一一个集南亚热带、湾区、河口综合特征的城市群生态系统，具有很强的区域代表性。

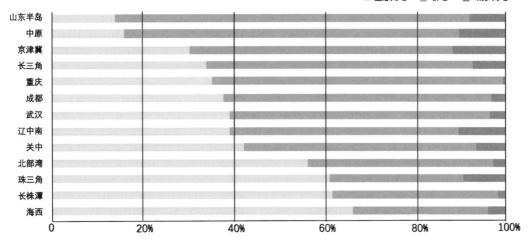

图 3-7　2000 年 13 个城市群用地构成图

资料来源：王凯，陈明，等 . 中国城市群的类型和布局 [M]. 北京：中国建筑工业出版社，2019.

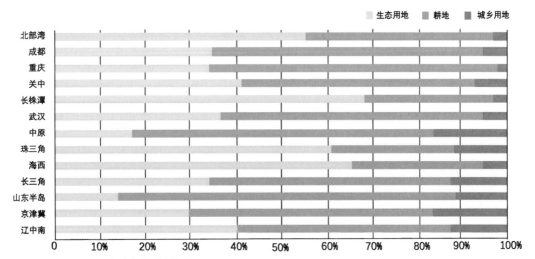

图 3-8　2010 年 13 个城市群用地构成图

资料来源：王凯，陈明，等 . 中国城市群的类型和布局 [M]. 北京：中国建筑工业出版社，2019.

（2）生态网络：山海相连、江河纵横、岛丘错落

大湾区东、西、北三面围山，山地和森林生态系统形成近环状屏障，地带性植被是亚热带季风常绿阔叶林，热带性植物较多，栖息多种动物，生物多样性资源丰富，同时也是东、西、北三江许多支流重要的水源涵养。南面临海，分布有大亚湾、大鹏湾等

海湾，以及万山群岛、川山群岛等众多岛屿，红树林在珠江口等地多有分布。西江、北江、东江及其支流携带泥沙沉积形成复合型三角洲，内部河网纵横交错，主行洪河道200余条，之间套有密集的小河涌，为世界上最为复杂多变的河网区之一。珠江分八大口门出海，形成"三江汇合，八口分流"的景观。大湾区内部的三角洲是我国南亚热带最大的冲积平原，内部丘陵、台地、山丘余脉星罗棋布，呈现出平坦中有凸起、无际中有分隔的地貌特征。

（3）生态本底：亚热带河口三角洲，物质流能量流交替作用强烈

十几万年前，在青藏高原抬升作用下，古珠江河口地区发生断陷而下沉，为珠江三角洲地区成为华南陆地河流的主要出海河口奠定了基础，经过长期的历史演化，大湾区逐渐形成依托西江、北江、东江三大流域，链接外围自然生态屏障与珠江口湾区的河网密布、复杂多变的自然地理格局。珠江三角洲处于南亚热带地区，热量和光照充足丰裕、生物生产能力较强，四季植被常青，物质生长循环快。三角洲中的气流、水流、能量流、生物流、经济流、人流等循环相互作用非常充分，但也相对敏感，每年要遭遇台风、洪水等自然灾害。作为全国改革开放的前沿阵地，它还是全球物流能量的流集散地，这为本就复杂的物质循环圈增添了更多的流动要素。

在大湾区生态本底的长期影响下，城市聚落的发展呈现出与自然交织的空间特征，10000km² 左右的建成区主要集中在平原地区，形成明显的珠江口环湾地区以及向外拓展的圈层结构。受山体、丘陵、水系等生态空间自然分割，用地类型相对多元化、破碎化，无法形成大规模连绵集聚形态，而是选择了大分散、小集聚的网络化模式。

3）交通枢纽链接能力强，内部结构有待优化

（1）交通枢纽：链接国内外的交通枢纽与航运体系

大湾区机场群客运规模总量领跑全球，香港、广州、深圳2018年旅客吞吐量分别位列全球机场前50的第8、13、32位，拥有5个亿吨大港（香港、广州、深圳、东莞、珠海），深圳港、广州港、香港港集装箱吞吐量常年位居全球港口前十。但在大湾区现行行政体制下，城市之间存在强烈的竞争关系，存在为自身经济总量提升而追求吞吐量和运量指标规模现象，特别是在航运领域，存在较大的同质竞争、重复投资建设现象（表3-6）。

港口名称	功能定位	运输对象
香港港	全球性国际航运中心、国际航运服务中心	主要集装箱、运输油气品、煤炭、粮食、钢材、建材等货类，拥有油气、煤炭、粮食等专用码头
广州港	国际航运中心、全球综合枢纽港、内外贸并重的集装箱枢纽港、华南地区最大的综合性主枢纽港和集装箱干线港口	石油、煤炭、粮食、化肥、钢材、矿石、集装箱等
深圳港	现代物流服务、国际航运服务等功能	以外贸集装箱运输为主，兼顾部分散杂货运输（油气品、煤炭、粮食、钢材、建材、化工品等货类）
东莞港	内贸集装箱干线港、煤炭和散粮中转港、商品汽车滚装运输枢纽港	主要经营业务包括码头、物流、石化、公用和建材五大部分
珠海港	大宗能源原材料集散中枢	煤炭、矿石、成品油和液体化工品、粮食等

资料来源：笔者根据资料整理

依托于高密度的机场群与港口群，粤港澳大湾区已经基本成为全球的门户枢纽，不仅支撑了整个东岸的崛起，更形成了多中心的网络式空间结构。但是与其他大湾区以及城镇群相比，内部更多依赖于高速公路和快速路来满足城市内部与城市之间的交通，城际交通、城市轨道等建设相对滞后，受政策制度和城市竞争的影响，跨湾交通更是存在严重的瓶颈，且虎门大桥的拥堵、深中通道与港珠澳大桥建设的持久争论与超长周期就是最好的例证。因此，大湾区从内部来看，并没有形成互联互通的湾区交通网络；外部来看，并未形成与腹地之间的紧密交通联系。未来，粤港澳大湾区不仅需要平衡内部港口与机场之间的竞争与合作关系，更需要加强跨境、跨湾、跨腹地之间的交通枢纽与网络的构建，促进湾区内部要素的高效配置，发挥湾区对腹地的辐射带动作用。

（2）轨道交通：领先全国的高铁网络

城市群交通可达性与高速公路、高速铁路的发展水平密切相关。高速公路、高速铁路使群内城市间的时空距离大大缩短，各城市间的经济社会联系日益紧密，并促使各行政区从相互分割走向区域融合，城市群内部的空间结构日趋成熟、稳定，空间紧凑度日益增大。从大湾区的交通发展来看，近年来高速铁路（以下简称高铁）发展迅猛。整个珠三角城市群县市区的高铁覆盖率高达 66.7%，车站密度平均达到了 9.38 个 / 万 km²，车站百万人拥有率平均为 1.18 座，均高于全国城市群平均水平（表 3-7）。其中，高铁车站数量、人均站点数等指标位居前列，在全国城市群 13 个城市群中排名第二。可以看出，整个大湾区城市群的城际铁路网络处于国内领先水平。

城市群名称	面积（km²）	县市区数(个)	高铁车站数(座)	拥有高铁站的县市区数(个)	县市区高铁覆盖率(%)	站点数(个/万km²)	站点数(个/百万人)
京津冀	39727.20	21	17	7	33.3	4.28	0.52
长三角	101310.02	69	55	28	40.6	5.43	0.69
珠三角	47978.52	27	45	18	66.7	9.38	1.18
山东半岛	72786.48	43	21	17	39.5	2.89	0.52
海西	53742.61	38	26	21	55.3	4.84	1.00
武汉	39278.70	19	38	14	73.7	9.67	1.85
中原	13699.67	14	7	6	42.9	5.11	0.53
长株潭	22952.74	15	7	7	46.7	3.05	0.51
辽中南	32552.46	14	17	9	64.3	5.22	0.87
关中	18539.43	11	5	4	36.4	2.70	0.39
成都	17555.05	12	23	11	91.7	13.10	1.77
重庆	28762.15	4	4	1	25.0	1.39	0.23
北部湾	17581.20	5	6	5	100	3.41	0.97
平均值	—	—	—	—	50.7	5.35	0.81

资料来源：王凯，陈明，等.中国城市群的类型和布局[M].北京：中国建筑工业出版社，2019.

城市群交通可达性也与主要节点城市分布密切相关。主要节点城市是城市群空间组织的核心，联系便捷程度直接影响着周边地区的发展潜力。尤其是半小时时距圈的形成，将显著增强节点城市与周边地区的同城化态势，推动城市功能向周边拓展。可以看到，珠三角城市群城市经济实力普遍较强，主要节点城市数量达到7个。从包含高速公路、高速铁路在内的交通网络的0.5小时、1小时、2小时可达范围及占城市群面积的比例来看城市群的交通可达性水平，珠三角城市群属于强可达性的大型城市群。珠三角城市群主要节点城市数目较多，可以相对均衡地支撑城市群取得强可达性，0.5小时时距圈面积在8500km²以上，1小时时距圈面积在2.4万km²以上，而且在较大范围实现连绵成片。其中，2小时时距圈面积比重近90%，交通网络的支撑形成对城市群的良好覆盖（表3-8）。

城市群名称	可达范围（km²）			占总面积比例（%）		
	0.5 小时	1 小时	2 小时	0.5 小时	1 小时	2 小时
京津冀	4070.94	19267.60	36632.85	10.3	48.5	92.3
长三角	11630.90	43013.38	86381.78	11.5	42.5	85.3
珠三角	8505.94	24277.43	42973.19	17.7	50.5	89.4
山东半岛	5939.17	27986.72	68333.09	8.1	38.3	93.5
武汉	2250.69	11369.70	34280.33	5.7	28.9	87.2
中原	1659.54	6909.84	13443.63	12.1	50.4	98.1
长株潭	1696.23	7021.40	18517.70	7.5	31.0	81.8
辽中南	3203.91	12220.53	26079.04	9.9	37.6	80.2
北部湾	1613.17	6764.47	15065.56	9.2	38.4	85.5
成都	2073.36	7014.23	11601.71	11.8	39.9	66.0
海西	4616.30	14199.01	31925.18	8.6	26.4	59.3
关中	2705.47	7467.01	13398.51	14.6	40.3	72.3
重庆	1278.81	5957.68	18552.25	4.4	20.7	64.4
平均值	—	—	—	10.1	38.2	82.3

资料来源：王凯，陈明，等 . 中国城市群的类型和布局 [M]. 北京：中国建筑工业出版社，2019.

3.1.4　开放包容与制度创新

1）高开放度、高经济活力、高国家战略地位

粤港澳大湾区是中国开放程度最高、经济活力最强的区域之一，始终是我国对外开放的重要窗口。改革开放初期粤港以"前店后厂"模式形成高效的要素流动，推动了区域整体发展，造就了珠三角"世界工厂"的地位。伴随香港和澳门的相继回归，粤港澳深度合作和贸易自由化达到了新的高度，成为吸引外资的重要地区，并逐渐成长为世界级的贸易节点。2017 年国务院《政府工作报告》中明确提出研究制定粤港澳大湾区城市群发展规划等，象征着大湾区上升为国家战略。2019 年《湾区纲要》颁布，粤港澳全面合作加快，大湾区承担了建设富有活力和国际竞争力的一流湾区和世界级城市群国家使命。《湾区纲要》明确加强了大湾区在国家"一带一路"建设中的战略价值与建设要求，即通过建立与国际接轨的开放型经济新体制，建设高水平参与国际经济合作新平台，以支撑国家"一带

一路"建设。

伴随大湾区开放包容的不断深化和升级（表3-9），其成为国家对外开放发展下的新范式。在经济形势复杂严峻与逆全球化的发展趋势下，国家提出"双循环"新发展格局，而粤港澳大湾区凭借超大规模市场与枢纽优势，承担着提振内需、联通国内国际两个市场的关键枢纽。习近平总书记在广东考察时强调，要坚定不移全面深化改革、扩大高水平对外开放，使粤港澳大湾区成为新发展格局的战略支点、高质量发展的示范地、中国式现代化的引领地。未来大湾区在国家进入高质量发展新时期，要形成全面开放新格局的新尝试，需要为国家区域发展提供新的范式与动能，以高水平开放推动高质量发展，在国家经济发展和对外开放中发挥支撑引领作用。

大湾区开放包容建设相关政策一览表   表3-9

阶段	年份	重要文件或行动	主要内容
1.0 世界工厂	1998	广东省与香港建立粤港联席会议制度	政府层面的协调机制和对话机制
	2003	广东省与澳门建立粤澳联席会议制度	
	2003	《内地与澳门关于建立更紧密经贸关系的安排》《内地与香港关于建立更紧密经贸关系的安排》	内地与港澳之间的政府部门、行业组织、投资机构等贸易和投资合作，促进共同发展
	2004	《泛珠三角区域合作框架协议》	内地9省区和港澳就基建、产业、旅游、科教、劳务、环保等达成合作意向，是中国最大规模的区域经济合作
	2005	《珠江三角洲城镇群协调发展纲要（2004—2020）》	涵盖经济、城镇化、环境保护、产业结构、交通建设等多个方面，旨在促进珠三角地区的可持续协调发展
	2008	《珠江三角洲改革发展规划纲要（2008—2020）》	将珠三角9市与港澳建设成为科学发展试验区、深化改革先行区、扩大开放重要国际门户、世界先进制造业和现代服务业基地，全国重要的经济中心
	2009	《环珠江口宜居湾区建设重点行动计划》	"宜居"湾区是建设大珠三角宜居区域的核心和突破口，"湾区"是粤港澳合作重点区域
	2010	《粤港合作框架协议》	推动粤港经济社会联动发展，以建设世界级城市群为发展目标，由产业合作向区域共同发展迈进
	2011	《粤澳合作框架协议》	携手建设亚太地区最具活力和国际竞争力的城市群，共同打造世界级新经济区域，促进区域一体化发展

阶段	年份	重要文件或行动	主要内容
2.0 全球贸易节点	2015	《推动共建丝绸之路经济带和21世纪海上丝绸之路的愿景与行动》	充分发挥深圳前海、广州南沙、珠海横琴等开放合作区作用，深化与港澳台合作，打造粤港澳大湾区
	2016	《中共中央关于制定国民经济和社会发展第十三个五年规划的建议》	推动粤港澳大湾区和跨省区重大合作平台建设
	2016	《关于深化泛珠三角区域合作的指导意见》	以大湾区为龙头，以珠江—西江经济带为腹地，带动中南、西南地区发展，辐射东南亚、南亚的重要经济支撑带
	2016	《广东省国民经济和社会发展第十三个五年规划纲要》	建设世界级城市群、推进粤港澳跨境基础设施对接，加强粤港澳科创创新合作
	2017	《广东省政府工作报告 (2017)》	加快推进区域合作机制，加强政策对接、产业合作、融合发展、人才自由流动，推动交通、能源、信息互联互通
	2017	《深化粤港澳合作推进大湾区建设框架协议》	深化合作，高水平参与国际合作，提升在国家经济发展和全方位开放中的引领作用，为港澳发展注入新动能
3.0 国际一流湾区	2019	《粤港澳大湾区发展规划纲要》	世界一流湾区和世界级城市群，活力、宜居宜业宜游、科创实力雄厚的深度合作示范区，支撑"一带一路"建设
	2021	《中共中央关于制定国民经济和社会发展第十四个五年规划和二〇三五年远景目标的建议》	完善"两廊两点"科创架构，推进创新要素跨境流动。加快推进城际铁路建设，统筹港口和机场功能布局，优化航运和航空资源配置。深化通关模式改革，促进要素流动。推进资格互认、规则衔接、机制对接。便利人才交流与流动
	2021	《横琴粤澳深度合作区建设总体方案》	促进澳门经济适度多元化，建立生活就业新家园，构建高水平开放新体系，健全粤澳共商共建共管共享新体制
	2021	《全面深化前海深港现代服务业合作区改革开放方案》	以制度创新为核心，推进规则衔接、制度对接，打造全面深化改革创新试验平台，建设高水平对外开放门户枢纽
	2021	《广州南沙深化面向世界的粤港澳全面合作总体方案》	建设科技创新产业合作基地、青年创业就业合作平台、高水平对外开放门户、规则衔接机制对接高地，支撑港澳融入国家发展大局
	2021	《中共广东省委关于制定广东省国民经济和社会发展第十四个五年规划和二〇三五年远景目标的建议》	以粤港澳大湾区国际科技创新中心建设为引领，建设具有全球影响力的科技和产业创新高地
	2021	《澳门特别行政区经济和社会发展第二个五年规划（2021—2025年）》	积极参与粤港澳大湾区建设，不断增强澳门畅通国内大循环和联通国内国际双循环的交会点和平台功能

2）"一国两制三关税区"和多层次交错的复杂体制结构

不同于其他湾区，粤港澳大湾区拥有"一个国家、两种制度、三个关税区、三个法律体系"的复杂体制环境。制度的差异化和多元化让不同城市得以各自发挥所在制度优势，让粤港澳三地形成了基于互补性的合作发展基础，使得大湾区成为内地连接世界的重要枢纽。大湾区在港澳特别行政区与内地9市之间在政治制度、社会管理体制、经济制度和生活方式等方面存在较大差异的情况下，开展了跨社会制度、跨法律体系、跨行政等级的区域一体化协调过程，当前内地与港澳之间的互动关系总体上变得更加紧密，基础设施"硬联通"与规则制度"软对接"不断深化。

伴随粤港澳大湾区全面合作以来，国家明确提出坚持并完善"一国两制"，充分发挥粤港澳综合优势，以进一步提升粤港澳大湾区在国家经济发展和对外开放中的支撑引领作用。国家"十四五"规划、党的二十大等多次强调"一国两制"的重要性与意义，而近年先后发布的《横琴粤澳深度合作区建设总体方案》《全面深化前海深港现代服务业合作区改革开放方案》《广州南沙深化面向世界的粤港澳全面总体合作方案》，赋予大湾区自贸区探索深化内地与港澳合作的新模式，以保持香港、澳门长期繁荣稳定与大湾区的繁荣发展。习近平总书记更是明确提出坚持和完善"一国两制"制度体系，支持香港、澳门发展经济、改善民生、破解经济社会发展中的深层次矛盾和问题，更好融入国家发展大局。

3）高包容性和多元化的社会活力

粤港澳大湾区以岭南文化为基础，形成了古今交融、中西交汇、开放包容的多元文化。粤港澳大湾区各市同根同源，自古同属百越之地，地处珠江三角洲文化圈，秦统一后同属南海郡，后朝代更迭却仍处于岭南文化、广府文化的整体文化体系中，在整体的经济、文化基础上，形成了相似的人文习俗与人居空间。18世纪殖民背景下，港澳形成了以中西杂糅为特色的文化特征，粤港澳三地形成差异化的文化道路。随着香港和澳门的回归，粤港澳三地文化交融，在岭南广府文化的共同底色下，形成中西文化交融汇聚的特点，兼具鲜明的文化特色又吸收世界先进的文明而形成了多元的文化。

在开放性和包容性的社会经济环境下，形成了高开放、高流动的移民社会。纵观世界级湾区的发展历程，通常都在优良的自然地理和交通条件的基础上，形成了具有较强的开放性和包容性的社会经济环境，大量的外来移民也使得区域经济和社会结构更为多元化。

粤港澳大湾区集成了海、陆、空等多重自然资源禀赋，具备优质的港口、机场、产业等硬件资源，更拥有"一国两制"的制度优势和地缘优势，是我国扩大对外开放、完善国内外双循环格局的最前沿窗口。此外，大湾区坐拥优良的生态环境，山海环绕、气候宜人，在不同时期先后吸引了大量国内外移民来此定居——香港、深圳都是世界级移民城市快速发展的经典案例。来自世界各国和全国各地的移民带来的海洋文化、广府文化、客家文化、潮汕文化等多种文化在大湾区内水乳交融，共同塑造了开放、包容、多元共生的社会文化环境，为湾区在产业和制度上的开拓创新提供了充满活性的土壤。

4）跨界平台正在成为区域协同发展的重要锚点

大湾区边界地区的功能价值正在崛起，高质量跨界平台的涌现成为湾区推进一体化发展的关键。湾区涌现了自上而下政府主导和自下而上市场自发生长并存的多类型战略平台与经济区，形成了以自贸区、产业合作、口岸合作、生态治理、职住区等为代表的多类型的跨界合作平台，形成了不同于京津冀与长三角城市群的跨界地区，其类型更加多样化、市场更加活跃化、体制更加复杂化（图3-9）。大湾区跨界地区是在区域一体化发展的背景下，由国家战略与地方政府区域协同干预布局的区域，形成了基于湾区特殊体制环境与城市群地理格局下的跨界平台。

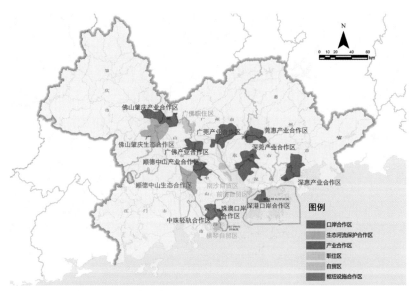

图3-9　湾区跨界合作平台类型梳理
资料来源：根据相关资料改绘

跨界平台是大湾区发挥城市群枢纽性与国际开放的核心载体。以横琴、前海、南沙等为代表的三大自贸区与近期深港边界谋划的一系列平台，均承担了区域性核心枢纽的定位与面向全球的高端职能，如前海提出"建成全球资源配置能力强、创新策源能力强、协同发展带动能力强的高质量发展引擎"；南沙提出建设"华南科技成果转移转化高地""南方海洋科技创新中心"等"面向世界的重大战略性平台"的未来目标；北部都会区致力成为"香港硅谷"并支撑大湾区国际科技创新中心建设。

3.2 大湾区的空间演化历程

3.2.1 单中心主导的空间蔓延阶段

1）村镇工业化加速空间蔓延

伴随着全球化分工，香港"三来一补"制造业与台湾电子产业开始向外转移。与此同时，1978 年，家庭联产承包责任制实施，乡镇基层可以获得集体土地的非农产业经营权；1985 年，中央"一号文件"提出小城镇规划区内建设用地可设立土地开发公司，以出租等方式进行商品化经营；1992 年，佛山开始尝试农村股份合作制改革。顺应香港、台湾等地制造业转移趋势，这一系列措施极大地促进了珠三角乡镇企业的发展与各类村镇工业园区的建设。

20 世纪 80 年代，在村镇集体企业的带动下，珠三角的村镇工业化率先在南海、顺德等地区启动。之后，深圳、东莞、惠州以及中山、江门等地区，依托邻近港澳的区位优势以及台湾产业转移机会，大力吸引港澳台与国外投资，建立了多种类型的村镇工业园区，南海、顺德、东莞、中山也借此成为闻名全国的"广东四小虎"。

20 世纪 80 年代末，珠三角 1/3 的镇成立了房地产开发公司，实行"统一规划、统一施工和配套建设"模式，加快了村镇建设速度。20 世纪 90 年代以后，乡镇企业持续推动村镇建设蓬勃发展，出现了"村村点火、户户冒烟"的现象，大量工业园区布局在国省道沿线，珠三角城镇空间快速蔓延，成为全国城镇数量最多、密度最大的地区之一。村镇工业化的快速发展也导致珠三角村镇建设用地比例偏高，即使到了 2012 年，珠三角村庄建设用地仍有 3110.82km^2，比例高达 68.6%。

2）以香港为核心的单中心结构

香港通过制造业向珠三角的转移，凭借国际窗口的重要作用，主要承担以国际商务和生产性服务为主导的管理和控制功能，发展成为国际性贸易、金融、物流中心。珠三角主要承担工业生产职能，与香港以"前店后厂"产业分工模式，形成以外向型经济为主导、相对完整的劳动密集型产业链，快速成为"世界工厂"。

虽然香港—广州在珠三角空间蔓延中已呈现出明显的轴带特征，与其他城市中心区、重要产业园区、新型城镇形成了点轴发展形态，深圳也在经济特区政策支持下获得了长足发展，但大湾区整体仍表现为以香港为单中心的城镇体系逐步完善阶段。1998年广东省进口货值总额中，自香港进口35亿美元，占比达到72.5%。大湾区总人口为2385万人，GDP为2.09万亿元，其中香港1.40万亿元，占大湾区67%，约为广州的7倍和深圳的10倍。

3.2.2 多中心主导的结构优化阶段

1）经济发展转型与城镇品质提升

在1998年亚洲金融危机和国家宏观调控影响下，为提高经济发展和土地利用效率，大湾区传统"三来一补"等制造业面临转型压力，开始向重型化、高端化、国际化转型，逐步被电子、电气、汽车、石化等产业取代，乡镇企业也开始向现代企业转型，培育出了华为、美的等一大批优秀的民营企业，经济发展开始全面转型。

1998年住房制度改革使房地产成为重要的支柱产业，并带动上下游产业链的增长。中心城市以及各城市中心区，受土地价格影响，制造业外迁与商品房开发使得城市中心服务功能与高品质城镇化向更大区域扩散，而2002年之后的土地有偿使用更是为政府带来了大量的基础设施建设资金，为城市各类功能的区域化提供了基础设施服务，城镇化品质得到全面提升。

2）新城新区建设与多中心结构

2000年后，随着国家宏观调控的加强，城市核心区与新功能区等新城新区成为推动经济发展转型与空间结构优化的重要引擎。广州珠江新城、深圳福田中心成为广州、深圳现代服务业的重要集聚区，新谋划的东莞松山湖、佛山千灯湖等新城新区加快建设，并逐步成为重要的区域性服务中心。2009年、2011年、2012年，国家陆续批复横琴新区、前海新区、南沙新区方案，使其成为国家第四、第五、第六个国家级新区。伴随其他的CBD、高新技术园区、大学城、空港经济区、海港经济区、休闲度假区等不同类型功能区的出现，大湾区的空间节点增长效应显现，逐渐出现了广深港与环珠江口湾区等重要发展走廊与区域。

而自从2001年中国正式加入世贸组织以后，随着珠三角地区自身港口等重大基础设施的完善以及全球产业分工网络的构建，削弱了对港澳国际窗口、联系人角色的依赖。随着珠三角制造业的转型升级和房地产的发展，对城市服务业提出了更高的要求，金融、贸易、信息等现代服务业在广州、深圳等中心城市集聚。随着二次创业所带来的传统制造业向高新技术产业的转型升级以及现代服务业的发展，深圳快速崛起并与香港、广州以三足鼎立之势成为大湾区的三大中心城市。截至2012年，大湾区常住人口接近6500万，城镇化率达到88%。GDP总量为6.70万亿元，其中香港、广州、深圳的GDP分别为1.65万亿元、1.36万亿元和1.29万亿元，香港仅为广州的1.2倍和深圳的1.3倍。

3.2.3 网络化的深度融合阶段

1）科技创新与合作加快网络化发展

2010年，中国虽然从GDP总量上超过日本成为第二大经济体，但在人均GDP、科技创新方面仍有较大差距。虽然深圳、广州、香港在世界一流教育、创新型企业以及高新技术产业等方面都取得了一定的发展成绩，但依然缺乏自主创新能力。2012年，党的十八大召开，强调要走中国特色自主创新道路、实施创新驱动发展战略。2014年5月，深圳国家自主创新示范区获批，成为我国首个以城市为基本单元的国家自主创新示范区。

大湾区企业创新优势一直居于全国首位，以深圳、广州为龙头的珠三角聚集了几万家高新技术企业，尤其是在广州、深圳的中心城区，集聚了大量的创新龙头企业、科研机构，形成国内规模较大的创新集群，在全球科技创新区域排名中，大湾区跻身全球科技创新集群前10名。创新集群的外溢促进了广州—深圳发展轴线上部分传统制造业向创新型空间和产业的转型，并与港澳及东西两岸重要的创新节点相连接。2019年《湾区纲要》提出建设"广州—深圳—香港—澳门"科技创新走廊，并依托该走廊与其他重要节点推进大湾区共同建设国际科技创新中心。2021年以来，横琴方案、前海方案、南沙方案等三大方案的出台以及深港河套地区两地合作的加快推进和香港北部都会的提出，使得粤港澳三地之间的科技创新合作更加紧密，大湾区的科技创新网络也更加完善。

2）都市圈推动空间结构优化

早在 2009 年，《珠江三角洲城乡一体化规划（2009—2020 年）》便提出要实现广佛肇、深莞惠、珠中江三大都市区的一体化发展。2020 年 5 月，广东省政府印发的《广东省建立健全城乡融合发展体制机制和政策体系的若干措施》直接提出建设广州、深圳、珠江口西岸等都市圈，其中广州都市圈在广佛肇基础上，增加了清远、云浮及韶关；深圳都市圈在深莞惠基础上，增加了河源、汕尾；珠江口西岸都市圈在珠中江基础上增加了阳江。

但实际上，随着香港、广州、深圳三大中心城市的持续发展以及多中心结构的逐步稳定，在大湾区空间范围较小、要素高度集聚与高频流动的背景下，依托三大中心不同职能与分工所形成的要素流动与经济腹地将共享湾区并高度叠加，并不断向西岸等地区辐射，形成以香港、广州、深圳为核心的三大都市圈，伴随香港、广州、深圳三大都市圈的功能与腹地的拓展，以及所带来的跨界等地区的高度活跃，各类要素的集聚与扩散将持续打破自然、行政、制度等边界壁垒，从而实现对大湾区"9+2"的重构和空间结构优化。

3.3 大湾区空间结构的独特性

3.3.1 空间特性：作为巨型城市区域的独特表现

根据目前学者对城市群空间结构的研究可以看出，相对而言，巨型城市区域作为城市群的一种概念类型或空间描述，不再仅仅是从空间连绵的形态、人口规模和密度等指标来进行定义，而是对内部也有了多中心、网络化和功能性的三大特征表述，这样将更有利于针对所研究城市群的空间结构特点进行相应的比较。因此，下文将重点从多中心、网络化、功能性三个方面分析粤港澳大湾区作为巨型城市区域在空间结构上所表现出来的独特性。

1）多中心：明显的"三体性"与"圈层性"特征

（1）三大经济体量相当的中心城市共担全球城市职能

通常而言，高首位度的城市组织结构，有利于充分发挥规模效益，集聚区域优势资源，促进世界级功能集聚。根据经济规模位序分析，世界级城市群普遍适用齐夫定律[①]，但大湾区按行政划分并不具备高首位度的唯一核心城市，而是形成香港、广州、深圳三个经济体量相当的城市（2022年香港、广州、深圳GDP总量分别为2.43万亿元、2.88万亿元和3.24万亿元），呈现出独特的"三体性"（也称为"三体"）（图3-10）。如跳出行政区划与制度壁垒，从功能协同角度将香港与深圳看作一个"城市"，则接近齐夫定律。

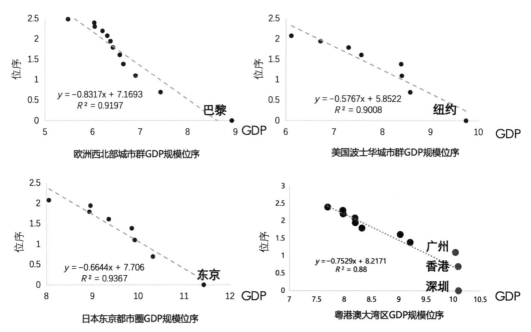

图3-10　大湾区与欧洲西北部、波士华、东京等世界级城市群的GDP规模位序比较（双对数坐标）

纽约、伦敦、巴黎、东京、北京、上海等所在城市群的中心城市多以单中心承载全球城市国际服务的综合功能，欧洲8个巨型城市区域中也有6个呈现明显的单中心结构，而剩下的两个多中心城市区域中，兰斯塔德的阿姆斯特丹与第二位的鹿特丹相比也有着更强

---

① 1935年，哈佛大学的语言学专家齐夫（Zipf）在研究英文单词出现的频率时发现，如果把单词出现的频率按由大到小的顺序排列，则每个单词出现的频率与它的名次的常数次幂存在简单的反比关系，这种分布就称为齐夫定律。

的单中心影响力。而香港、广州、深圳则以三足鼎立之势共同承担大湾区全球城市职能。其中，香港是国际金融与航运中心，广州是国家综合性交通门户与区域商贸中心，深圳是全球知名的科技创新中心，且在港口、机场、金融、科创等方面，三者都有着一定的全球影响力，形成既相互竞争又彼此协作的状态，共同参与全球产业分工与竞争，引领大湾区高质量发展。

（2）三大都市圈范围高度叠加共享湾区腹地

虽然香港、广州、深圳共担全球城市职能，但在不同的领域仍有各自的分工，满足大湾区不同的服务需求，比如在金融方面，香港的港交所、深圳的深交所与广州的期交所，为不同的人群、企业提供相应的融资需求，以支撑香港的国际金融中心、广州的区域商贸中心、深圳的科技创新中心等各自的定位。在港口和机场方面也是如此，香港作为国际航运中心更多的是满足大湾区国际循环需求，广州作为国家综合性交通门户则更多的是提供区域交通服务，深圳作为科技创新中心，也需要建立相应的区域联系。在科技创新方面，香港的优势在于世界一流大学及其相应的科研人才与机构的集聚，广州和深圳分别以知识创新和产业创新各有所长。因此，三大城市在每个领域的差异化服务需求，使其要素联系所涵盖的发展腹地均覆盖整个大湾区。

且珠三角从过去与香港 "前店后厂"的分工模式，到现在粤港澳合作下的各种飞地合作模式，都可以说明香港对整个大湾区的影响。广州作为省会城市以及粤港澳合作的主要参与者，也必然与大湾区其他城市之间紧密连接。深圳作为科技创新中心，更通过产业分工和科技服务形成了紧密协作。因此，从这一点上来说，三大中心城市的腹地也必然覆盖大湾区。

另外，与长三角由几个相对分离的都市圈组成不同，大湾区由于空间范围较小，要素高度集聚与高频流动，香港、广州、深圳三大中心城市的都市圈范围高度叠加、难以分开，比如东莞同时受广州和深圳的影响，中山同时受广州和深圳的影响，珠海同时受深圳和香港的影响等。

2）网络化：明显的"强流动"与"节点性"特征

（1）要素的区域性与局域性强流动并存

对比京津冀与长三角，大湾区人口流动最为明显与频繁，其中广佛之间、深莞之间通

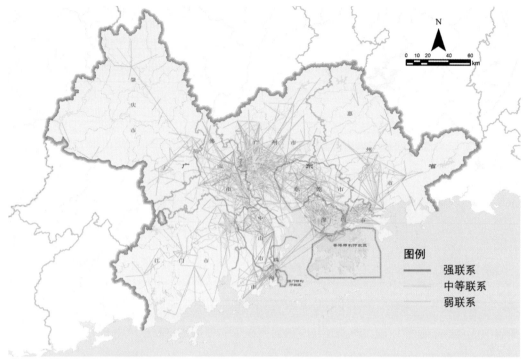

图 3-11　大湾区人员流动网络

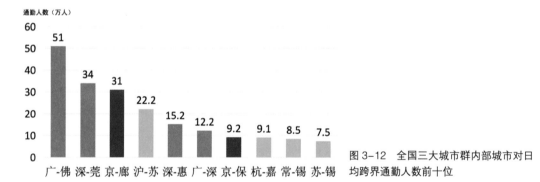

图 3-12　全国三大城市群内部城市对日均跨界通勤人数前十位

勤来往密切,跨界通勤人数分别达到 51 万和 34 万,在全国三大城市群日均跨界通勤人数前十位中占据第一和第二位(图 3-11、图 3-12)。企业资本联系上,通过总部分支联系网络强度①分析发现,大湾区内部企业联系度相比其他两大城市群更强(图 3-13、图 3-14)。

---

① 网络强度计算方式:$L_{ij} = \dfrac{T_{ij}}{\sum_i \sum_j T_{ij}}$,其中,$T$ 为 i 市在 j 市设立分支机构的数量(有方向)。

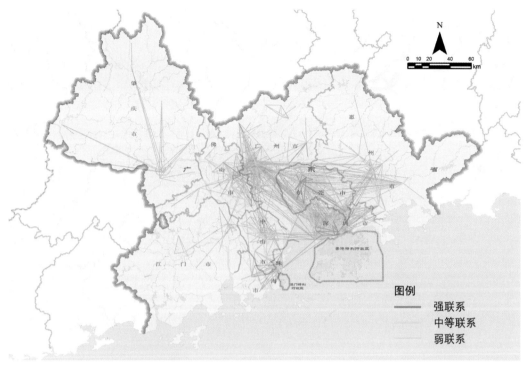

图 3-13　大湾区企业总部分支联系网络

以街镇间通勤联系强度和紧密程度作依据，应用社区发现算法划分通勤集群，大湾区呈现明显的簇群形态（图3-15），无论是从居住人口还是就业人口来看，大部分通勤距离位于4.5km以下和4.5～7.5km，近距离通勤交通占据主导。其中跨界通勤集群现象较普遍，主要位于广—佛、深—莞、深—惠、莞—惠、珠—中边界。

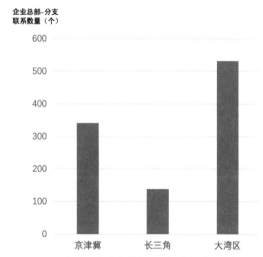

图 3-14　全国三大城市群企业总部分支联系网络强度

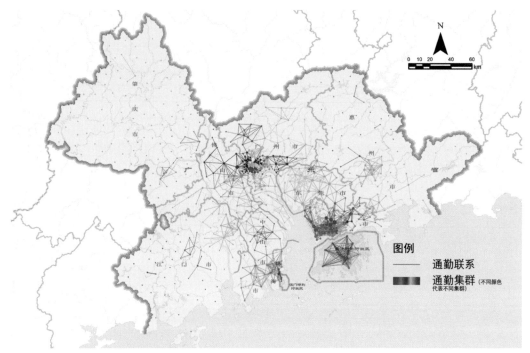

图 3-15　大湾区 2021 年通勤集群划分

注：相同颜色的相邻街镇为同一通勤集群

（2）区域空间尺度重构催生节点性城市与功能区域

功能性节点是网络化空间的必然组成部分，也是要素流动促进空间集聚与扩散的必然结果。在要素"强流动"作用下，三大中心城市不断吸引要素集聚，其发展腹地随着都市圈的"圈层化"演绎呈现出不同的叠加状态，推动大湾区不同尺度上的空间重构，在城市跨界地区不断形成新的战略性功能节点，对原有以行政区划边界划分的空间结构形成较大冲击。如东莞松山湖与深圳光明围绕巍峨山形成新的区域功能组团和国际科技创新节点。

核心湾区由于要素的高度集聚与流动，成为各个城市优先推动战略布局的区域，通过塑造机场、港口及各类新区成为服务大湾区乃至世界的重要节点性功能区域，如香港、深圳、广州的机场与港口，深圳前海新区、广州南沙新区、珠海横琴新区及东莞滨海湾新区、中山翠亨新区等，均成为吸引大湾区高端要素集聚、推动空间结构重塑的战略节点。

其他区域随着重大门户枢纽及重要产业园区的建设，也会集聚部分重要功能，以枢纽新城或产业新城模式重塑区域空间。在这些节点作用下，广州、深圳等中心城市功能向外拓展，中心极化作用增强；而东莞、中山等城市则由于跨界地区部分街镇演化为区域性功能组团，腹地范围面临收缩，从市域中心城市转化为区域节点城市。

由此，节点性城市与功能区域的不断涌现，冲破各级行政区划边界阻力，持续并快速解构大湾区"9+2"的空间格局。

3）功能性：明显的"多样性"与"专业化"特征

（1）支撑全球产业链的世界级产业中心

大湾区电子信息、装备制造、汽车等制造业已形成产业链"集群式"的空间组织与专业化分工模式。围绕未来产业、依托世界级龙头企业，逐步形成了若干专业化世界级制造业中心（图3-16）。以深圳、东莞为例，深圳围绕比亚迪等形成世界级新能源汽车产业中心，围绕华为、腾讯、中兴通讯等形成世界级人工智能、通信技术、计算机软件等数字经济产业中心，围绕华大基因等形成世界级生物制药产业中心。东莞围绕VIVO、OPPO等将形成世界级智能手机产业中心。同时，大湾区依托香港、广州、深圳、澳门等核心城市形成世界级金融、航运、博彩旅游等服务业中心（图3-17）。其中澳门在珠海横琴政策升级的支持下，

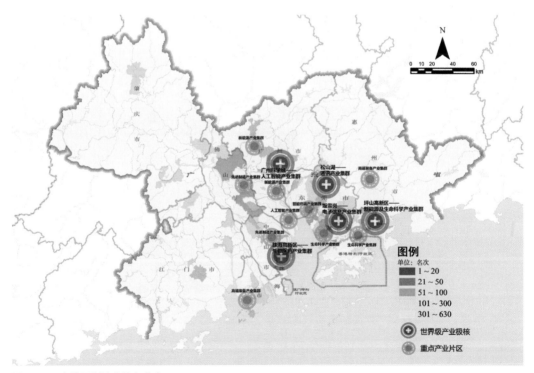

图3-16　大湾区制造业核心节点

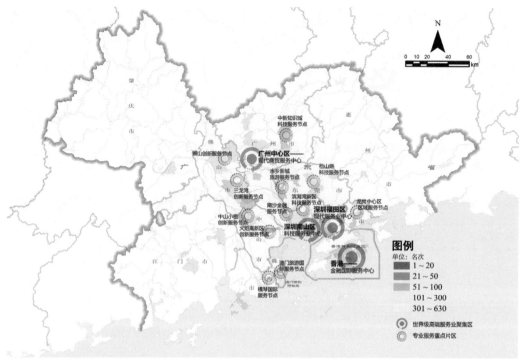

图 3-17　大湾区服务业核心节点

将以专业化世界级城市与香港、广州、深圳共同发挥大湾区核心引擎作用。

（2）服务全球创新链的世界级创新中心

大湾区创新要素呈现了与产业集群相同的多元分工与网络化格局（图 3-18）。知识创新方面，广州包括小谷围街道和五山街道；香港包括深水埗、油尖旺及香港岛，集聚了湾区 68% 的高校和国家实验室，是湾区知识创新高地。在深莞、南沙、珠澳等生态优良的边界地区，随着大科学装置、国家实验室、广东省产学研平台的投入建设，出现光明科学城——松山湖地区、南沙科学城——莲花湾地区、珠海横琴——澳门等 3 个新兴的知识创新平台，助力大湾区补足基础科研能力参与世界竞争。产业创新方面，深圳和东莞集聚湾区 62% 的高新技术企业和 72% 的独角兽企业，包括深圳粤海、坂田、南山、西丽等街道及东莞长安镇和塘厦镇等，是大湾区产业创新高地。在深港、深惠、广佛、中山、肇庆等地区，形成落马洲——深港河套地区、坪山高新区——惠州大亚湾新兴产业园、佛山三龙湾——广州南站地区、中山火炬高新区——翠亨新区、佛山狮山镇等 5 个新兴产业创新高地。

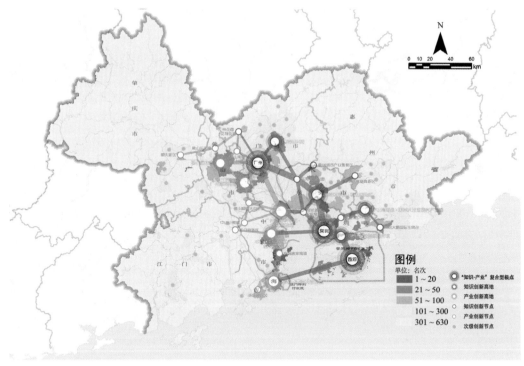

图 3-18 大湾区创新网络

（3）面向全球联通网络的枢纽门户中心

多元的交通资源造就了大湾区综合化、国际化、枢纽化、城际化的多层级枢纽门户地区（图3-19），通过公路、铁路和水运网的链接，形成支撑要素高效流动的超级运输网络。

香港、广州、深圳依托世界级港口、机场、高铁等交通资源，以组合式枢纽成为重要的全球性航空和航运门户枢纽。其中，香港形成世界级机场与港口组合，香港机场占据大湾区近80%国际旅客市场份额、60%航空货运份额。广州形成世界级机场与铁路枢纽组合，广州机场2020年航空旅客吞吐量位居全球第一；广州南站是全国到发旅客流量最高的高铁车站。深圳形成世界级港口与铁路枢纽组合，2021年港口吞吐量居全球第四，深圳北站成为大湾区重要枢纽之一。大湾区内以城际交往为主，呈现以广州、深圳为中心的都市圈化特征，跨市商务往来除广深港中心外，主要集中在广佛肇和深莞惠地区，国际化主导的门户地区主要集中在广州白云国际机场、深圳宝安国际机场、香港国际机场及深圳前海自贸区周边，其中深圳会展和前海、广州花都和白云、香港洪水桥等表现突出。

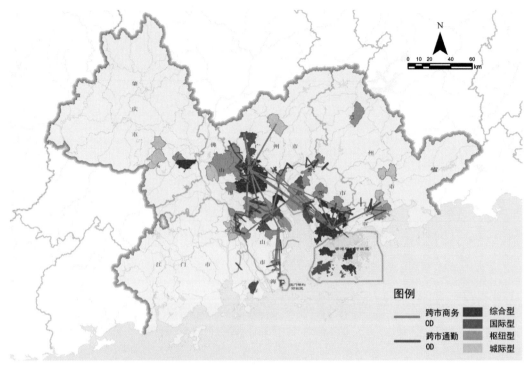

图 3-19　大湾区"四大门户"功能板块

3.3.2　形成机制：空间本底、要素、制度的共同作用

1）湾区的自然地理格局

自然环境条件是城市区域空间结构形成发育的物质基质，也是空间系统运动的自然动力因素。大湾区受地形、地貌、气候、水文、植被等地理要素影响，内部被山体、丘陵、水系等生态空间自然分割（图 3-20），形成大小不等的若干城市组团，用地类型多元、破碎，呈现非均质化的功能布局形态。破碎化的城市组团由于建设成本较高，必然会采取更为集聚的开发模式，以更专业化的职能分工相互协作。核心湾区在外向型经济主导下，依托良好的港口条件，更有利于吸引人口与产业的集聚，以"港—产—城"的组合模式，成为集中体现大湾区高密度、强流动的地区。

虽然大湾区独特的自然地理格局导致区域要素的高密度集聚，但空间上仍相对紧凑，通过生态廊道的连通作用，维持了区域生态系统的稳定；通过生态空间的间隔作用，避免了"摊

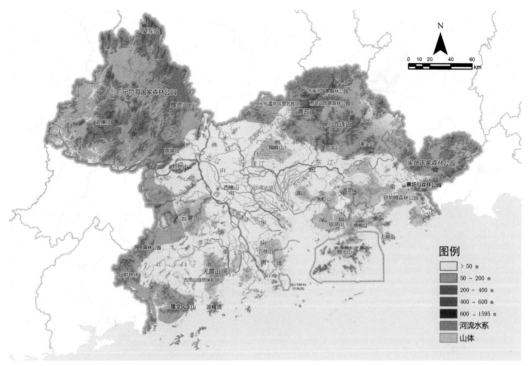

图 3-20 大湾区自然地理高程与生态本底分析

大饼"式的连绵式扩张，以多个专业化分工的功能簇群催生了多中心、网络化的空间格局。

当建设用地资源稀缺时，边界地区由于开发强度较低，在多元的制度、成本影响下，再加上原本作为城市组团分隔的生态廊道所提供的生态价值，会变得更有吸引力，成为围绕生态廊道或生态绿核重置区域资源、重塑空间结构的战略节点地区。

2）"小尺度"区域空间承载超高密度要素

与世界上其他重要城市群相比，大湾区面积较小，且建成区仅 10000km² 左右，更相对局限。三大中心城市空间距离高度邻近，广深中心区距离约 120km，深港中心区距离约 50km，均未超过一般都市圈 1 小时交通圈的影响尺度。人口和经济密度（地均 GDP）分别排名第二和第三，呈现相对的"小尺度"区域空间和要素高密度特征。

在整体高密度格局下，大湾区内部更呈现非均衡集聚状态，人口、经济、空间建设均高度集中在环湾核心地带（图 3-21）。由于空间尺度较小且要素密度较高，尤其是建成区

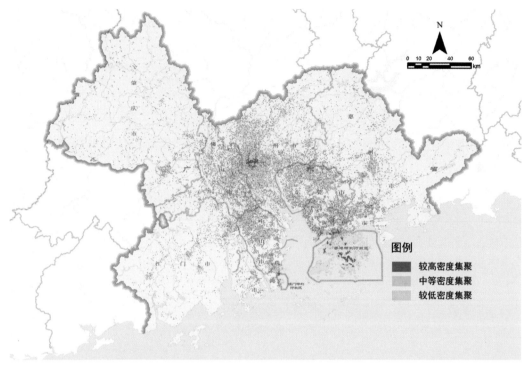

图 3-21 大湾区就业人口分布格局

更多集中在核心湾区，导致分别以香港、广州、深圳为核心的都市圈范围高度叠加，城市群与都市圈之间呈现混沌状态，跨界地区受多个都市圈的叠加影响，变得更为活跃，并带来内部人口、经济等要素的强流动。

3）"一国两制"下的多元制度差异

大湾区之所以形成三个规模、职能并驾齐驱的中心城市，重要原因之一在于其独特的制度架构。其中，广州是广东乃至华南地区传统的政治、经济、文化中心，作为广东省省会，具有统筹和引领省域资源要素的重要能力与地位，交通网络枢纽地位、外贸与制造业发展具有天然优势。香港在"一国两制"的制度下，是内地对接海外市场的关键支点，金融、贸易、现代服务具有特别优势。深圳是经济特区与国家改革开放的前沿和窗口，制度政策方面获得大量示范和探索机会，产业创新也取得不俗成绩。

中心城市的"三体性"特征，使中心与腹地之间存在明显的交通区位、要素密度与产业分工差异，并在边界地区形成复杂的成本势差及合作诉求。而城市之间的制度差异则进一步促进了跨界地区的发展，如深圳和香港之间，虽然制度有所不同，但制度差异也促进了金融与科技的紧密合作；广佛之间充分利用行政管理权限在市区两级配置上的明显差异，推动全域同城化发展；珠澳之间形成很好的产业协作模式；深莞之间通过松山湖与光明的建设也将迈向合作新阶段，而松山湖本身就是东莞市带镇管理体制的创新。

湾区的自然地理再加上多元制度的影响，使得大湾区的城市之间尤其是"三体"之间形成截然不同的制度环境、地域空间结构与城市功能差异，呈现出明显的多元异构复杂网络特点，且"三体"之间由于中心—外围发展差异形成巨大的断层，不仅反映在三大都市圈之间，也反映在每个都市圈的各圈层之间。未来，如何实现"三体"乃至区域的深度融合是基于大湾区空间结构独特性的关键策略。

3.4 巨型都市网络概念的提出

3.4.1 大湾区的都市化与网络化演绎

1）都市化演绎过程

都市化常常被看作与城市化相同的概念或者是城市化的高级状态，本书认为城市化更多的是人口与产业的集聚，空间与产业形态从乡村转化为城市的过程，但都市化作为城市化的高级状态或者高质量发展阶段，更强调的是区域持续打破自然、行政、制度等边界壁垒实现要素的高密度集聚、高频次流动、高效率合作、高强度耦合的状态，是全要素的功能城市化过程，而非仅仅是人口与产业或空间场所的城市化过程。

而大湾区由于三大都市圈的高度叠加，在客观上实现了其在空间上城市化的过程，而由于要素的高密度集聚与高频次流动，并重点在都市圈相互叠加的区域，尤其是不同城市之间的跨行政边界区域，不断地实现空间要素的蝶变，从一般的破碎化生态、用地空间转化为高标准的科创平台或产业新城，又进一步实现了其在功能上城市化的过程，都市圈之间的乡村乃至郊野地带也逐步转化为新的都市农业、郊野休闲、文化旅游等都市化空间，区域的自然边界不断被消弭，从城市功能的分割空间转化为城市功能的集聚"磁场"。

"三体"本身的多中心结构所带来的空间结构演化趋势的不确定性，也导致都市圈范围与叠加区域的不断变化，形成若干新的区域性战略节点，从而不断巩固大湾区都市化过程的成果，进一步推动其网络化的发展，形成都市化与网络化相互促进的演绎过程。

2）网络化演绎过程

在"流动空间"作用下所导致的城市群网络化的过程是必然趋势，但对于粤港澳大湾区而言，在"三体"的相互作用下，三大中心城市及其所形成的都市圈范围在高度叠加下相当于形成三个功能不断集聚与外溢的中心与影响范围，从而导致干涉效应被放大，并在干涉效应发生和影响区域产生更多的战略节点，使得区域的网络化进程加速。同时，三大中心之间的联系也会不断加强，形成主导区域发展的重要轴带，比如广深港澳从经济发展走廊到科技创新走廊的演化过程。而本身作为珠江口湾区，从珠江口由内向外也会形成明显的区位条件与要素汇聚能力的差异，导致人口与产业以及相应的重大基础设施与公共服务平台进一步向以珠江口为核心的"黄金内湾"集聚，从早期港口与工业园区的集聚到后来对外开放与科技创新、现代服务平台的发展也说明了其受不同发展阶段的影响。因此可以说，大湾区的网络化过程由于"三体"与"珠江口湾区"影响，会形成三大中心、广深港澳走廊、"黄金内湾"的核心功能辐射中心或地带，并不断地通过每个阶段最高端要素的汇聚，导致极为复杂的空间功能干涉与演化现象，并以重要空间功能节点的形式体现，从而使得大湾区的网络化过程更具活力、更为迅速。

3.4.2 大湾区空间结构形成的底层逻辑

无论是前文对大湾区空间独特性形成机制的分析，还是对大湾区空间演绎中都市化与网络化过程的分析，虽然也提到了制度等因素的影响，但更多的是体现在空间本身演化过程的结构表现，但为什么会出现这些独特的结构特征与演化过程，则需要对其背后的逻辑进行系统解读，从推动空间结构形成与演化的更深层次的机理上来认识大湾区空间结构的独特性，从而为后续大湾区高质量发展范式以及评估模型的构建提供基础性支撑。

1）"三体"发展的三大制度逻辑

在香港对接国际制度、广州作为省会城市、深圳作为经济特区的三大制度逻辑中，"一国两制"是粤港澳大湾区区别于其他城市群的独特制度优势。三大制度逻辑不仅反映了香港、广州、深圳发展成为大湾区中心城市及其所承担的重要全球和区域功能的底层逻辑，同时也形成了三大都市圈的高度叠加以及相互影响，从而成为主导大湾区空间结构演化的核心力量。而三大中心城市对制度差异化下合作模式的探索程度也将直接影响着未来空间结构的不同演变趋势，例如深圳与香港之间，若能探索出"一国两制"下的更为紧密的合作模式，形成深港之间更好的要素流动与功能协作，乃至建构"深圳＋香港"融合两种制度优势的真正湾区核心引擎模式。随着中心城市地区人口与产业等要素的高度集聚，中心城市也由于超高密度下的治理压力面临功能疏解问题，是否能够采取更为开放包容的态度辐射带动周边城市，有序引导部分制造业向外转移，并做好重大基础设施的衔接，发挥中心城市的辐射带动作用，也将决定三大都市圈尤其是广州、深圳两大都市圈的建设质量及其经济腹地范围的大小，从而对大湾区空间结构产生重要影响。

正是基于不同制度逻辑下的"三体"结构，也需要大湾区在多元制度壁垒下寻求包容式增长、协同式创新的发展模式，"三体"之间既要在环境风景、人文服务、交通互联等方面避免短板，保持发展的安全韧性，但同时又要在创新活力、产业发展等方面突出自己的长板，汇聚大湾区最为高精尖的顶级功能，参与乃至引领全球价值链的分工，并在长板方面实现互补与协作，才能既避免恶性竞争，又能共同承担全球职能，媲美其他顶级全球城市。

相对于六大网络逻辑而言，三大制度逻辑（包括三体及其所形成的都市圈对大湾区空间结构的影响）可以看作是影响大湾区空间结构演化的根本性逻辑和主导性力量。

2）"六维"协同的六大网络逻辑

网络化是节点涌现与要素流动的结果，包括有形的网络和无形的网络，其中有形的网络比如生态系统、交通设施等，无形的网络包括交通通勤、产业联系等。相对而言，要素集聚度越高，空间节点越多，专业化分工越强，则网络化密度、联系程度越高。湾区的自然地理格局将大湾区分隔成若干相对破碎化的空间单元，形成网络化的空间本底；在此基础上，各空间单元为降低成本，寻求更为专业化的分工和更高强度的开发建设模式，形成不同类型的专业化的创新或产业中心，与之匹配的是不同类型的交通网络与枢纽结构，从而更好地服务于不同城市组团之间的功能联系；各功能组团人口规模及其功能类型也决定了其对人文服务的差异化需求，形成人文服务的基础设施网络与不同等级的公共服务中心职能；除中心城市的二大制度逻辑以外，大湾区还存在若干制度边界，多元化的功能分工形成了在开放包容度方面的差异，比如港澳等完全国际化的地区，以及深圳前海、珠海横琴、广州南沙等自贸区。

因此，大湾区网络化的过程离不开自然生态的分割所形成的空间基础网络格局，以及功能分工所形成的各类产业、创新中心等专业化节点，交通网络支撑下的多元的交通枢纽门户，再加上人文服务和开放包容度差异下对公共服务、对外开放与国际化以及年轻人吸引力等方面的影响，即环境风景、人文服务、交通互联、开放包容、创新活力、产业发展等六大方面共同作用于大湾区，通过对不同类型、不同等级专业化节点或门户、区域的塑造共同推动大湾区的网络化过程。

大湾区高质量发展的过程可以看作是网络节点要素集聚程度与功能核心价值不断升级、参与全球竞争能力不断提高、功能联系不断增强，同时支撑网络节点核心功能发挥的环境风景、人文服务、交通互联等品质不断提升的过程。

3.4.3　巨型都市网络及其空间结构

1）巨型都市网络的提出：巨型城市区域的独特类型

以什么样的城市群概念来描述大湾区空间结构的独特性？作为城市群的一种类型，可以将京津冀、长三角、粤港澳大湾区都称为巨型城市区域，但明显可以看出，巨型城市区域的概念过于笼统，虽然也揭示了内部要素流动与网络演化的特征，但并未清晰地体现其中心城市—都市圈—城市群的空间组织序列，以及不同多中心结构（比如多中心之间是否存在等级体系的情况下）对区域整体空间结构演化的影响。因此，可以说巨型城市区域的概念无法充分体现三大城市群之间的结构差异，比如京津冀的一核双城结构、长三角的多中心等级结构、粤港澳大湾区的多中心"三体"结构之间的明显区别。

而城市群空间结构及其演化过程直接影响着其不同维度高质量发展要素的系统组织效率，影响着未来世界级城市群发展路径的不同选择。因此，为了更好地揭示大湾区空间结构演化与高质量发展要素的系统逻辑与发展规律，有必要对其空间结构的独特性在巨型城市区域的概念下进行细化和表达。

从大湾区作为巨型城市区域多中心、网络化和功能性三个特征来看，尤其是从中心城市—都市圈—城市群的空间组织序列来看，大湾区的独特性集中地表现为地域空间范围较小、要素高度集聚与高频流动下的三个体量相当的中心城市与三大都市圈范围高度叠加过程。因此，从本质上来说，大湾区表现为高强度的要素流动网络特征，从网络的视角对其定义更为合适；另外，由于三大都市圈的高度叠加，都市圈之间不再有大量的乡村地区的分隔，而是不断地以都市化融入都市圈的范围，即大量的生态与乡村地区不断地变为都市农业与生态景观以及现代化城市地区。因此，概括而言，可以说都市化与网络化是大湾区空间结构演化的主要形式与过程。

基于以上考虑，将大湾区称之为巨型都市网络，其概念可以表述为：作为巨型城市区域的一种独特类型，拥有 3 个（或 2 个以上）体量相当的中心城市，由于区域的空间范围相对较小，在湾区自然生态格局的分割以及要素高密度集聚与高强度流动的共同作用下，中心城市所形成的都市圈之间呈现明显的叠加状态，都市圈与城市群之间的边界也处于混沌状态，在各种边界的复合作用下，各类高质量的都市功能空间节点不断涌现促进区域都市化与网络化持续发育和空间尺度不断重组，由此所形成的一种新型的区域地理现象，本书称之为"巨型都市网络"。

与巨型城市区域相比，巨型都市网络更强调中心城市及其所形成的都市圈在城市群空间结构演化中的主导作用，以及多个都市圈相互叠加通过都市化、网络化不断对区域空间进行尺度与功能重构的过程。城市群本身应拥有两个及以上的都市圈，以都市圈作为其基本单元。巨型城市区域虽定位为城市群，但从最早的研究来看，其范畴包括都市圈或城市群，比如大伦敦作为巨型城市区域更多地对应都市圈，长三角、粤港澳大湾区等作为巨型城市区域，更多地对应城市群。因此，巨型都市网络的概念更多的是将中心城市及其所形成的都市圈的影响作用到巨型城市区域，强化中心城区—都市圈—城市群的空间组织逻辑，能更好地支撑我国对中心城市、都市圈、城市群的整体发展战略诉求，满足未来中国式城市群空间结构与治理模式优化的需要。同时充分描述了大湾区作为巨型城市区域由于三大都市圈的高度叠加与不断演化所表现出来的持续的都市化与网络化状态。

另外，巨型都市网络更好地揭示了其区域内部空间结构演化的复杂性，其复杂性来自于区域空间范围较小所带来的多个都市圈范围之间的叠加，城市群与都市圈因为边界模糊所带来的混沌性。同时也反映了在不同的边界叠加效应影响下的空间战略节点不断涌现的空间演变的动态性，在这种动态关系中，其圈层、网络、节点、边界等存在着系统化的逻辑关系，并与不同要素集聚所形成的功能存在着必然联系，从而为其高质量发展的动态评估、空间持续优化，乃至为大湾区从世界工厂走向世界级城市群提供了探讨其操作路径的可行性。即巨型都市网络为空间结构的内部特征与演化规律认识提供了可能，从而为城市群高质量发展路径的研究提供了方法，而该路径本身也由于大湾区空间结构的独特性以及与高质量发展要素的系统关系及其演化过程，揭示了大湾区高质量发展的新范式。

2）大湾区巨型都市网络空间结构示意

整个大湾区由外围山体形成绿色生态屏障，珠江口湾区与东西滨海地带形成蓝色滨海湾区，中间以东江、北江、西江等三大流域为核心，若干河涌水系与自然山体由周边向珠江口地区延伸汇聚，以密集的生态廊道方式对区域空间进行分割，形成多中心、网络化的簇群式空间本底结构（图3-22）。

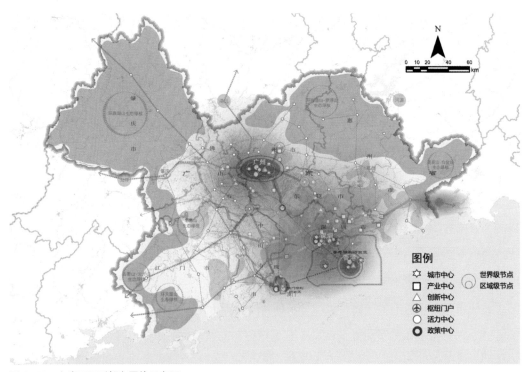

图 3-22　大湾区巨型都市网络示意图

香港、广州、深圳以"三体"形式形成三大中心城市，其内部包括中心服务功能受自然山水等廊道的分割，也形成类似分形的多中心组团式格局。澳门作为特色化城市与香港、广州、深圳形成湾区四大核心城市。分别从以香港、广州、深圳为核心的都市圈腹地范围来看，香港都市圈的腹地不仅影响深圳等地区，也由于国际化功能的相似性以及港珠澳大桥的作用影响到西岸的珠海与澳门地区；深圳都市圈除影响东莞、惠州之外也影响到西岸的中山、珠海等地区；广州都市圈除了佛山以外，还影响到肇庆、中山等地区。整个西岸地区纳入东岸香港、广州、深圳等三大都市圈的影响范围内，未来将依托独特的自然山水与历史人文条件，接受东岸的辐射，以相对较低的开发强度和更为有机的空间组织形式，与东岸形成各具特色、功能互补的核心湾区空间结构特征。其中深圳与香港由于空间上的邻近关系，导致其都市圈范围高度重叠，未来有望通过探索制度差异下的合作模式，构建世界一流的深港大都市圈，乃至进一步整合西岸的珠海、澳门等地区，形成深港＋珠澳的超级大都市圈空间组合模式，从而与广州（广佛）都市圈形成南北结构。

由于三大都市圈的高度叠加与不断演化，东莞、中山、珠海、佛山等城市部分核心功能地区逐步纳入周边都市圈的发展，成为"三体"的直接腹地，导致这些城市由于腹地的收缩从原来的区域中心城市成为节点城市。而大湾区的很多国际化功能，尤其是世界级的制造业与服务业、创新与交通门户等则更多以专业化节点的形式体现，直接参与全球的价值链竞争，并引领区域产业与功能的升级。其他很多节点则以区域性或城市专业中心的形式形成大湾区功能网络的重要组成部分。

三大都市圈在空间演化的过程中，随着中心城市中心与腹地关系的变化，更多的边界地区受区位、空间、成本、功能、制度等差异性的影响，正在通过不断吸引高端要素或龙头企业的入驻，成为整合区域空间、跨越各种边界、实现多元尺度重构的战略功能节点。

由此，大湾区在"圈层化""网络化""专业化"共同作用下，伴随着多维要素的高强度流动以及不同类型功能性节点和区域的涌现，在多元的制度影响下，各级行政边界被不断跨越，以新的城市功能组团对区域空间进行多尺度重构，推动其持续向联系更紧密的都市化、网络化迈进，原有"9+2"被不断冲击而解体，从一群城市迈向"巨型都市网络"，成为巨型城市区域的一种独特类型。

第 4 章

三体六维：引导大湾区高质量发展的新范式

"三体六维"是对大湾区巨型都市网络空间结构基于复杂系统模型的抽象化表达，同时也是面向未来高质量发展评估模型的具象化构建。大湾区高质量发展或者说世界级城市群建设的过程就是高质量发展要素体现在六个维度上的不断迭代优化，并影响空间要素的集聚与扩散，最终作用到香港、广州、深圳所在的"三体"全球城市职能以及都市圈全球地位不断提升的过程中。而"六维"中的环境风景和人文服务代表"质"（品质）；交通互联和开放包容代表"流"（活力）；创新活力和产业发展代表"链"（价值）。从"质—流—链"视角反映了不同维度高质量发展要素的特征与关系。可以说，大湾区高质量发展的新范式其本质上就是六大维度高质量发展要素的不断迭代，即"质"的品质积累、"流"的活力增强与"链"的价值提升的过程，同时也是"三体"所在的三大中心城市及其都市圈全球核心竞争力不断提升以及大湾区巨型都市网络空间结构不断优化的过程。

4.1 城市群的高质量发展范式与评估

4.1.1 对城市群高质量发展的认识

目前来看，学者在高质量发展方面的研究与认识主要集中在三个方面：一是高质量发展内涵；二是高质量评价体系或者指标；三是高质量发展路径。对于高质量发展内涵的理解，也主要涉及三个方面，一是从创新、协调、绿色、开放、共享的新发展理念理解；二是从可持续发展角度理解；三是从经济发展方面理解。对高质量发展的研究经历了从发展内涵到指标体系测度再到各领域运用的过程，研究至今相对完善。但作为学术界研究的热点话题，如何准确、多维度地构建高质量发展指标体系仍是极具争议的问题。对高质量发展的研究重点是经济高质量发展，其研究也较为丰富，涵盖经济高质量发展内涵与测度、影响因素、实现路径的完整链条，也经历了从单一维度到多维度的演变。

目前，学界关于"城市群高质量发展"的研究刚刚起步，杨兰桥指出高质量发展的城市群是具有较强影响力和辐射力的城市群，是具有较高运行效率的创新型城市群，是传承创新包容和谐的文化型城市群，是全方位多层次宽领域的开放型城市群，对其定量研究主要涉及城市群协调发展、城市群一体化、城市群可持续发展、城市群内部城市发展质量等方面，但对于什么是城市群高质量发展以及如何衡量等尚未形成定论。城市群作为一个复杂、开放的巨系统，涂建军等认为相对均衡的空间结构、合理的规模结构体系、紧密均衡的城市联系以及单个城市的经济、社会、生态环境综合质量水平共同构成了城市群发展质量体系，并提出城市群的高质量是一种理想状态，其高质量发展是不断向理想状态逼近、空间结构不断优化、规模结构趋于合理、城市联系更加紧密和均衡，以及城市经济、社会、生态环境发展质量持续提升的过程。

更多的学者关注城市群高质量发展测度或评价方面的研究，刘楷琳等通过经济发展、基础设施、资源环境、社会发展等四个维度指标体系的构建，对中国十大国家级城市群高质量发展水平进行测度。倪鹏飞基于创新、协调、绿色、开放、共享等5个维度构建指标体系，对我国城市群高质量发展进行评价。针对我国三大城市群地区，张震等构建了城市群经济高质量发展水平指数，采用核密度估计与空间分析方法对京津冀城市群高质量发展水平进行分析。韩冬从创新、协调、绿色、开放、共享和城市流6个方面构建指标体系，利用熵值法对京津冀城市群城镇化质量以及城市协调发展水平进行综合评价。陈雯等结合五大理念构建指标体系对长三角高质量发展进行评价。杨阳等从经济活力、创新效率、绿色发展、人民生活和社会和谐5个维度构建指标体系，对长三角城市群高质量发展水平进行测度。单婧等从产业结构转换提高全要素生产率角度对粤港澳大湾区高质量发展进行分析。凌连新等运用熵权法对粤港澳大湾区经济高质量发展水平进行评价。尹海丹以五大发展理念为主线构建指标体系，对粤港澳大湾区城市高质量发展进行分析。

从以上研究可以看出，城市群高质量发展是一个持续动态演化的理想状态，涉及空间结构的持续优化，不同要素维度的高质量发展以及相互协调，但具体涉及哪些维度，其与空间结构的关系如何，难以形成统一的模式，需要结合每个城市群的自身特征来设计，但空间结构持续优化以及不同要素维度的发展与协调是其本质和共性。

4.1.2　对城市群高质量发展范式的认识

虽然目前学者很少直接开展城市群高质量发展范式的研究，但从城市群高质量发展研究可以看出其中的范式，即思维、方法等方面的思考。城市群高质量发展既然涉及空间结构的持续优化与要素的迭代升级，其中就会涉及对空间结构的理解，过去城市群更多是被作为多个城市城镇化人口集聚与空间扩张的结果，缺少系统的空间结构优化思维，后面开始从场所空间的视角关注其城市职能、规模和等级的城镇体系。随着很多城市群中心城市进一步向特大城市、超大城市迈进，中心城市面临功能疏解以及都市圈的建设问题，现代化都市圈成为优化城市群空间结构与治理模式的重要载体。因此，城市群高质量发展范式必然包括让城市群从一群城市变成不同空间尺度的有序组织，从而成为一个更具竞争力、更高质量的城市群的空间结构优化过程。

关于要素的迭代升级，空间形态与结构只是城市群高质量发展的载体，其核心还在于要素的高质量持续迭代以及要素之间的更高效的组织方式，并与空间结构的优化保持良好的协调状态。随着对生态文明、科技创新等方面的关注，从系统的角度重新认识城市群要素的组成与关系成为重要范式之一，而城市群空间结构更多的是对要素不断高质量发展以及内在关系构建的适应性结果，包括从城市群基于场所空间对城镇体系的关注到基于流动空间对要素流动网络的关注，以及都市圈等概念的提出，都是对新的要素组成与关系演化的适应过程。

因此，仅仅从空间结构优化或者要素高质量迭代的视角来考虑城市群高质量发展范式是不完整的，未来新范式的探索需要从系统的角度考虑不同维度要素的系统构成，更要考虑空间结构与不同要素之间的系统关系，从而根据时代发展和人的需要，不断推动各个维度要素的高质量发展以及内部关系的优化，并根据要素的集聚与扩散需要构建与之相适应的空间结构，实现空间结构与要素质量的不断升级与协同发展。

4.1.3 城市群高质量发展评估方法

目前国内高校、智库机构开展了一系列以促进国内城市群高质量发展为目标的评估实践，总体而言分为全国城市群评估、单一城市群评估、城市群中的核心城市评估三类（表4-1）。

城市群高质量发展评估相关报告　　　　　表4-1

评估类型	评估名称	发布机构
全国城市群评估	《中国城市群发展潜力排名：2022》	经济学家任泽平团队
	《城市群发展水平评价指标体系国家标准前期研究》	清华同衡规划设计研究院
单一城市群评估（综合视角）	《对京津冀13个城市发展质量的测评研究》	人民论坛测评中心
单一城市群评估（专项视角）	《长三角区域协同创新指数2021》	江苏省科技情报研究所、上海市科学学研究所、浙江省科技信息研究院、安徽省科技情报研究所
	《2021长三角41城市创新生态指数报告》	产学研协同创新服务平台
	《长三角一体化发展指数（2021）》	新华社中国经济信息社、中国城市规划设计研究院
	《京津冀协同创新指数（2020）》	北京大学首都发展研究院
	《京津冀区域发展指数》	国家统计局
城市群中核心城市评估	《世界湾区发展指数研究报告（2022）》	深圳市社会科学院

1）全国城市群评估

2022 年 10 月经济学家任泽平团队发布了《中国城市群发展潜力排名：2022》，该评估报告主要介绍国内发展城市群的重大意义、世界城市群的经验、中国城市群的潜力榜单。其中中国城市群的潜力榜单从"需求＋供给"两个层面分 21 个指标研究 2022 年中国 19 个城市群发展潜力，评价结果发现长三角、珠三角 GDP、A+H 股上市公司数量和专利授权量合计分别占全国的 29.1%、74% 和 68%，由于人口增量、经济规模居前，产业创新实力领先，潜力指数遥遥领先。其次是京津冀、长江中游、成渝城市群，之后是山东半岛、粤闽浙沿海、中原城市群等。最后提出长三角、珠三角、京津冀、长江中游、成渝五大中国最具发展潜力的城市群。

清华同衡规划设计研究院发布《城市群发展水平评价指标体系国家标准前期研究》，主要侧重于在总结国外城市群区域治理经验与发展水平评价方法趋势的基础上，分析我国城市群发展水平评价工作存在的问题与差距，研究构建了适应我国城市群发展特点的评价指标体系，并收集了全国"19+2"城市群的相关数据，对指标体系的可行性进行了验证，并对各类城市群的发展提出了相应的引导建议（图 4-1）。

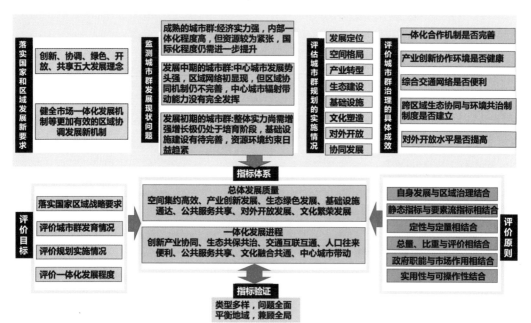

图 4-1　城市群发展水平评价研究技术路线

资料来源：清华同衡规划设计研究院

2）单一城市群评估

目前出现针对长三角、京津冀单一城市群的评估，按照评估的方向可分为聚焦发展质量视角的综合评估与聚焦城市群科创或区域发展等专项领域的评估排名。

（1）综合类评估

聚焦发展质量视角的综合评估以《国家治理》周刊上由人民论坛测评中心开展的《对京津冀13个城市发展质量的测评研究》为代表，其评估主要结合京津冀13个城市的发展现状，从创新发展质量、社会治理质量、生态涵养质量、政治建设质量4个维度、13个二级指标、62个三级指标，构建出具有三级指标的城市发展质量评价指标体系，从而从多角度、多层次呈现城市的发展质量，为城市在践行新发展理念和推动经济社会高质量发展的实践中提供参考和借鉴（表4-2）。

京津冀城市发展质量测评研究　　　　　　　　　　　　　表4-2

评估方法	主要内容
指标体系	4个维度、13个二级指标、62个三级指标
计算方法	1. 无量纲化和标准化处理；2. 变异系数法与主观赋权法相结合的方式赋予权重；3. 加权算术平均合成模型；4. 聚类分析法分为三组横向比较排名
评估范围	13个城市：北京、天津、保定、唐山、石家庄、廊坊、秦皇岛、张家口、承德、沧州、衡水、邢台、邯郸

资料来源：人民论坛测评中心《对京津冀13个城市发展质量的测评研究》

（2）专项类评估

在聚焦专项领域评估方面，一类聚焦于区域协同的高质量，以《长三角一体化发展指数（2021）》《京津冀协同创新指数（2020）》《京津冀区域发展指数》《长三角区域协同创新指数2021》为代表，以构建促进区域协调发展的价值导向形成多级的指标体系；另一类聚焦于科技创新的高质量发展，以《2021长三角41城市创新生态指数报告》《京津冀协同创新指数（2020）》为代表，侧重创新发展的基础条件、产出、环境等方面的多级的指标体系（表4-3）。

评估名称	指标维度	评估年份	评估范围
《长三角区域协同创新指数 2021》	资源共享、创新合作、成果共用、产业联动和环境支撑 5 项一级指标、20 项二级指标	2011–2020	41 个城市
《长三角一体化发展指数（2021）》	区域宏观发展和城市流量监测两个层面的测度体系	2021	—
《京津冀区域发展指数（2020）》	创新发展、协调发展、绿色发展、开放发展、共享发展	2019	京津冀整体
《2021 长三角 41 城市创新生态指数报告》	创新资源、创新产出、产业潜力和环境支撑 4 个一级指标、12 项二级指标	2021	41 个城市
《京津冀协同创新指数（2020）》	创新能力、科研合作、技术联系、创新绩效和创新环境 5 个一级指标和 11 个二级指标、22 个三级指标	2013–2018	京津冀整体、三省市、13 个地级

3）城市群核心城市评估

城市群中的核心城市作为发挥全球价值引领的区域，也成为目前实践评估的对象。深圳市社科院 2021 年 12 月发布《世界湾区发展指数研究报告》，从发展规模、发展质量、发展开放度、发展支撑、发展潜力、发展可持续性等 6 个维度构建湾区发展评价指标体系，同时以六大湾区的 10 个区域核心城市为样本，测算得到世界湾区发展指数，并就湾区空间发展、产业发展、要素流动、人口社会发展等方面比较了六大湾区的特点。

4.1.4 粤港澳大湾区高质量发展范式与评估方法

1）发展范式

同样，目前直接研究粤港澳大湾区高质量发展范式的文章或内容相对较少，或者虽名称为高质量发展新范式，但介绍的更多是局部区域或专项的发展创新思维或模式。本书基于对新范式的理解，重点还是结合"三体六维"算法模型构建空间结构与高质量发展要素之间的系统关系，因此可以从目前学者对于大湾区空间结构与高质量发展要素等方面的研究来看待其对粤港澳大湾区高质量发展范式独特性的认识。从空间结构上来看，很多学者已经认识到大湾区由于不同制度所形成的多个中心及其都市圈对区域空间结构的影响作用，及其所带来的持续跨界重组与空间重构的特征；从高质量发展要素上来看，也开始关注不同高质量发展要素的系统指标的构建以及测度评估方面的分析，并从两个或多个要素之间的耦合协同视角关注其高质量发展状态。但总体上来看，仍缺乏基于空间结构与高质量发展要素系统逻辑视角的整体认识。

2）评估方法

目前国内高校、智库机构在湾区层面开展了以促进高质量发展为目标的评估，总体而言分为综合评估与专项评估两类（表4-4）。

粤港澳大湾区高质量发展相关报告 表4-4

评估类型	评估名称	发布机构
综合评估	《新发展理念下大湾区城市发展活力指数研究报告》	中国国家创新与发展战略研究会
	《粤港澳大湾区高质量发展报告 (2018)》	暨南大学经纬粤港澳大湾区经济发展研究院
	《粤港澳大湾区协同发展报告（2020）：2006—2018年新时期粤港澳大湾区协同发展水平评估及提升研究》	广东外语外贸大学粤港澳大湾区研究院
专项评估	《大湾区城市营商环境法治指数报告》	深圳市华勤城市更新研究院
	《粤港澳大湾区数字治理研究报告2022》	普华永道、中山大学数字治理研究中心
	《粤港澳大湾区协同创新发展报告（2021）》	广州日报数据和数字化研究院 (GDI智库)

（1）综合评估

针对湾区高质量发展目前综合评估主要集中在通过指数评估研究报告方式展开研究（表4-5）。广东外语外贸大学粤港澳大湾区研究院的《粤港澳大湾区协同发展报告（2020）：2006—2018年新时期粤港澳大湾区协同发展水平评估及提升研究》主要分析了粤港澳大湾区协同发展的机遇与挑战；其次从合作基础、市场分工与制度安排等视角分析了粤港澳大湾区协同发展的历史沿革与协同，并通过分析东京湾区、旧金山湾区和纽约湾区等国际一流湾区的经验，为粤港澳大湾区协同发展提供借鉴；再次分析协同发展背景下粤港澳大湾区科技出海模式与路径；最后从城市分工体系、产业协同发展、社会民生、空港协同、生态环保等视角分析了粤港澳大湾区协同发展的现状，并通过构建经济发展、社会发展、生态环境、可持续发展潜力四大维度，对粤港澳大湾区协同发展水平进行了评估。

《新发展理念下大湾区城市发展活力指数研究报告》主要是在构建以国内大循环为主

体，国内国际双循环相互促进新发展格局的大背景下，以城市高质量发展促进大湾区协调可持续发展之路为研究目标，围绕"城市发展活力"主题，利用 4 项维度 26 个数据指标，进行了客观、全面评价。此外，横向比较借鉴长三角 / 沿海地区 GDP 达到 7000 亿元以上的六个城市的发展路径和模式，以提升大湾区城市高质量发展动力。

《粤港澳大湾区高质量发展报告（2018）》从经济发展动力、新型产业结构、交通信息基础设施、经济发展开放性、协调性、绿色发展和共享性七大维度构建了高质量发展评价指标体系，总结了粤港澳大湾区城市高质量发展的总体情况和面临的挑战，并针对性提出了推进粤港澳大湾区高质量发展的对策。

湾区综合评估 表 4-5

评估名称	指标维度	评估年份	评估范围
《粤港澳大湾区协同发展报告（2020）：2006—2018 年新时期粤港澳大湾区协同发展水平评估及提升研究》	经济发展、社会发展、生态环境、可持续发展潜力四大维度、17 个二级指标	2006—2018	11 个城市
《新发展理念下大湾区城市发展活力指数研究报告》	经济、社会、城市治理、人居生活四大维度，26 个数据指标	2016、2020	9 个城市
《粤港澳大湾区高质量发展报告（2018）》	经济发展动力、新型产业结构、交通信息基础设施、经济发展开放性、协调性、绿色发展和共享性七大维度	2011、2016、2017	11 个城市

（2）专项评估

针对湾区高质量发展，目前专项评估主要集中在通过研究报告或指数评估方式展开研究（表 4-6）。在研究报告方面，《粤港澳大湾区数字治理研究报告 2022》基于对粤港澳大湾区数字治理政策、技术和经济产业等优势，以及各城市、企业的创新经验、探索成效进行全面剖析，提出粤港澳大湾区要加快数字生态构建，完善跨区域治理协同和加强政企民合作等方面的建议。在指数评估方面，《大湾区城市营商环境法治指数报告》紧扣"立法、行政、司法、守法"的线索，将立法环境、行政环境、司法环境和守法环境作为 4 个一级指标，并逐级分解出 12 个二级指标和 34 个三级指标，对营商环境的法治指数进行评估。《粤港澳大湾区协同创新发展报告（2021）》聚焦发明专利、PCT 专利、专利被引频次、同族专利四大专利指标维度，对标纽约湾区、旧金山湾区和东京湾区，分析粤港澳大湾区的科技创新情况、创新机构与行业优势、大湾区协同发展程度。

评估名称	指标维度	评估年份	评估范围
《大湾区城市营商环境法治指数报告》	立法环境、行政环境、司法环境、守法环境 4 个一级指标、12 个二级指标、34 个三级指标	2020	9 个城市
《粤港澳大湾区协同创新发展报告（2021）》	发明专利、PCT 专利、专利被引频次、同族专利四大专利指标维度	2011、2016、2017	11 个城市

4.2 大湾区高质量发展"空间—要素"系统框架

4.2.1 现有大湾区高质量发展范式与评估的不足

对城市群而言，空间结构的演化与高质量发展要素的持续迭代密切相关，无论是从高质量发展范式还是测度评估等视角进行研究，都无法割裂两者的关系，从而揭示城市群作为复杂系统的特征。从目前的研究来看，其关键是缺乏对城市群自身高质量发展要素的系统认识，研究所选取的多个维度指标之间缺乏整体系统性，难以突出所研究城市群在要素上的独特性。同时，对城市群空间结构的研究也缺乏对每个城市群自身结构演化及背后动力机制的分析。最后也是最为关键的则是，尚未构建基于城市群自身特色与复杂系统认知的空间结构与高质量发展要素之间的系统逻辑，从而导致其发展范式或评估结果难以系统刻画空间结构演化特征与趋势，难以为空间优化的科学决策提供参考。

对于大湾区而言，由于其空间结构的独特性以及背后动力机制的复杂性，其未来要建设高质量发展的世界级城市群，更需要在发展范式与测度评估方面构建空间与要素的系统联系，找到内在演化的自身特征和本质规律。

4.2.2 基于"空间—要素"系统框架探索高质量发展路径

粤港澳大湾区要从目前的世界工厂发展成为世界级城市群，需要构建其高质量发展的有效路径，而无论是世界级城市群还是高质量发展都会对要素的集聚与扩散产生重要影响，并表现为空间结构的持续优化过程，因此，通过对其空间特征与趋势进行动态跟踪和优化，是探索其高质量发展，建设世界级城市群路径的有效方法之一。

因此，本书重点从粤港澳大湾区城市群空间结构视角探索高质量发展路径，提出其作为城市群，从世界工厂迈向世界级城市群的高质量发展策略建议，并在此过程中揭示其高质量发展的新范式。具体反映在大湾区高质量发展评估方法上，则表现为构建"空间—要素"系统即空间结构特征与高质量发展要素的整体系统性逻辑框架。

伴随系统论的发展与引入，复杂性成为对城市结构及城市群结构的重要认识之一。国外学者尼科斯·萨林加罗斯（Nikos Salingaros）提出城市网络理论以描述城市整体的复杂性，著名的复杂科学家约翰·霍兰德（John Holland）提出基于聚集、非线性、流、多样性、标识、内部模型、积木7个特征的复杂适应系统（CAS），国内学者钱学森将复杂性引入城市研究提出"开放巨系统"。总之城市被认为是由各城市及许多子系统（社会、经济、生态、资源、环境等）多层次结构和要素所构成。城市群作为多个城市网络的叠加，呈现出复杂网络的特点。赵渺希在实证中发现京津冀城市群呈现复杂网络化整体特征，以及集聚与扩散演化趋势，其核心城市总部集聚主导区域发展，外围区域承担制造业及服务业分支组合。

基于对复杂性适应系统的相关理论的认识，城市的结构应包括物质空间形态与非物质系统，城市群同样包括了物质空间形态与非物质系统两个大系统，其中物质空间形态作为城市经济社会空间结构的表征，而非物质系统作为空间结构表征背后各要素及其之间的组织关系。目前对于城市群的相关评估理论及实践大多基于两个方面，一类是基于空间关系的评估，测度城市群网络化的特征、网络城市的中心性、网络稳定性等；另一类基于目标价值引导的系统思维，测度城市群发展各系统的指标，但目前研究较少建立二者相结合的思维。城市群作为空间上复杂网络与要素上复杂多维的集成，有必要建立"空间—要素"系统的复杂性评估模型（图4-2）。

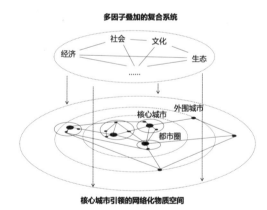

图 4-2 "空间—要素"系统的复杂性评估模型

1）空间维度：核心城市都市圈引擎

针对城市群空间，目前学术及实践都形成了以核心城市为引领的多中心都市圈网络化格局认识，因此建立以核心城市都市圈为引领的评估思路，首先应识别城市群中的都市圈空间载体，进而识别出引领都市圈发展的核心城市，通过以街镇为空间测度单元，测度核心城市的中心联系程度、企业网络联系，以及核心城市引领的都市圈空间影响范围等，以测度城市群的空间维度的复杂网络化特征。

2）要素维度：系统网络多因子复合

目前学术及实践基于价值引导形成多样化的评估框架，由于国内城市群发展阶段的差异性与所在地域差别，城市群的要素维度评估，应在国家经济、社会、文化、生态、政治"五位一体"总体布局思路下，因地制宜结合当地城市群未来高质量发展的重点引导方向，建立多因子系统维度与典型指标体系，以针对性测度城市群的复杂系统的高质量发展程度，如发展成熟阶段优化提升的城市群在继续引导区域创新发展以外，需要重视生态与社会文化层面高质量测度；处于快速发展或需要培育发展的城市群，则应形成以经济带动为引领的城市群和谐发展；侧重产业发展的以高质量发展为目标的多维要素系统（图4-3）。

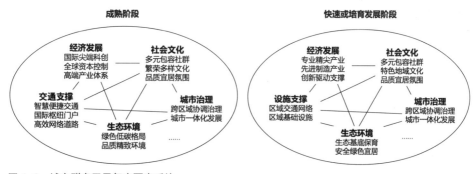

图4-3　城市群多因子复合要素系统

4.3　大湾区高质量发展"三体六维"算法模型

结合创新、协调、绿色、开放、共享的新发展理念以及《湾区纲要》中对粤港澳大湾区的五大战略定位，将高质量发展从要素上分解为环境风景、人文服务、交通互联、开放包容、创新活力、产业发展等六大维度。针对大湾区的空间结构特征，考虑到香港、广州、深圳作为三个经济体量相当的中心城市对其空间结构的演化起着主导作用，将其空间结构抽象地提炼为"三体"，与六大维度的高质量发展要素构建粤港澳大湾区基于城市群高质量发展评估的"三体六维"算法模型，同时也是揭示大湾区高质量发展新范式的空间优化模型，"二体"以三大中心城市及都市圈充分反映了大湾区的圈层性，而"六维"则充分反映了其网络化，"三体"与"六维"在要素集聚与扩散过程中所形成的节点则充分反映了其专业化。依托该算法模型，可以从"三体"的角度对大湾区以香港、广州、深圳为核心的都市圈范围及其演化特征和影响进行分析，也可以从"六维"的角度对大湾区高质量发展要素的集聚与扩散特征、趋势进行观察，发现其趋势和问题，提出优化建议。

4.3.1 构建思路：中心性、多维性、可生长的指标体系

基于大湾区作为巨型都市网络复杂的空间演绎与尺度重构过程，本次算法模型主要围绕中心体系、专业体系、生长性三大特征进行构建。

1）核心引领的中心体系

主要体现都市圈发展模式下，核心城市对周边地区的多层次圈层化影响，同时也强调各个地区与核心城市的联系关系紧密度。本次算法模型针对大湾区进行研究，基于经济、人口、建设用地、职能等多种要素识别，将香港、广州、深圳作为地区内核心城市，即"三体中心"。

2）多维度的专业体系

从专业领域和分维度视角，对各空间单元的发展特征、问题、挑战进行分析。本次算法模型针对《湾区纲要》所确定的大湾区未来五大发展定位，同时结合高质量发展在五大发展新理念和五位一体等方面的内涵以及大湾区的特征，确立从环境风景、人文服务、交通互联、开放包容、创新活力、产业发展构建六大维度的指标框架。

3）持续迭代的生长性

在本次模型建构时选取开放性框架，保持框架和总体价值导向的稳定性，框架下具体指标因子的选取将结合大湾区发展趋势、环境和社会发展变化进行适当调整或增补删减，进而形成开放、持续迭代、伴随大湾区生长式的长期追踪研究。

通过中心体系和专业体系下不同视角的切入，对大湾区巨型城市区域作为复杂系统进行解构分析，将高质量发展作为核心目标，最终抽象提炼形成"三体六维"算法模型框架和指

标体系，以切实反映大湾区在独特的制度环境与空间特征条件下的高质量发展的路径和范式。

4.3.2 三体多中心模型：多中心引领的区域空间视角

大湾区以香港、广州、深圳作为核心城市，以"三体"的结构特征共同发挥区域增长引擎作用，"三体"辐射范围或形成的都市圈相互交叠并不断变化，从而对区域要素流动和功能网络产生重要影响。

香港、广州、深圳三者共同承担大湾区全球城市职能，参与全球产业分工与竞争，引领大湾区高质量发展，其中香港以金融和航运为主，广州以商贸和交通为主，深圳以科技创新为主。随着中心城市的要素集聚，各都市圈影响范围逐步扩大，各都市圈之间由于相互叠加，形成强烈的干涉效应，从而促进交叠地区、腹地地区等形成新的增长节点，通过各街镇与"三体引擎"中心联系关系计算，反映各街镇与三大中心的关系，以及中心的辐射影响范围与交叠关系等，探寻可能的潜力空间节点。

4.3.3 六维多视角模型：多要素协同的高质量发展视角

借鉴高质量发展评估中的投入、产出关系分析，在环境风景等六大维度中，将前四项作为要素投入，后两项作为要素产出，其中环境风景和人文服务作为基础性投入是大湾区发展的基础与前提；交通互联、开放包容分别从交通和制度层面反映要素联系与开放程度，在交通互联方面，大湾区虽然拥有世界级港口群和机场群，但城际轨道建设相对滞后导致内部结构性矛盾突出，开放包容是大湾区典型特色，制度的多元性带来活力的同时也对合作造成阻力；创新活力作为大湾区优势也面临创新链不完善、基础研究与核心技术"卡脖子"的问题；产业发展则重点分析制造业和服务业表现及其产业链关系。六大维度的选取不仅反映了大湾区的独特性，也形成了引导高质量发展的六维协同网络。

4.3.4 三体六维算法模型的内涵：大湾区高质量发展的新范式

"三体六维"算法模型不仅充分体现了大湾区独特的空间结构与高质量发展要素的系

统逻辑构建，从内涵上来说，更揭示了大湾区作为一个巨型都市网络不断迈向高质量发展和世界级城市群的动态发展演化、空间优化和智能评估模型。

1）发展演化模型：揭示大湾区高质量发展的新范式

城市群高质量发展过程是发展要素持续向高质量迭代的过程，并通过在空间上的持续集聚与扩散形成组织更优、效率更高的空间结构。多个维度的发展要素的持续高质量化并在空间上实现高度的功能耦合与价值协同，由此催生出更为重要的功能价值节点与区域，以更可持续和更具竞争的发展能力融入全球城市与价值网络，是城市群实现高质量发展的有效路径。对于大湾区而言，高质量发展多维要素耦合协同所形成的最有全球竞争力的功能价值节点与区域主要是以香港、广州、深圳所代表的三大中心城市及其三大"都市圈"，及其不断迈向世界一流的全球城市与都市圈的过程；而六个维度则通过要素的不断迭代实现对"三体"更高质量的韧性支撑与耦合协同。

因此，"三体六维"算法模型本身就是一个大湾区高质量发展的演化模型，揭示了大湾区城市群的高质量发展新范式，即多维度要素不断高质量迭代的过程，及其通过耦合协同不断的促进空间节点与区域功能网络完善与全球价值提升的过程。

2）空间优化模型：揭示世界级城市群建设的新路径

从城市群整体空间品质的优化来看，目前被关注的热点主要是三生空间的融合与人居环境的改善，但研究的重点主要是基于三生场所功能空间的分布与融合以及人居环境在生态、生活等方面的空间优化过程。但对于城市群尤其是对于大湾区而言，各类发展要素高度密集、高频次流动，三生空间彼此高度融合，生态、生活与生产空间密不可分，且作为巨型都市网络三生空间之间也呈现要素流动网络的分布状态。"三体六维"算法模型的六大维度正是从"质—对应功能场所、流—对应要素联系、链—对应价值链接"等三个方面综合考虑了三生要素的高度融合问题，通过六大维度的耦合协同与不断迭代，实现人居环境的持续改善。

另外，从大湾区城市群本身空间结构的优化来看，不仅六大维度要素通过不断迭代与耦合协同可以产生更多促进区域空间优化的重要价值节点，从而不断完善大湾区空间功能网络。同时更为重要的是通过功能场所、要素联系与价值链接网络的优化推动整体空间结构的优化，进而极大地推动三大中心城市及其都市圈在全球核心职能与功能价值网络中地位的提升，使其成为世界顶级或一流的全球城市和都市圈，并形成高质量要素不断迭代—空间节点价值不断提升—整体空间结构不断优化—三大中心城市与都市圈全球地位不断提升的良性循环。并在功能场所、要素联系、价值链接三大网络的作用下不断打破自然生态、行政区划、多元制度等各种边界的阻力，以形成联系更为紧密、协作更为高效的巨型都市网络，使其不断成为更具竞争力和影响力的世界级城市群。

3）智能评估模型：揭示区域量化测度分析的新方法

六维高质量发展要素通过每年指标体系、核心指标以及数据的优化、更新确保其能够实现大湾区高质量发展内涵的量化，并根据权重赋值体现不同维度之间的相互关系与重要性。"三体六维"算法模型以街镇作为区域分析以及数据赋值的基本单元，实现了六维高质量发展要素与空间的衔接，即可以通过要素指标数据及权重的变化量化测度其在空间上的表现特征与趋势，并通过对优秀空间单元的分析，了解其背后要素协同耦合关系的特征，从而发现空间结构与高质量发展要素组合之间的规律，为空间持续优化提供重要参数量化调整依据。而且街镇作为基本分析单元可以向上汇总，为其他各类行政管理单元以及三大中心城市和都市圈提供分析。同时也可重点对三大中心城市的全球核心职能的变化及其影响，三大"都市圈"的范围、核心功能变化及其影响等进行量化分析和图示化表现。

因此，"三体六维"算法模型将改变传统的城市群等尺度的区域定性化分析方法，或者非系统性的大数据运用，通过空间结构为高质量发展要素的系统逻辑关系与量化测度关系的构建提供了一个基于智能评估模型的区域分析新方法。

4.4 大湾区高质量发展分析基本单元的比选

4.4.1 小粒度基本单元：格网、街镇

基于数据来源与分析目的，数据的基础精度分为坐标、网格和街镇。大数据可以实现坐标点和格网精度，能全面而精细地刻画人类活动时空特征，反映地表各要素的空间格局特征与演变过程，包括基于手机信令和网络 LBS 服务的人口数据、基于工商登记的企业数据、基于网络地图的 POI 数据等，能够从更高精度来描绘城市空间发展的特征。

统计数据可以到街镇尺度，如人口数据和部分其他要素统计数据等。我国现行的是"省、市（地级）、县、乡"四级行政区划体制，乡镇（街道）处于我国行政体系的基层位置，因此乡镇街道的人口数据也是中国人口普查数据公开可获得、可分析的最小行政单元。街镇尺度下的统计数据能够相对客观和准确地表征空间格局和态势，也是第三方大数据的重要校核来源。

4.4.2　多尺度研究单元：以街镇为主，可扩展至区县、城市多层次

城市群研究在不同应用场景时适用不同尺度的分析单元。比如在宏观整体性识别城市群空间特征与城市网络关系场景下，适用城市尺度作为分析单元；在框架性识别城市实体地域格局与网络关系，偏向于中心等级与多中心结构认识场景下，适用区县尺度作为分析单元；而百米栅格与坐标作为要素布局与空间影响分析的基本单元，可支撑空间格局的精准评估；而在精细识别网络关系与城市群特征、敏感判断空间演变态势、识别战略空间场景下，首选街镇尺度作为分析单元。

本书以街镇尺度作为主要分析对象。一方面，大量跨界经济活动使巨型城市区域边界变得模糊，被划分成以工作通勤等功能联系的更小的城市区域—功能性城市区域，区域尺度被高度的产业分工与要素流动不断重构，不同层级的政府都有机会并会积极参与区域乃至全球竞争。另一方面，面向高质量发展，由于要素高密度、强流动所带来的功能差异化需要对巨型城市区域空间特征和趋势进行更精细的刻画和更精准的空间决策与治理，对于大湾区而言，街镇尺度相对城市和区县尺度更能反映空间的差异化，相对栅格尺度，数据更容易获取，且在高度市场化下街镇已经成为充分参与区域乃至全球竞争的主体，如深圳粤海街道。另外，通过街镇尺度在分析单元上的颗粒度细化，可以向上汇总形成区县以及城市尺度的相关研究结论。

对比国外大城市的治理单元，大湾区中心区街镇层次空间单元具有一定可比性。大伦敦总面积1579km²，由伦敦金融城和32个伦敦自治市组成，共33个次级行政区，每个面积约48km²。大伦敦政府管辖整个大伦敦地区，下辖的伦敦市与32个自治市都有各自的治理单位，被看作与英格兰的二级行政区划——单一管理区（unitary authorities）同等级的行政单位，33个次级行政区分享地方行政权力。而东京都管辖23个特别区、26个市、5个町、8个村，面积2188km²，平均行政区划单元面积为34.73km²。其中23个特别区组成东京都区部，

面积 627.57km²，各区平均面积仅为 27.19km²，每个特别区相当于东京都管辖下的自治市，有相对独立的自治权利。

因此，本书通过多个空间尺度比较并借鉴大伦敦、东京都以更小行政基本单元实施空间治理的经验，尝试以街镇作为大湾区高质量发展评估的基本单元（包括香港的行政分区与澳门的堂区 ①）。大湾区合计 630 个街镇单元，平均面积约 88km²，以生态面积／街镇面积超过 50% 为标准确定为生态型街镇，数量共 200 个，面积 3.30 万 km²，主要分布在外围山区；其他为都市型街镇，数量共 430 个，面积 2.29 万 km²，平均每个街镇约 53 km²，主要分布在中部平原地区，作为大湾区建设用地相对集中地区，是反映其巨型城市区域空间独特性的核心范围（图 4-4）。

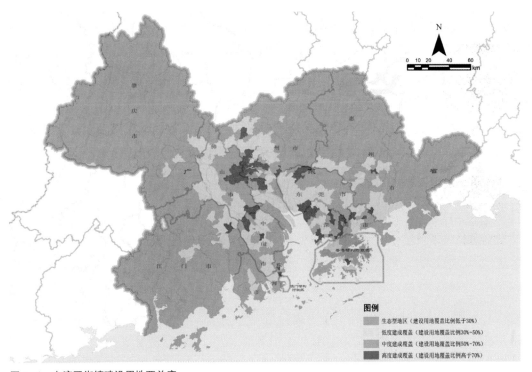

图 4-4　大湾区街镇建设用地覆盖度

① 港澳两地的行政区划与内地有所差异。其中，香港并未设立通用的次级行政区划，不同政府部门设立有不同的行政分区作为管理工作的分区，如区议会分为 18 个行政区、规划署分为 291 个小规划统计区（TPU）、福利署分为 11 个区等。根据香港的数据统计实践，其更常用的分区为区议会分区，如 2011 年人口普查，其中 12 项数据表按区议会分区，3 项数据表按小规划统计区分区。同时，按照地域面积计算，区议会分区的尺度与内地城市街道尺度也更为接近。因此，香港的基本分析单元选定为区议会分区。澳门则由 7 个堂区组成，以此作为基本分析单元。

第5章

智能评估：大湾区高质量发展评估的量化指标

为了更精准地刻画大湾区巨型都市网络的空间演化特征，基于 630 个街镇确定最基本的高质量发展评估单元，并从"质—流—链"的角度利用大数据选取"三体"和"六维"指标因子、核心指标，构建"三体六维"指标体系框架。其中"三体"指标重点评估三大中心城市的中心影响力以及三大都市圈的腹地范围，"六维"指标重点评估六个专项维度的自身空间结构特征以及与其他维度存在的耦合协同发展关系。"三体六维"则可通过"六维"的叠加以及"三体"和"六维"的叠加对大湾区高质量发展进行综合评估。以上评估除了对630 个街镇进行排名以外，更重要的是探索单个维度或者六个维度以及整体的高质量发展状态及其在空间结构特征与趋势上的表现，为问题发现与空间优化提供决策参考。通过指标体系框架的构建，运用粤港澳大湾区数字云平台可以逐步实现大湾区高质量发展的动态评估，为区域研究的量化测度分析与动态智能评估提供了重要的技术方法参考。

5.1 指标框架：基于"质—流—链"的认知

5.1.1 框架构建思路：三体发展与六维协同下的"质—流—链"

"三体六维"算法模型是对大湾区作为巨型城市区域的独特性——巨型都市网络基于高质量发展的"空间—要素"关系构建，重点是从"三体"中心辐射与其都市圈的演化趋势、"六维"在"质—流—链"上对巨型都市网络其网络化形成过程的影响等角度，丰富模型内涵，其中六维中"质"对应环境风景、人文服务维度，代表品质或宜居；"流"对应交通互联、开放包容维度，代表活力或流动；"链"对应创新活力、产业发展维度，代表价值（图5-1）。通过对"三体"和"六维"的系统性连接，"质—流—链"为"三体六维"算法模型注入了面向高质量发展有机生长的生命力。

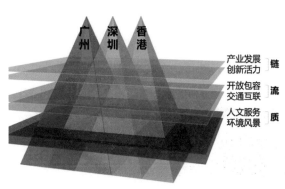

图5-1 "三体六维"算法模型示意图

"三体六维"算法模型中采用的多源数据主要包括属性数据、网络流动数据，其中属性数据主要为描述性数据，数据来源包括大数据和统计数据，如人口数量、服务设施数量、沙滩岸线长度等，网络流动数据主要为分析流空间的数据，表达的是两个空间节点或区域之间的相互关系（流动要素的直接联结），也可称为关系型数据或流数据，如分析总部分支位置联系数据、专利合作联系数据等，主要表达和反映的是两个空间节点或区域之间在某些维度上的相互联系（参与不同环节的分工）。"六维"在数据的选择中，质层面数据以属性数据为主，流层面维度以网络流动数据为主，链层面数据则融合了属性数据和网络流动数据。

整个"三体六维"算法模型包括对大湾区作为巨型都市网络的以"三体"为核心的垂直优化过程以及以"六维"为核心的水平优化过程，而"质—流—链"则进一步从"三体六维"数据属性角度以及"六维"各维度要素特征角度进行链接和分类，从而再次强化了"三体六维"算法模型所代表的大湾区作为巨型都市网络的整体性及其"空间—要素"的系统性。

5.1.2 质：场所空间——环境风景、人文服务

"质"主要反映的是场所空间，是大湾区的基底，也是奠定地区高质量发展的基石，"六维"中环境风景与人文服务的评价代表大湾区各个街镇宜居品质高低，在数据的选择中以属性数据为主。其中，人文服务维度主要聚焦高品质公共服务与多元文化，重点选取文、教、体、卫、传统文化、新兴娱乐文化、核心商圈数量、国际化生活服务等指标评价街镇优质生活保障以及特色人文体验。环境风景维度关注街镇的碳排放、碳汇等碳中和相关指标，也关注城市居民日常生活可感知的环境风景资源，将城市与山林、河湖、海洋交界的地带识别为城市风景界面，并加入空气质量、热岛效应等环境因子，从城市风景界面长度、景观丰富度、街镇环境质量等角度评价城市对自然的包容性。

要建设世界级城市群，必须要有与之相匹配的环境风景与人文服务质量，其中环境风景更是代表了大湾区对生态资源更高品质的追求，希望将生态资源价值最大化地融入巨型都市网络，成为推动产业发展与创新活力的重要条件。而人文服务更强调了以人为本，满足人的不断迭代的高质量发展需求，不仅关注基本公共服务的均衡性与国际公共服务的配置，同时也关注大湾区特色文化及其价值魅力的彰显。

5.1.3 流：流动空间——交通互联、开放包容

"流"主要反映的是流动空间，代表大湾区的要素活力，是推动大湾区包容式增长的纽带，"六维"中交通互联与开放包容的评价代表各个街镇活力程度的高低，在数据的选择中以网络流动数据为主。高连通的航空、航运和铁路网络是大湾区支撑内外双循环的战略设施，高度互联的城际轨道网是实现大湾区高质量双向对流的基础，交通互联维度选取航空服务、高铁服务、城际服务、港口服务、自贸区设施效率、口岸通行能力等指标评价各个街镇要素流动便利度。开放包容维度重视大湾区独特的"一国两制"制度特色与各城市之间的制度差异所带来的双向开放的需求以及通过双向要素流通所促进的包容发展策略，从多元制度与要素流通两个角度，选取国际都市影响力、国家政策倾斜度、区域政策合作强度、人口流出比率、人口流入比率、境外人口居住比率等进行评价。

交通互联与开放包容可以说是分别从硬件设施、软件制度视角支撑了大湾区作为巨型都市网络的要素流通，交通基础设施的建设不仅支撑了要素的流动与联系，更重要的还需

要根据不同发展阶段要素流动对高速度、高效率的需求变化提供更加完善的交通枢纽与网络服务。"一国两制"作为大湾区的制度特色，体现了其开放包容的独特性，既要保持制度差异的优势，满足双循环发展的要求，同时也要通过政策的设计促进区域内部要素的流通，以实现区域的深度融合发展。

5.1.4 链：价值空间——创新活力、产业发展

"链"主要反映的是价值空间，代表大湾区的核心价值，是大湾区实现全球性引领的内核，"六维"中创新活力与产业发展的评价代表各个街镇价值实力的高低，在数据应用上融合了属性和网络流动数据。其中，创新活力维度从国家、省级及企业重点实验室数量、高新技术企业数量、独角兽和隐形冠军企业数量、高等院校数量、专利申请数量、高技术服务业数量、规划创新平台等进行评价。产业发展维度从世界五百强企业数量、上市企业数量、高新制造业以及传统制造业总部分支关联度、核心企业供应链、生产性服务业企业数量、科技服务业企业数量等指标，计算测度大湾区各个街镇产业发展水平。

从本质上而言，创新活力、产业发展是城市与城市群发展，以及人和区域价值实现的结果表现，包括环境风景、人文服务、交通互联、开放包容四个维度高质量发展的最终目的也在于促进创新活力与产业发展的价值实现，并以此满足人们不断提高的发展需求和参与区域乃至全球的竞争。

5.2 指标体系：高质量发展的量化测度

重点是针对"三体"和"六维"质—流—链的特点，采取多种数据获取方式，选取相应的指标因子与核心指标，进行权重赋值，从而将"三体六维"算法模型转化为可以量化测度的指标体系，并可以根据分析的需要得出相应的评估结果。

5.2.1 三体引擎指标

1）相关研究借鉴

针对大湾区三个同等量级核心城市的特殊结构，在指标体系建构上，应有体现其特性

的指标设计。"三体"引擎指标的构建，重点研究其核心腹地关系，主要参考都市圈视角下的中心城市腹地和边界识别方法。

都市圈是新型城镇化的重要载体，是中心城市发挥跨界功能和空间组织的重要基础，已成为我国推动高质量城镇化、区域协调发展的重要空间载体。都市圈范围的测度方法，往往以通勤为主并融合多元要素联系和用地格局，但难以应对多元跨界型都市圈的测度。基于都市圈空间范围划定的方法已有大量研究，其主要从通勤、特定交通方式（如高铁影响）下的区域影响范围、人口占比、手机信令数据、空间可达性、都市圈构成要素等方面计算。《国家新型城镇化规划（2014—2020年）》提出特大城市要合理引导中心城区功能向1小时交通圈扩散，培育一体化发展的都市圈。2019年国家发改委发布的《关于培育发展现代化都市圈的指导意见》首次明确了都市圈官方定义，并要求以促进中心城市与周边城市同城化发展为方向，大力推动现代化都市圈的建设。然而在都市圈的规划研究和实践中，仍然存在着都市圈规划范围过于泛化或片面强调日常通勤圈的状况。由于港澳与内地的联系受跨境边界影响，对于大湾区这一跨境型城市群，难以采用内地的都市圈识别方法，需要针对跨境要素流动和协同发展特征，扩展政策联系、资本联系、多目的多频次交通联系等维度，构建都市圈视角下的功能影响腹地识别方法。

对于城市群中的都市圈腹地关系，现有研究往往以寻找分割带或断裂点为主，将多个都市圈进行独立分割对待，难以应对大湾区的都市圈叠加特征。大湾区高密度、强流动特征下，其空间高度紧凑连绵、多个能级相当的中心共同作用，三大都市相互叠加、城市群与都市圈处于混沌状态，需创新叠加型的都市圈腹地识别和分析方法，方能科学、准确认识大湾区都市圈格局特征。

2）指标体系构建

主要基于流动网络研究方法，建立以三大中心为核心的相关指标，识别各街镇与湾区核心地区之间的中心—腹地结构特征，评估各街镇在"三体"网络中的价值与地位（表5-1）。

首先，识别大湾区三大核心的中心区域。因各城市市域面积差异较大，城市中心与腹地往往并不等同于市域，因此需要首先对中心区域进行识别。综合就业人口密度、就业人口规模、企业规模、企业密度四方面指标，选择香港港岛与九龙地区，广州荔湾、天河、越秀、海珠地区，深圳福田、南山、罗湖地区，作为港、广、深三大核心城市的都市核心地区。

在此基础上，构建指标体系进行建设空间格局、人员联系强度、企业联系强度、政策协同与跨境战略合作等方面的加权量化分析，按自然断点分段分三段后取第一段为核心圈层，第二段为紧密圈层。

具体指标上，建设空间格局主要基于建设用地的空间连绵关系进行分析，以500m×500m格网为基本单元，采用聚类和异常值分析法（Anselin Local Moran's Ⅰ）进行空间自相关分析，距离阈值设置为50km，以评估建设用地总体集聚程度。其中，高集聚与较高集聚区域，作为都市圈的高密度建设空间连绵范围。对于香港而言，因两地间有跨境限制，空间发展也并非连绵，因此删除该指标。

人员联系强度主要从人员通勤与综合流动两方面评估。对于内地地区，更关注高频流动联系网络，包括日常通勤与综合流动两项指标；对于香港跨境人员流动，因出入境政策影响，人员流动频率有所限制，因此增加更加低频特征的香港人群流动指标，即香港人士在内地长期居住的空间区域。

企业联系强度主要从企业总部分支与投资联系两方面评估。香港与内地间企业总部—分支数据暂缺，因此以港资企业投资联系替代。

此外，面向"一国两制"特殊制度差异与跨境合作，重点补充了粤港澳政策协同与跨境战略合作指标。主要依据广东省人民政府港澳事务办公室公布的粤港澳重点合作平台名录，包括前海、横琴、南沙三大自贸区，以及一系列粤港澳服贸自由化示范基地进行计算赋值。

基于现状要素的都市圈识别指标体系（三体引擎指标）　表5-1

类别	指标专项	指标因子	核心指标	计算单位	指标内涵	数据来源	计算方法	指标权重
香港、广州、深圳都市圈中心地区识别指标体系	人口	就业人口	就业人口密度	人/km^2	各单元就业密度	百度LBS数据	各单元就业人口数量	0.15
			就业人口规模	人	各单元人口数量统计	百度LBS数据	各单元内建设用地的就业人口数量	0.35
	企业	企业	企业规模	个	各单元企业数量统计	工商企业登记数据	各单元企业数量	0.15
			企业密度	个/km^2	各单元企业密度	工商企业登记数据	各单元内建设用地的企业密度	0.35

类别	指标专项	指标因子	核心指标	计算单位	指标内涵	数据来源	计算方法	指标权重
广州、深圳都市圈腹地识别指标体系	建设空间格局	建设用地集聚情况	各单元建设空间连绵范围占比	%	各单元建设空间连绵范围占建设用地的比例	Global 30	采用聚类和异常值分析法 进行空间自相关分析，距离阈值设置为50km，以评估建设用地总体集聚程度。其中，高集聚与较高集聚区域，作为都市圈的建设空间连绵范围	0.1
	人员联系	人员通勤联系	通勤联系网络	人	以核心城市中心地区为起终点，表征周期性、日常性人员流动辐射网络	手机信令大数据、百度LBS 数据	各单元与广州、深圳城市中心地区通勤联系人数总和	0.5
		人员综合联系	人员流动网络	人	以核心城市中心地区为起终点，表征非周期性人员流动辐射网络	手机信令大数据、百度LBS 数据	各单元与广州、深圳城市中心地区日均交通出行联系人数总和	0.1
	企业联系	企业投资	企业投资联系网络	项	以核心城市中心地区为起终点，从企业资金流动角度，表征三体经济支配网络	工商企业登记数据	各单元与广州、深圳城市中心地区企业投资联系总和	0.1
		企业总部分支	企业总部分支联系网络	项	以核心城市中心地区为起终点，从企业总部分支机构角度，表征三体经济支配网络	工商企业登记数据	各单元内以广州、深圳城市中心地区企业作为总部的分支企业总和	0.1
	交通可达性	最短交通时距	驾车最短时距	s	以核心城市中心地区为起终点，表征最短驾车用时	高德地图	各单元与广州、深圳城市中心的驾车最短可达时间	0.1
香港都市圈腹地识别指标体系	人员联系	人员通勤联系	通勤联系网络	人	以核心城市中心地区为起终点，表征周期性、日常性人员流动辐射网络	手机信令大数据、百度LBS 数据	各单元与香港地区通勤联系人数总和	0.2
		港人在内地居住规模	香港居民分布	人	香港人士在内地居住空间分布，表征香港人士在内地集聚地区	手机信令大数据、百度LBS 数据	各单元内香港人士居住人口数量总和	0.2
		人员综合联系（全OD）	人员流动网络	人	以核心城市中心地区为起终点，表征非周期性人员流动辐射网络	手机信令大数据、百度LBS 数据	各单元与香港地区地区日均交通出行联系人数总和	0.1
	企业联系	企业投资	企业投资联系网络	项	以港资企业数量分布反映香港在经济上对内辐射	工商企业登记数据	各单元内港资企业数量总和	0.2
	交通可达性	最短交通时距	驾车最短时距	s	以跨境口岸地区、直达香港的高铁站为起终点，表征最短驾车用时	高德地图	各单元与跨境口岸地区、直达香港的高铁站的距离	0.2
	政策协作	战略合作平台	战略合作联系网络	个	表征政府层面推动三地合作的意向与要素流动趋势网络	百度搜索指数	各单元拥有或涉及与港战略合作新闻数量总和	0.1

5.2.2 六维协同指标

1）环境风景维度

（1）相关研究借鉴

20世纪60年代以来，在世界范围内有关环境和经济社会可持续发展的研究开始起步，20世纪70、80年代，部分学者建立了一系列可持续发展评价指数，比较有代表性的有经济福利测度指数（MEW）、社会进步指数（ISP）、物质生活质量指数（PQLI）等，这些指数能够在一定程度上反映自然环境与经济社会协调发展的状况。20世纪90年代，随着《21世纪议程》的提出，可持续发展评价迎来研究热潮，人类发展指数（HDI）、压力–状态–响应模型（DSR）、生态足迹模型、真实储蓄法、能值分析法等研究成果接连出现，在分析框架合理性、指标选择的全面性和数据处理的科学性方面取得明显进步。进入21世纪，生态足迹法、综合评价指标体系获得巨大发展，评价对象逐渐具体化，聚焦于资源、环境、经济、社会的某些领域。1996年，我国提出在有条件的地区和部门制定可持续发展指标体系，随后海南省建立了涵盖发展潜力、发展潜力变化水平、发展效益、发展活力、发展水平5个方面共38个指标构成的可持续发展指标体系，山东省选取了经济增长、社会进步、资源环境支持和可持续发展能力4个方面共89个指标构建可持续发展指标体系。党的十七大提出建设生态文明以来，环保部（现生态环境部）、国家发改委等部委发布了一系列生态文明评价指标体系，包括经济发展、生态环境保护、社会进步、资源消耗、国土空间利用等方面，体现分级、分类、差异化的评价方法。除各部委外，相关研究机构、专家学者等针对生态环境评价指标体系进行了大量研究，常用的评价方法包括综合指数评价法、模糊评价法、景观空间格局法、GIS区域生态评价法等。

目前生态环境评价指标体系的构建往往包罗万象，层次和指标繁多，例如联合国可持续发展委员会构建的可持续发展评价指标体系包含25个子系统、142项指标，在重新设计简化后仍然有58个指标。国内外学者在构建生态文明评价指标体系时，选取的指标往往超过30个。在大湾区指标体系构建中，生态发展类指标作为6个评价维度之一，选取指标不宜过多，应紧密结合大湾区生态环境特色，根据生态文明建设要求精确选择，聚焦重点领域。

自我国提出建设生态文明以来，生态文明的内涵不断发展，人们对生态保护的认识不断深入，以往的生态环境评价指标体系需要与时俱进，体现最新发展理念。2018年，全国生态环境保护大会召开，明确生态文明建设的六大原则，指出要坚持人与自然和谐共生、绿水青山就是金山银山、良好生态环境是最普惠的民生福祉。在构建指标体系时，应重点考察人与自然的关系，聚焦城市与生态资源的共生状态。

（2）指标体系构建

大湾区作为巨型都市网络而言，随着都市化、网络化的发展，其生态环境所提供的不仅是日益完善的生态系统与安全格局，更重要的是能够根据功能价值的需要转化为环境风景，让生态资源成为吸引人口集聚、展现空间魅力、激发产业创新的重要基础，不再只是一个生态本底条件，而是与其他五大维度共同参与高质量发展，形成与世界级城市群相匹配的环境风景网络。如果生态资源已经成为巨型都市网络的重要环境风景，说明其生态系统的格局、质量、安全等已经成为基础条件，可以说，环境风景是对生态资源更高发展阶段的要求，是适应大湾区作为一群城市向一个巨型都市网络和世界级城市群迈进的空间品质要求。

环境风景指标体系构建具体而言，以街镇为评价单元，将城市风景界面长度作为主要指标，加入代表街镇风景多样性的景观丰富度因子、评价街镇环境舒适度的环境质量因子、体现低碳发展水平的碳中和因子，共四大因子构成评价指标体系，其中城市风景界面长度的权重最大。为区分不同界面的等级差异，海岸线按照岸线类型划分，河流按照干支流等级划分，湖库按照水域面积划分，山体森林按照植被覆盖度划分，均细分为 3 个等级，由此得到 4 类 3 级共 12 种界面，并根据重要性赋予不同权重（表 5-2）。

环境风景维度指标体系一览表　　表 5-2

指标因子	核心指标	计算单位	指标内涵	数据来源	计算方法	指标权重
城市风景界面长度	沙质基岩岸线长度	m	通过风景界面长度衡量城市聚落周边存在的成规模山林、海岸、河湖湿地景观，体现城市与生态资源的关系，突出人与风景的互动，从以人为本的角度评价各街镇生态发展潜力	Global land30 数据与 Landsat 8 数据相结合，经校核修正，剔除细小斑块，聚合零散斑块得到各类边界	聚落斑块周边 1km 内各类界面长度按照权重相加，除以街镇面积，标准化	0.12
	生物淤泥岸线长度	m				0.1
	人工岸线长度	m				0.03
	大型湖库界面长度	m				0.12
	中型湖库界面长度	m				0.1
	小型湖库界面长度	m				0.08
	主干河流界面长度	m				0.05
	支干河流界面长度	m				0.04
	小型河流界面长度	m				0.03
	高度覆盖森林界面长度	m				0.14
	中度覆盖森林界面长度	m				0.11
	低度覆盖森林界面长度	m				0.08

指标因子	核心指标	计算单位	指标内涵	数据来源	计算方法	指标权重
景观丰富度	景观界面种类	个	体现街镇内部景观的多样性程度	城市风景界面数据	统计街镇内风景界面的种类数（共4类），标准化	1
街镇环境质量	街镇空气质量	无	通过空气质量和地表温度衡量各街镇的环境舒适程度	粤港澳珠江三角洲区域空气检测网络数据	按照国家标准计算空气质量综合指数，标准化	0.5
	街镇热岛效应	℃		MODIS 地表温度数据	计算城市聚落范围内的地表平均温度，标准化	0.5
碳中和	碳排放	t/hm^2	体现低碳发展水平	CEADs 数据库	CEADs 数据按街镇分解	0.5
	碳汇	t/hm^2				0.5

2）人文服务维度

（1）相关研究借鉴

国内外对城市人文服务设施供给进行了不同维度的研究。国际上，着重关注少数群体，如纽约有针对儿童照料设施、残疾人服务设施的评价，东京则选取养老设施评价作为其中一个维度等。在这些方面中国尚未形成成熟的规划与建设体系，难以进行相关的评估。因此，国内研究大多集中于教育资源、医疗资源、公共文化、公共安全与社会保障等方面，评估指标多与交通可达性相关联。其中，教育资源主要分析普通中小学的覆盖度与均衡性，医疗资源则关注百万人口医师数、医院可达性等要素，文化资源聚焦博物馆、文化馆、历史文化资源等，公共安全与社会保障关注社区服务机构数量、避难场所密度等。

同时，国内外还有不少围绕人文服务开展城市文化竞争力、城市综合竞争力的研究，构建了多个评价指数与指标体系，涵盖文化资源、文化影响力、消费魅力、生活宜居、市场效益、社会与政策环境6个层面。这些指数与研究，有些面向单一地区，围绕多个重要领域抓关键要素进行评估与战略谋划，如长三角一体化发展城市指数（2021）、成都公园城市指数（2020）等；有些着重进行全球城市或地区排名，包括全球城市综合实力评价指数 GPCI、全球城市指数 GCI 等，涵盖经济、社会等多个层面，指标体系多元全面，例如廖青虎等（2017）从文化强度、文化频度、文化功能、文化势能4个方面构建城市丝路文化竞争力评价指标体系；还有一些则是针对文化创意产业、旅游业等单一层面进行评价与排名，如中国省市文化产业发展指数、中国文化产业高质量发展指数等，力图探索单一层面的核心影响要素。

（2）指标体系构建

围绕《湾区纲要》提出的"打造教育和人才高地、共建人文湾区、构筑休闲湾区"目标，借鉴国内外地区发展经验与相关研究，聚焦大湾区高品质生活需求与年轻人特色文化体验，兼顾数据源获取及动态更新的便利性，以及粤港澳三地在街镇尺度数据标准的对应性，最终构建 2 个指标因子、7 个核心指标的人文服务维度评估指标体系（表 5-3）。

①医疗设施：优质医疗资源数量、社区医疗服务设施密度（人均及地均）

大湾区人们"就医难"的问题尚未解决，需要从质量和数量上优化医疗设施布局。由复旦大学医院管理研究所组织公布的中国最佳医院排行榜[①]，能客观反映各街镇优质医疗资源的分布情况。社区医疗服务设施是人们日常生活中不可或缺的资源，社区医疗服务设施的密度，是反映各街镇基础医疗设施服务水平的重要指标。

②教育设施：优质教育资源数量、义务教育中小学密度（人均及地均）

优质的教育资源是吸引高级人才的重要条件，根据数据的可获取情况，选取香港专业教育出版社发布的中国最具教育竞争力的国际学校 100 强排行榜和时代教育网发布的全国中小学排名，反映各街镇优质教育资源的分布情况。通过百度 POI 数据中"小学""初中""九年一贯制学校"的数据，反映各街镇的基础教育设施情况。

③文化设施：大型文化场馆数量、社区文化娱乐设施密度（人均及地均）

纵观世界三大湾区及世界著名城市，集聚博物馆、艺术馆、美术馆等文化设施是其共同特征。结合《广东省 2020 年度博物馆事业发展报告》和粤港澳各地文化局官方网站，提取博物馆、艺术中心、歌剧院、音乐厅、美术馆等大型文化场馆数量，以及百度 POI 数据中各类社区文化娱乐设施的密度，综合分析各街镇的文化设施服务水平。

④体育设施：大型体育场馆数量、社区体育设施密度（人均及地均）

完备的公共体育设施有利于带动大众体育健身，推进全民健身事业的持续健康发展。提取各街镇进入"中国体育场规模排行榜"的大型体育场馆数量，以及百度 POI 数据中各

---

① 对各大医院的专科技术水平进行排名，由复旦大学医院管理研究所组织，来自中华医学会、中国医师协会的 4879 名专家参与评审，每年 11 月公布上一年度结果。目前我国 100 家医院已上榜，覆盖 42 个临床专科。

类社区体育设施的密度，综合分析各街镇体育设施服务水平。

⑤新兴活动：新兴文化娱乐活动频次

娱乐活动体现了地区内人民的活力和轻松、自由的氛围，围绕年轻人的活动特征，选取以桌游、剧本杀、密室逃脱为代表，包括汉服体验、音乐节、脱口秀、艺术展等豆瓣同城活动数据，反映各街镇对年轻人的吸引力。

⑥消费体验：咖啡馆数量、各类餐馆数量、核心商圈覆盖率等

购物休闲场所被称为居住、工作空间之外的第三空间，是人们社交的重要场所，包括咖啡馆、茶馆、酒吧、商业综合体、餐馆等。快餐小食店是打工人的标配，成为许多独居人士的生活刚需；咖啡馆更是创新交流、商务接洽、休闲会友的重要场所。

⑦国际交往：境外到访休闲娱乐人数、国际会议会展数量

大湾区由于"一国两制"和开放包容的特征，比国内其他城市群更加国际化，成为湾区独有的特色。通过境外到访休闲娱乐人数和国际会议会展数量，能较为客观地反映各街镇的国际吸引力与国际化程度。

人文服务维度评估指标体系一览表　　表5-3

指标因子	核心指标	计算单位	指标内涵	数据来源	计算方法	指标权重
优质生活保障	医疗设施	—	通过质与量，表征医疗服务水平	中国最佳医院排行榜（复旦大学医院管理研究所）、百度POI数据	0.3规模数值/人口+0.7规模数值/面积，数值标准化转化为0~1	0.1
	教育设施	—	通过质与量，表征教育服务水平	中国最具教育竞争力国际学校100强（香港专业教育出版社）、全国中小学排名（时代教育）、百度POI数据	0.3规模数值/人口+0.7规模数值/面积，数值标准化转化为0~1	0.1
	文化设施	—	通过质与量，表征文化服务水平	广东省2020年度博物馆事业发展报告、各地文化局网站、百度POI数据等	0.3规模数值/人口+0.7规模数值/面积，数值标准化转化为0~1	0.1
	体育设施	—	通过质与量，表征体育服务水平	中国体育场规模排行榜、百度POI数据	0.3规模数值/人口+0.7规模数值/面积，数值标准化转化为0~1	0.1

指标因子	核心指标	计算单位	指标内涵	数据来源	计算方法	指标权重
特色文化体验	新兴活动	个	吸引年轻人的特色文化活动数量，反映街镇对年轻人的吸引力	豆瓣同城活动数据、百度POI数据等	数值标准化转化为0～1	0.2
	消费体验	个	满足年轻人日常需求的休闲消费场所数量，反映街镇对年轻人的吸引力	百度POI数据	数值标准化转化为0～1	0.3
	国际交往	个	通过国际交流频次，体现国际化程度与吸引力	第一会展网、联通信令人口流动数据、百度POI数据等	数值标准化转化为0～1	0.1

3）交通互联维度

（1）相关研究借鉴

交通作为国内外指标体系构建的重要组成部分，往往通过交通枢纽发展水平、内部交通服务品质等对国家或城市综合发展实力进行评估。

麦肯锡发布的《25个全球城市的交通系统评估》[①]以轨道交通及道路交通质量、共享交通系统质量、公共交通与私人交通质量及效率、收费系统、电子服务、设施安全性、环境安全性等指标，对城市综合交通进行了整体评估。经济学人智库开展的《亚洲绿色城市指数》[②]对城市交通系统评价时，选取公共交通线网密度、城市公共交通政策、城市交通治堵政策三类指标进行研究，其中城市公共交通政策和城市交通治堵政策为定性指标，由智库分析师进行评分确定。《全球影响力城市指数》[③]从国际交通网络、交通基础设施、内部交通服务、出行便利性4个维度对城市交通系统进行综合评价，具体指标选取涉及通航城市数量、航空货运吞吐量、国际旅客数量、跑道数量、铁路网密度、公共交通覆盖率与准点率、至国际机场出行时间、通勤和通学便利性、交通拥堵水平、的士出行费率等。

---

① 作者为德特勒夫·莫尔（Detlev Mohr）、瓦迪姆·波克迪勒（Vadim Pokotilo）、华强森（Jonathan Woetzel），主要介绍25个全球城市的交通系统在各方面的现状及自2018年以来的变化。
② 由西门子赞助，经济学人智库开展的研究项目，主要评估亚洲城市的环境绩效。
③ 由《全球城市综合排名》（GCI）和《全球城市潜力排名》（GCO）两部分构成。由科尔尼发布，着眼新冠疫情及其防控措施对全球156个城市全球化参与度的影响。

在交通发展方面，既有研究注重从宏观层面对城市整体交通发展水平进行评价，在指标选取时考虑数据的可获取性与可信度，选择的指标更偏重对硬件设施的评价，例如通过航线数量、跑道数量、航空旅客吞吐量等机场相关指标来评价城市的国际连通性；通过铁路网密度、公共交通网络密度来评价城市内部交通服务水平。这种评价方式在中微观尺度评价时适应性较差。此外，硬件设施评价代表的是交通系统的整体水平，但缺乏从服务角度对个体视角的考量。

（2）指标体系构建

基于交通服务的视角，重点关注交通服务的国际性、腹地性和城际性。通过国际机场服务水平、国际港口服务水平、自贸区服务水平、国内机场服务水平、内贸港口服务水平、高铁服务水平、城际铁路服务水平、口岸通行能力、跨市通勤需求、跨市商务出行需求10个指标评价大湾区交通发展水平（表5-4）。

交通互联维度指标体系一览表　　　　表5-4

指标因子		核心指标	计算单位	指标内涵	数据来源	计算方法	指标权重
国际性	国际机场	国际机场服务水平	min	每个街镇到湾区国际机场的加权时间	OAG全球航空数据库、亿海蓝"一带一路"港口数据中国港口年鉴、高德地图API	国际性=国际机场服务评分水平标准化×0.5+国际港口服务评分水平标准化×0.3+自贸区服务水平标准化×0.2	0.5
	国际港口	国际港口服务水平	min	每个街镇到湾区国际港口的加权时间			0.3
	自贸区	自贸区服务水平	min	每个街镇到湾区自贸区的加权时间			0.2
腹地性	国内机场	国内机场服务水平	min	每个街镇到湾区国内机场的加权时间	OAG全球航空数据库、12306网站、高德地图API	腹地性=国内机场服务评分水平标准化×0.3+国内港口服务评分水平标准化×0.2+高铁服务评分水平标准化×0.5	0.3
	内贸港口	内贸港口服务水平	min	每个街镇到湾区国内港口的加权时间			0.2
	高铁	高铁服务水平	min	每个街镇到湾区各高铁站的加权时间			0.5
城际性	城际铁路	城际铁路服务水平	min	每个街镇到湾区各城际站的加权时间	12306网站、百度手机信令数据、高德地图API	城际性=城际服务评分水平标准化×0.4+跨市通勤评分标准化×0.2+跨市商务往来评分标准化×0.2+口岸通行能力评分标准化×0.2	0.4
	口岸	口岸通行能力	人次	香港与澳门口岸入境人流量			0.2
	跨市通勤	跨市通勤	人次	各街镇跨市通勤量			0.2
	跨市商务往来	跨市商务往来	人次	各街镇跨市商务出行量			0.2

4）开放包容维度

（1）相关研究借鉴

既有的关于区域对外开放度的定量研究，在空间尺度上主要集中于区域和城市层面，例如将大湾区整个区域的相关经济数据同世界其他湾区进行对比，或研究大湾区各个城市在经济开放度和对外影响力方面的时空演变规律，而很少有研究者将数据分析单元下沉到以街道、乡镇单元层面为主的层面；在对外开放度的评测方向上，则主要集中于贸易开放度、投资开放度、旅游开放度等几个方向，重点还是集中在经济领域，对社会领域开放度的测度则较少涉及。

在社会质量理论中，社会包容指向的是个体拥有平等的权利和价值的水平。在社会包容的测度方面，科迪埃等在文献综述的基础上，总结出最常见的社会包容的测量指标：连通性、参与性和公民权；李叶妍和王锐从流动人口的社会保障和公共服务两个方面构建了"城市包容度综合指数"；卢小君、韩愈从公民权、劳动力市场、服务和社会网络4个一级维度对我国城市社会包容水平进行测度，得出我国城市就业质量不高、个体的社交生活满意度较低，经济较发达地区在公民权和社会网络方面反而容易形成较明显的社会排斥，城市户籍和农村户籍人群之间社会包容水平差异显著等主要结论。

（2）指标体系构建

基于对国内外相关研究的借鉴，以及对大湾区实际发展态势和需求的判断，主要从"对外开放""区域协同""社会包容"三大方向进行二级指标因子框架的搭建，从社会、经济、政策制度等综合视角，测度大湾区的人口和经济对外开放水平、区域政策和空间协同水平、社会包容水平（表5-5）。

对外开放指标因子，旨在识别大湾区人口和资本对外开放水平较高的网络中心或热点地区，其综合得分通过"国际居住人口比例""国际工作人口比例""外商投资企业比例"3个核心指标加权而成；区域协同指标因子，旨在识别大湾区在政策制度、跨界合作和跨境交通便捷度等制度与协同领域的区域网络中心和次中心，其综合得分通过"政策制度优势""跨界合作能级""港澳口岸最短时距"3个核心指标加权而成；社会包容指标因子，旨在识别大湾区在社会活力和包容性方面的区域内部差异，其综合得分通过"中等收入人口比例""中青年人口比例""高等教育人口比例""短期驻留人口比例"4个人口方面的核心指标加权而成，架构起衡量大湾区各街镇在就业与收入方面的结构稳定性、在人口活力和创新力方面的结构活性的指标评估框架。

指标因子	核心指标	计算单位	指标内涵	数据来源	计算方法	指标权重
对外开放	国际居住人口比例	%	表征各街镇对国际人才和资本的吸引力	联通手机信令、2016 澳门中期人口统计、香港人口统计 2019	外籍居住人口占总人口比例的标准化	0.1
	国际工作人口比例	%		联通手机信令、2016 澳门中期人口统计、香港人口统计 2019	外籍工作人口占总人口比例的标准化	0.1
	外商投资企业比例	%		龙信工商注册数据、香港特区政府公司注册处公报、澳门注册公司统计	外商投资企业数占企业总数之比例的标准化	0.1
区域协同	政策制度优势	—	表征各街镇在政策制度倾斜度、跨界合作层级和潜力、跨境交通便捷度等制度与区域协同方面的潜力	湾区产业园平台报告、网络搜索	专家打分法：按街镇所在城市或园区的层级赋值而后标准化	0.1
	跨界合作能级	—		网络搜索	专家打分法：按街镇所在跨界合作平台的层级赋值而后标准化	0.1
	港澳口岸最短时距	h		中规院数字湾区平台	与最近香港口岸交通时距 ×0.9+ 与最近澳门口岸交通时距 ×0.1，以上数据求和之后标准化	0.1
社会包容	中等收入人口比例	%	表征各街镇在就业与收入方面的结构稳定性、在人口活力和创新力方面的结构活性	百度人口画像、2021 香港人口普查、2016 澳门中期人口统计	月收入在 4000 ~ 19999 元之间的中等收入人口占总人口比例的标准化	0.1
	中青年人口比例	%		百度人口画像、2021 香港人口普查、2016 澳门中期人口统计	25 ~ 54 岁中青年人口占总人口比例的标准化	0.1
	高等教育人口比例	%		百度人口画像、2021 香港人口普查、2016 澳门中期人口统计	大专学历以上人口占总人口比例的标准化	0.1
	短期驻留人口比例	%		百度外来客流人数、2021 香港统计年刊、2020 澳门统计年鉴	外来短期驻留人口占总人口比例的标准化	0.1

5）创新活力维度

（1）相关研究借鉴

基于对评价目的、创新内涵和理论的不同理解，国内外研究分别从创新的环节与流程、创新的具体内容、影响创新的要素等多种视角构建创新指标评价体系，筛选指标（表 5-6）。基于创新环节与流程视角的研究，主要侧重创新主体、创新投入（资源）、创新产出（绩效）等层面。创新主体主要指创新活动的主要承担者，如高校、科研机构、企业等。创新投入（资源）主要指创新活动所需要的各项要素投入，如人才、资金、经济发展水平、载体等。创新产出（绩效）主要指创新在知识产权、技术应用方面的最终转化和产出水平，如专利授权数、创新产品数量、高新技术产业增加值等。基于创新类型视角的研究主要侧重知识创新、技术创新、产业创新、服务创新、制度创新、文化创新等创新类型。基于影响创新发展创新动力视角研究主要侧重于环境支撑、企业与产业集群集聚、知识与技术等层面。

此外，还有学者从地方创新城市绩效考核、创新城市的实践、创新潜力等角度构建指标体系，尽管指标的构成和选取不尽相同，但仍无法脱离以上不同视角下所涵盖的指标因子，多是部分指标因子的排列组合。因此，在进行具体研究时，可依托现有理论框架，结合评价对象的实际情况与评价目的，进行指标筛选，构建评价指标体系。一方面，筛选共识性因子，通过对不同视角下指标因子的对比分析，可以发现专利授权和申请数、科技论文数量、高校和科研机构数量、政府和企业的研究与开发（R&D）投入、高新技术产业产值和产业出口产值、拥有互联网用户数、高技术就业人员数量等指标使用频率较高，可作为共识性指标；另一方面，结合对象特征与评价目的，增加特殊性指标，例如科技独角兽、隐形冠军等指标。两者结合形成本次指标评价体系的基础指标库。

不同理论视角下的创新指标选取　　　　　　　　　　　　　　　表 5-6

指标视角	指标名称	目标因子	指标来源
创新的环节与流程	创新主体	高等院校数量；独立科研机构、服务机构数量；国家实验室数量；高新技术（创新型）企业数量；国家和省级科技园区数量	欧盟委员会；薛艳、周纳、杨志兵，等
	创新投入（资源）	R&D投入（占比）；企业研发支出（占比）；地方财政科技支出占比；科研活动人员（科学家、工程师）比重；孵化器个数	欧盟委员会；中国科技部；国家统计局；杨志兵、吴价宝，等
	创新产出（绩效）	高技术就业人员数量；高技术增加值（占比）；高新技术产品出口值（占比）；发明专利申请授权数；科技论文数量	欧盟委员会；世界知识产权局；中国科技部；国家统计局；周霞、杨华峰，等
创新的具体内容	知识创新	高校科研机构数量；R&D投入；科技论文发表量；专利授权数	甄峰、周霞、杨华峰，等
	技术创新	实验室和工程中心数量；企业研发人员占比；专业技术人员占比；企业研发经费占比；科技成果转化率	甄峰、周霞、杨华峰，等
	产业创新	高新技术工业总产值占比；万元GDP能耗；高技术产品进出口贸易额	雷振丹、蒋博，等
	服务创新	互联网用户数；技术市场发育度；科技中介机构数量；企业孵化器数量；工业企业技术开发平均获得贷款额	杨华峰、石忆邵
	制度创新	政府政策；政府服务能力；科技园区管理状况；知识产权保护度	甄峰、周霞
	文化创新	创新氛围；人文国际化程度；国际知名品牌数量	杨华峰、石忆邵
影响创新的要素	创新环境	人均GDP；互联网用户数；图书馆藏书量；固定资产投资；创业服务体系健全程度	欧盟委员会；中国科技部；周霞、周纳
	企业与产业集群	企业研究与发展经费占比；企业研究人员拥有PCT专利数；企业研究人员就业占比；高技术产业增加值	欧盟委员会；中国科技部

（2）指标体系构建

在大湾区创新链与产业链结合紧密、企业创新主体优势突出、市场经济活跃、街镇分工合作显著等独特的创新基地和创新生态下，以街镇为基本单元，以创新链与产业链融合为理论切入点，进行湾区创新指标体系的构建。基于创新链与产业链融合的理论，构建知识创新、产业创新、创新潜力三大指标专项。其中知识创新、产业创新分别从创新主体、创新投入和创新产出的角度筛选大科学装置、高等院校、重点实验室、高新技术企业、科技类独角兽企业等11个核心指标；创新潜力综合考虑创新环境和未来投资重点平台筛选出创新载体、高教育水平人才、高技术服务业、规划创新平台等4个核心指标。最终形成包含知识创新、产业创新、创新潜力三大指标因子、15个核心指标的指标体系（表5-7）。

创新活力维度指标体系一览表　　　　　　　　　　　　　　表5-7

指标因子	指标权重	核心指标	指标权重	数据来源	计算方法
知识创新	0.4	大科学装置	0.17	各地政府官网数据	统计大科学装置数量，数量/面积标准化
		高等院校	0.25	教育部，全球高等教育咨询公司（Quacquarelli Symonds，QS）	统计教育部认定本科院校数量，并用QS排名修正。修正公式：QS排名得分
		国家重点实验室	0.17	科技部火炬中心、广东省科技厅	统计国家重点实验室数量，标准化
		企业国家重点实验室	0.17	科技部火炬中心、广东省科技厅	统计企业国家重点实验室数量，标准化
		省级实验室	0.08	广东省科技厅	统计省实验室数量，标准化
		工程技术研究中心/新型研发机构	0.08	广东省科技厅	统计广东省工程技术研究中心和广东省新型研发机构数量标准化
		论文（Nature指数分数）	0.08	自然出版集团（NaturePublishing Group, NPG）	统计Nature指数的Share值总和,使用$z-score$标准化方式进行修正，再进行离差标准化
产业创新	0.4	高新技术企业	0.30	科技部火炬中心	统计高新技术企业数量和企业1000强数量，数量/面积标准化
		科技类独角兽企业	0.20	胡润全球独角兽榜	统计科技类独角兽企业数量，数量/面积标准化
		隐形冠军企业	0.20	工信部	统计工信部专精特新"小巨人"企业科技类独角兽企业数量，数量/面积标准化
		专利申请量	0.30	国家知识产权局	统计专利申请数量，数量/面积标准化

指标因子	指标权重	核心指标	指标权重	数据来源	计算方法
创新潜力	0.2	创新载体	0.12	科技部火炬中心	统计国家级科技企业孵化器、国家备案众创空间数量
		高教育水平人才	0.09	百度慧眼本科、研究生学历人才数量	统计硕士学历人数、本科学历人数，数量／面积标准化
		高技术服务业	0.09	各地政府官网数据	统计高技术服务业数量，数量／面积标准化
		规划创新平台	0.70	各地市最新规划数据	查找各街镇的创新平台、创新产业园区、高校实验室等；根据等级、投资规模给予评分，其中国家级创新平台为10分，湾区级创新平台9分，市级创新平台8分；市级重要产业平台6分，一般产业平台4分

6）产业发展维度

（1）相关研究借鉴

产业发展指数评价一般以产业关联间的分析为主，比如《长三角一体化发展城市指数》报告聚焦产业创新维度，以"产业链关联指数"和"新经济关联指数"为两大观察指数，选取制造业跨市关联的总部分支数量来衡量不同城市在产业协作网络中的价值地位，选取信息、健康和文创产业来衡量城市高质量发展动能水平。本研究可通过对其借鉴加强以产业链、供应链为主的量化观察，对不同类型制造业的产业空间集群特征和空间邻近度进行分析。

产业发展指标选择与评估往往与城市发展评价体系挂钩，是重要的组成部分，而城市发展评价体系以国际著名全球城市评价体系为最权威的评价，国内外各类相关政策要求也有提到产业发展相关指标。GaWc发布的《世界级城市名册2020》中，则通过研究金融、会计、广告、法律和管理咨询等行业的全球高端生产服务企业在各个城市的分布，按照分支机构的重要性打分，由此计算出城市层级。中国社科院发布的《全球城市竞争力报告2019》中，产业竞争力指标体系是指标体系中重要组成部分，偏重考察城市的22个产业在全球产业链的地位，具体选取了制造业企业国际实力、贸易零售企业国际实力、软件企业国际实力、高科技企业国际实力、金融企业国际实力、商务服务企业国际实力、制造业竞争力、分配性服务业竞争力、消费性服务业竞争力、社会性服务业竞争力等多个指标进行综合评价。以纽约、伦敦、东京、巴黎等为主的国际化大都市也在发展报告中提到对城市发展的评价要求与体系。随着国外先进城市发展水平相对成熟，关注的领域与近期重大城市事件更为紧密结合，例如纽约在《一个纽约》中关注金融业在全球的地位以及活跃的城市文化。但整体来说，国内外先进城市的评价体系中均包含了保障产业创新与科技服务的空间，其中产业活力部分选取了中小型企业孵化空间和总部型企业空间。

同时，产业链与产品链、知识链和价值链紧密联系，国内外学者也针对产业链结构提出不同的评价模型，例如陈雄辉提出产业链评价指标体系，选取产业结构合理化、产业结构高级化、产业结构服务化三大指标，从产业增加值、三产增加值、总就业人数、三产就业人数来评价结构合理化，反映区域的产业基础水平，采用第三产业和第二产业比值来测度产业结构高级化程度，用第三产业产值与总产值的比值来测度产业结构服务化程度。刘薇则从产业导向水平、产业带动水平、产业市场水平、产业效益水平等方面，选取装备工业发展系数、高加工度系数、感应度系数、产业融合系数、区位熵、市场占用率等17个具体指标来评价战略性新兴产业发展水平。

（2）指标体系构建

重点探索街镇在生产组织模式上的关联，围绕不同产业的链主企业、链群分布分析街镇产业组织规律，识别具有世界级影响力的明星灯塔街镇以及能抵御风险的制造业潜力街镇，确定产业发展重点区域。最终构建"本土制造业实力""生产区域化韧性""服务高端化能力"三大指标因子，选取世界五百强企业、独角兽企业、高新制造企业总部分支关联度、生产性服务企业等9个核心指标（表5-8）。

产业发展维度指标体系一览表 表5-8

指标因子	核心指标	计算单位	指标内涵	数据来源	计算方法	指标权重
本土制造业实力	世界五百强企业	个、万元	反映街镇在湾区价值链中的地位和影响力	2021年胡润世界500强榜单	企业数量标准化×0.6+企业市值标准化×0.4	0.1
	独角兽企业	个、万元	反映街镇在湾区价值链中的发展潜力	2021年粤港澳大湾区新生产力独角兽企业榜单	企业数量标准化×0.6+企业市值标准化×0.4	0.1
	隐形冠军企业	个、万元	反映街镇在湾区价值链中关键环节实力	工信部专精特新"小巨人"企业公示	企业数量标准化×0.6+企业市值标准化×0.4	0.1
	上市企业	个、万元	反映不同产业集群产业发展能力	东方财富上市企业、新三板企业数据	（电子信息、汽车、生物医药、智能家电、装备制造）企业数量标准化×0.6+企业市值标准化×0.4	0.1

指标因子	核心指标	计算单位	指标内涵	数据来源	计算方法	指标权重
生产区域化韧性	高新制造企业总部分支关联度	个、万元	衡量高新制造业的街镇企业的联系强度	2020年工商企业数据	总部向外投资数量×0.6+分支企业数量×0.4	0.15
	传统制造企业总部分支关联度	个、万元	衡量传统制造业的街镇企业联系强度	2020年工商企业数据	总部向外投资数量×0.6+分支企业数量×0.4	0.1
	核心企业供应链联系	个	衡量街镇龙头企业的锚固能力	核心企业披露的供应链企业名录	供应商企业所在街镇标准化	0.05
服务高端化能力	生产性服务企业	个、万元	揭示街镇生产性服务业高端化水平	东方财富上市企业、新三板企业、香港金融管理局等数据	（金融、航运、商贸）企业数量标准化×0.6+企业市值标准化×0.4	0.15
	科技服务业企业	个、万元	揭示街镇的制造业服务化水平	东方财富上市企业、新三板企业数据、工商企业数据	企业数量标准化×0.6+企业市值标准化×0.4	0.15

5.2.3 指标选择校验

1）核心指标选择

经过反复筛选和验证，目前确定18个指标因子、76个核心指标，以此形成由"三体引擎"指标和"六维协同"指标共同组成的指标体系，其中"三体引擎"指标重点通过中心城市与腹地的关系等揭示香港、广州、深圳的区域中心辐射带动作用，"六维协同"指标重点通过针对高质量发展的六个专项维度要素的自身特点与协同作用，揭示其高质量发展在空间上的特征与趋势，"三体"与"六维"从区域空间、高质量发展要素、多源数据与系统构建的多重视角，相互融合共同构成本次高质量发展评估的"三体六维"算法模型指标体系框架（图5-2）。

2）指标相关性校验

为考量子项因子之间关联度情况，确保指标体系的信度，计算子项指标之间的相关性。若因子之间存在较强的负相关性，则对整体趋势造成一定的消减；若因子之间存在较强的正相关性，则因子的相互替代性很高。

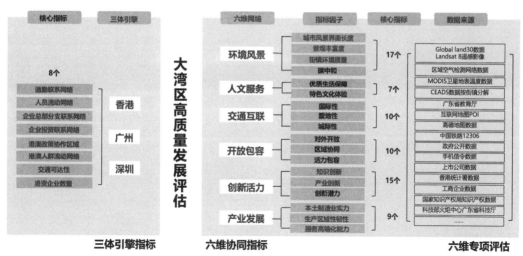

图 5-2 "三体六维"算法模型指标体系框架

在初始阶段对指标选取时，通过相关性的计算，发现某些因子与其他因子之间相互冲突过大，因此将其进行了删除，最终所有因子的相关性控制在正负 0.6 内（图 5-3）。

3）指标信度和效度分析

为考量指标选取是否具有一致性以及能否准确表达"三体六维"特征，通过克伦巴赫系数（Cronbach's α）、相关分析和因子分析等方法检验指标体系的信度和效度。

信度包括内在信度和外在信度两类。本次主要测量指标体系的内

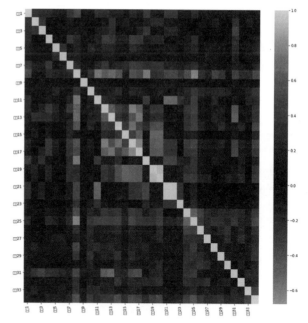

图 5-3 指标体系建立过程相关性分析图

在信度，即各个项目之间是否具有一致性。具体方法是通过 SPSS 软件"分析—度量—可靠性分析"命令计算克伦巴赫系数来对得分情况进行可靠性分析。

效度通常可分为内容效度、结构效度和效标效度等三类。本次主要运用前两类效度分

析：①内容效度是指所设计的指标能否代表所要测量的内容或主题，一般可通过计算单项指标得分与总分的相关系数的方法实现；②结构效度是指测量结果体现出来的某种结构与测值之间的对应程度，主要是通过因子分析法提取公因子，考察提取出的公因子是否与问卷假设中的结构一致。具体方法分别是通过 SPSS 软件中的"分析—相关"和"分析—降维—因子分析"方法来实现结构效度的分析。

对于二级指标内部一致性信度系数的计算结果，基于标准化项的克伦巴赫系数值为 0.828，信度系数大于 0.8，说明该指标体系具有较高的内在一致性，信度较好。

内容效度上，各项指标与总分之间基本上呈显著相关（$p < 0.01$），表明该指标体系具有较好的内容效度。

结构效度上，采用因子分析法对指标体系的结构效度进行适当性（Kaiser–Meyer–Olkin，KMO）检验，KMO 统计量为 0.753（KMO > 0.7）。通过因子分析法提取出的公因子与原始指标的结构一致，可进行因子分析。Bartlett 球形检验中相关系数矩阵与单位矩阵具有显著性差异（$p < 0.01$），因子分析有效。

5.3　动态评估：迈向智能决策的技术支持

为进一步支撑科学、有效、持续的大湾区高质量发展监测评估，建立大湾区高质量发展监测评估平台 1.0，从数据监测、指标分析、决策支持三方面进行探索。平台融合了人口、产业、空间、资源环境等多源动态大数据，对指标和指数进行持续监测和周期性分析；部分关键指标建立从原始数据到指标结果的自动化计算模型，对各维度指数结果与格局进行全方位、可视化分析与展示；支持各街镇横向比对和纵向时间维度对比，研判街镇相对优势与短板，模拟未来发展趋势，为空间规划分析和决策提供依据。

5.3.1　动态指标监测

动态指标监测研究主要在于推动一体化、标准化、共享化的区域空间信息数据融合，通过设计提供各类数据的标准与接口服务，实现大湾区空间发展数据的汇聚、融合与动态可视化呈现；挖掘可实现动态性更新的指标，按季度、月甚至实时更新，保持对各街镇最新发展状态的监测与评估。基于目前所选取六维指标及其数据来源分析，通过大数据爬取或网页信息抓取数据所分析形成的指标，如空气质量、POI 数据、搜索指数、娱乐活动、交通状况等可实现动态更新（图 5-4）。通过动态指标监测，一方面建立对各街镇的周期性指标波动追踪，另一方面及时监测街镇发展与治理动态。

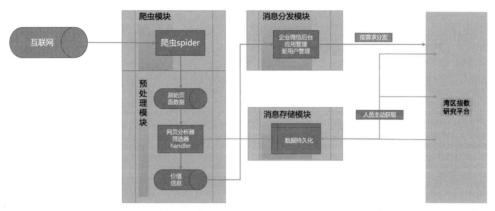

图 5-4　数据实时抓取与分析模块架构示意

5.3.2　指数研究支撑

大湾区高质量发展监测评估平台 1.0 形成开放性的平台架构，实现年度更新的高质量发展评估结果的可视化、应用。面向区域与空间规划研究需要，构建高质量发展的核心指标评估模块，将"三体六维"评估模型中属性要素的分析和网络流动要素分析结果进行可视化展示，快速、直观、全面展现大湾区街镇的评估结果，基于可视化的展示可以看出大湾区各个街镇在不同维度下发展程度及在大湾区中排名位置，同时通过历年数据与结果的呈现，支撑各个街镇发展变化的研究。

5.3.3　智能决策支持

基于大湾区 630 个街镇高质量发展综合评估结果，以及街镇在属性要素的分析和网络流动要素分析结果下的排名，大湾区高质量发展监测评估平台 1.0 形成街镇诊断和空间价值分析模块。通过选取多个街镇进行多维度的横向比对，找寻街镇各自的优势与短板，依据街镇的优势维度，可挖掘节点发展可能性，以及提升区位影响能力，面对街镇短板维度，则可以弥补要素的不足。同时该模块下可以对街镇自身历年发展情况进行展示，依据街镇历年来在大湾区排名的变化，探究街镇发展进度和变化。依据各个街镇特色以及发展情况，反映街镇、区县、城市在大湾区中的价值特征与作用。

未来，平台将伴随高质量指数进行持续更新迭代，通过精准、动态监测和评估各维度要素的空间发展和跨界流动，为大湾区研究、空间规划决策提供更加科学、有效的研究支撑。

第6章

三体引擎：大湾区空间演化与高质量发展的主导力量

"三体引擎"主要是分析香港、广州、深圳作为中心城市的影响力，考虑到大湾区地域空间尺度相对较小、要素高度集聚与高频流动、三大中心城市不同的制度逻辑等独特性，因此，与一般或从交通通勤或从行政区划的视角来划分都市圈范围的方法不同，而是将流动空间与场所空间的方法相结合，分别从要素联系与功能联系的角度去分析其影响力范围，即通过流动空间分析其要素联系，采用"三体引擎"指标评估的方法，反映在对都市圈不同圈层范围的识别——"三圈"；通过场所空间分析其功能联系，采用街镇功能聚类的方法，反映在对六大维度功能相似区域的识别——"三系"。同时，结合具体的地区发展与项目实践对三大中心城市的影响力进行实证分析。

6.1 三体引擎影响力范围分析

6.1.1 三圈：基于要素联系的视角

1）三体引擎评估方法

从要素联系的视角来分析三大中心城市的影响力，即对其都市圈腹地范围的识别。世界级城市腹地往往远超城市本身行政地域范围，形成区域化的都市圈格局。都市圈腹地测度一般以城市化空间格局、人员通勤联系等为核心指标。本章节将其度量维度扩展至建设格局、人员通勤、人员流动、产业联系、交通可达、政策协同等方面，分别对以香港、广州、深圳为核心的三大都市圈进行社会经济综合影响范围评估，从而从要素联系的视角来观察三大都市圈腹地的变化。

2）三圈腹地范围划定

通过分析发现，三大中心城市在各自专业服务领域、经济联系腹地均覆盖整个大湾区核心区域，且各自紧密圈层高度交叠（图6-1）。深圳的核心圈层主要以深圳、东莞以及惠州临深地区为主，紧密联系圈层则扩大到惠州更大区域、广州与佛山南部地区、西岸环

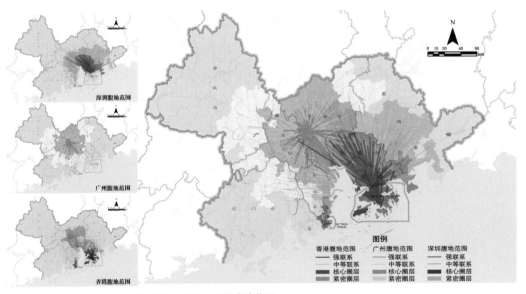

图6-1 大湾区都市圈视角下的香港、广州、深圳腹地范围

湾地区等，自内而外形成金融商务服务—科技研发—生产制造的功能布局；广州的核心圈层以广州、佛山中心区为主，紧密联系圈层则向外扩展到惠州、东莞、肇庆、江门、中山等城市邻近地区，形成以商贸、行政、文化中心引导的圈层格局；香港的核心圈层则依托深港过境口岸有一定范围延展，并在自贸区战略下与南沙、横琴有密切联系，紧密圈层则主要反映了粤港合作的重要空间载体，包括广、佛、莞的部分合作平台，并体现了"北往南来"人群居住、工作和休闲的主要场所。

从本质上而言，由于巨型都市网络反映了城市空间持续的都市化与网络化过程，更多的是对应都市型街镇所在的区域，目前三大中心城市腹地范围与都市型街镇所在范围仍有一定差距，更没有覆盖到整个大湾区，其引擎功能还有待增强。外围生态型街镇为大湾区提供生态服务、现代农业、旅游休闲、新型制造等多重功能，与三大中心城市之间联系薄弱，说明目前三大中心城市与这些地区还没有建立更多的人口与产业合作，其核心功能尚未辐射到这些地区，大湾区巨型都市网络距离更成熟、更高质量的功能网络联系还有较大的距离。

另外，三大中心城市腹地也更多地集聚在东岸，尤其是核心圈层基本上都在东岸，使大湾区空间结构围绕珠江口湾区呈现明显的非均衡现象，虽然未来西岸在要素集聚密度与空间功能类型上会与东岸存在巨大差异，但随着人们对消费、休闲、文化等功能需求的增加，跨湾交通设施的建设以及交通等成本的下降，三大中心城市与西岸的联系会进一步加强。因此，完善跨湾交通设施建设，强化东西两岸功能联系，是未来三大中心城市拓展西岸腹地需要重点考虑的内容。

6.1.2 三系：基于功能联系的视角

1）街镇功能聚类方法

除了对香港、广州、深圳三大中心城市所形成的都市圈等腹地范围进行分析以外，还可以通过聚类算法将差异化的街镇评价结果，按组内差异最小、组间差异最大的原则，划分为一定类型的分组，在此算法下，每个街镇都有且仅归属于一种分类。聚类算法采用距离作为评价指标，将点的属性值空间化后（此处六个维度得分即为1个街镇的6个属性值），通过欧氏距离的计算，可以判断在多维空间中各个街镇之间的绝对距离，数值越小表明两点之间的距离越近，其相似度就越大，在本次算法中即可认为数值越小街镇特征更为相似，其具体计算公式见式（6-1）：

$$\text{dist}(X,Y) = \sqrt{\sum_{i=1}^{n}(x_i - y_i)^2} \qquad (6\text{-}1)$$

式中，X、Y 为街镇属性，x_i 为街镇 X 的各维度数值，y_i 为街镇 Y 内各维度数值。

2）三系核心功能识别

通过对街镇 6 个维度核心指标数据采取聚类算法，街镇单元可划分为十大类型，选取其中具有代表性的 8 类并根据地域划分为三个系列：港澳系、广佛系、环深系（简称"三系"），其中港澳系优势在于开放包容、人文服务与环境风景，广佛系在于交通互联、人文服务，环深系在于创新活力、产业发展、环境风景（图 6-2）。"三系"与"三圈"存在一定差异，更多的是从场所空间邻近的角度分析每个中心城市与周边的功能联系紧密度以及对区域空间结构的影响。

港澳系、广佛系、环深系的存在说明香港、广州、深圳作为"三体"正在发挥对周边地区的功能影响，在推动区域空间重组的同时提升各中心的全球城市竞争力并形成更为紧密的协同发展态势。其中港澳系具有相似的国际化环境与功能，并正在通过深圳前海、广

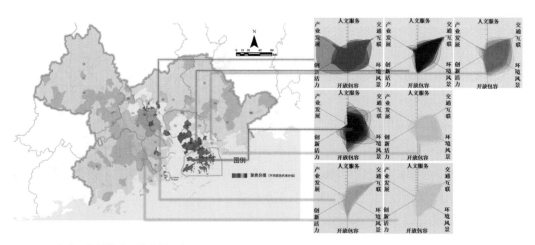

图 6-2　大湾区街镇维度聚类分析示意图

注：基于街镇六维指数，通过 K-Means 无监督聚类算法进行分类（不同颜色代表不同类型），右图每个围合多边形代表一个街镇。

州南沙、珠海横琴等重大平台将其国际化功能与影响力向大湾区渗透。环深系说明深圳都市圈对西岸中山、珠海等城市的影响逐渐加强。广州市近年开展的"广佛高质量发展融合试验区发展策略规划"，可以说明广佛地区正在从核心地区的同城化走向全域同城化。

6.2 三体引擎影响力实证分析

6.2.1 港澳系：推进粤港澳深度合作，共建双循环发展平台

港澳系所包括的香港和澳门考虑的制度因素大于空间因素，其开放包容的国际化营商环境塑造了大湾区"一国两制"的独特性，在目前中美大国博弈主导的世界变局下，对于提升大湾区的国际化水平，加快与"一带一路"地区的合作，落实我国双循环发展新格局具有重要战略意义。

要强化大湾区的国际功能，港澳需要继续巩固国际地位，同时依托重大合作平台将国际功能渗透、延伸到湾区内陆，培育支撑双循环发展新格局的重要战略节点。但目前来看，港澳作为全球人口密度最高、开发强度最大的地区之一，面临产业与功能结构相对单一、可拓展空间资源有限影响其国际地位提升的局限。而深圳前海、广州南沙、珠海横琴作为重点培育的三大对外开放与粤港澳合作平台，也面临空间、功能与政策升级转型等需求。

为应对以上问题和需求，国家"十四五"规划对港澳发展明确了新的要求和方向，其中香港在国际金融中心、国际航运中心、国际贸易中心、亚太区国际法律及争议解决服务中心基础上增加了国际航空枢纽、国际创新科技中心、区域知识产权贸易中心、中外文化艺术交流中心等新兴国际化功能；澳门需要通过与横琴合作、产业多元化等继续发挥"一中心、一平台、一基地"即世界旅游休闲中心，中国与葡语国家商贸合作服务平台，以中华文化为主流、多元文化共存的交流合作基地的重要作用。而2001年以来香港特区政府发布的《北部都会区发展策略》以及国务院出台的《横琴粤澳深度合作区建设总体方案》《全面深化前海深港现代服务业合作区改革开放方案》《广州南沙深化面向世界的粤港澳全面合作总体方案》等三大方案也成为提升三大平台价值、推进粤港澳三地合作、支持港澳繁荣稳定发展、提升大湾区国际化功能的重要载体。

1）香港：优化空间结构，拓展区域腹地，巩固全球地位

截至 2022 年，香港的陆地面积总计 1113.8km²，总人口约 729.2 万人，全港人口密度达到 6500 人/km²，已建设土地面积仅占香港面积 25% 左右。根据团结香港基金的研究显示，香港已建设土地的人口密度是新加坡的 2.6 倍，人均居住面积仅为新加坡的 60%，是世界上人口密度最高的城市之一。与此同时，大量人口和就业集中在维港都会区，形成单中心的城市结构。根据香港规划署以 2019 年为基础年期的全港人口及就业数据计算，维港都会区的人口占比达到全港的 58%，就业人数达到了全港的 75%，人口和就业高度集中在维港两岸的香港岛和九龙地区。

（1）空间北上：依托北部都会区，建设国际科技创新中心，形成南北双心结构

香港新一轮的《香港 2030+：跨越 2030 年的规划远景与策略》（以下简称《香港 2030+》）调整了上一轮规划《香港 2030：规划愿景与策略》中提出的空间发展模式与概念性空间框架，对原有的都会核心区进行扩容，将交椅洲人工岛作为第三个商业核心区进行发展，并整合位于中环及周边地区的传统商业核心区以及九龙东第二个商业核心区，共同形成新的维港都会区。把上一轮规划中的北发展轴扩展及整合为总面积达 300km² 的北部都会区，以深港融合为助力，发展成为国际创新科技中心，媲美维港都会区，未来形成"北创科、南金融"的空间发展新格局。

香港《北部都会区发展策略》在空间概念及策略思维上大幅度跨越港深两地行政界线，从深港合作的视角为香港的长远发展前景谋定新方略，推动深港跨境策略性空间框架从"两湾一河"走向"双城三圈"。其中，深圳湾优质发展圈以洪水桥/厦村新发展区为核心，深化与前海在金融及专业服务、现代物流和科技服务业的合作发展，提升洪水桥/厦村新发展区成为新界北核心商务区，创造更多新经济职位；港深紧密互动圈推动建设新田科技城，形成链接港深的完整创科产业生态系统，并优化圈内的口岸交通基建，打造无缝、便捷、多元的跨境交通网络；大鹏湾/印洲塘生态康乐旅游圈注重保育及提升圈内整体自然景观、生态和生境资源，创造可持续的生态康乐/旅游机遇，丰富港深居民的休闲生活选择。未来，香港通过北部都会区的建设将进一步推动香港空间北上发展，为香港与大湾区内地城市的融合发展带来更多机遇。

（2）西向链接：依托港珠澳大桥，融入湾区 1 小时生活圈，带动珠江西岸发展

随着港珠澳大桥的开通以及作用的逐步发挥，《香港 2030+》中也首次提出了西部经

济走廊的概念，向西加强与珠三角西部的联系。港珠澳大桥开通之前，珠海往来香港国际机场的时间约为 4 小时，现在取道港珠澳大桥只需 45 分钟。港珠澳大桥的开通有助于强化香港与珠江口西岸城市的联系，推动香港融入大湾区"1 小时生活圈"。

港珠澳大桥不仅拉近了香港与珠江口西岸城市的联系，也有助于辐射粤西地区乃至泛珠三角地区，这些地方的货物过去只能通过江海联运或深圳周边地区运往香港，而大桥开通之后，可以直接通过大桥进入香港，为香港与珠江口西岸城市的合作发展创造更多长远的经济效益。同时，港珠澳大桥的启用也大大缩短了香港机场与珠海机场的时空距离，香港机管局也在积极寻求入股珠海机场，通过机场合作吸纳旅客通过珠海机场及港珠澳大桥使用香港机场飞往世界各地，并把香港机场的航空货运服务延伸至内陆更广阔的市场。在未来，香港会持续借助港珠澳大桥开拓西向发展的腹地市场，为香港融入祖国发展大局寻求更为广阔的市场空间。

2）澳门：产业多元发展，规避经济风险，培育特色职能

截至 2022 年，澳门总人口 67.28 万人，总用地面积 33.3km^2，人口密度高达 2.04 万 / km^2，可以称得上是全球人口密度最高的地区之一。虽然博彩旅游业为澳门带来了可观的财政收入，但单一的经济结构使澳门的经济增长呈现高度的波动性，尤其是在当前的全球化竞争环境下，经济抗风险能力明显不足。澳门历史上很长时间都是连接中国与欧洲的重要通商口岸，旅游业发展具有先天条件，且历史文化资源丰富，澳门历史城区 2005 年被联合国教科文组织收录为世界文化遗产，依托世界遗产建筑和历史城区开发了粤港澳大湾区文化遗产之旅和文化创意展会活动，如澳门设计中心、澳门塔石艺墟等。尤其是回归祖国后，在内地游客的加持下，旅游业更是获得快速发展，已经成为澳门支柱产业。从澳门强化国际功能的视角来看，需要重点强调以下两个方面：

（1）推进产业多元发展，强化世界旅游休闲中心功能

未来需要进一步挖掘历史文化特色，丰富文旅、节庆活动，展现澳门独特魅力。拓展旅游业中非博彩元素，增加大型综合度假、娱乐设施投资，成为具有丰富文化内涵的多日旅游目的地。协同大湾区拓展旅游客源市场，发挥旅游资源组合优势，加强与横琴旅游深度合作，提升旅客总体体验值，吸引国内外高端客群。充分利用 85km^2 专属海域，与周边城市合作开发邮轮游艇旅游、海洋文化体验等海上旅游产品，提升滨海空间活力。同时，

利用旅游业发展带动或培育体育、会展商务、中医药、教育培训、文化创意等新兴产业，同时实现经济适度多元发展和世界旅游休闲中心建设的双重目标。

（2）拓展国际发展空间，巩固葡语系超级联系人角色

在殖民文化、港口城市文化的影响下，澳门形成独特的中葡文化融合特色，建立以中华文化为主流、多元文化共存的交流合作基地，形成中国与葡语国家商贸合作服务平台具有不可替代的先天优势。但澳门国际机场与 8 个葡语系国家没有直线航班，葡语国家往返澳门需要经转大湾区香港、广州等其他城市甚至更远的北京、上海，导致成本增加，不足以承载葡语国家寻求商贸往来和文化交流的需求。

未来需要在澳门与葡语系国家和地区之间已搭建的贸易关系和文化渊源的基础上，通过扩展澳门国际机场，挖掘澳门与更多国际区域搭建航线的潜力，尤其是开通葡语国家航线，建立大湾区以澳门为基点的葡语国家航空朋友圈，包括以葡萄牙为基点的欧洲航线、以巴西为基点的拉美航线，让澳门成为中国与葡语国家连通的门户，服务好澳门的"一中心、一平台、一基地"的三张国际名片，吸引世界各地的商人和游客。在产业市场方面，葡语系国家对澳门出口的中医药、文创等产品有一定的推崇和认可度，可以充分利用横琴产业园的空间优势，推动澳门及与内地合作产业和产品更多地服务于葡语国家市场需求，支持澳门国际化功能与产业多元化的发展。

3）前海：空间扩区，强化深港协同化发展

前海扩区后，面积由 14.92km² 扩大至 120.56km²。前海扩区整合了深圳朝向大湾区核心的全部空间资源，是深圳顺应区域发展局势的重大战略选择。前海扩区之后，深圳从南山半岛直接延伸至茅洲河口，接触到深莞之间、大湾区高新技术企业最为密集的先进制造业核心地带——这是前海第一次将空间地域扩大至实体制造业活跃地区。扩区范围同时纳入海港、空港、会展中心、跨江通道等重要要素资源，使前海成为以珠江口东西两岸为腹地的核心区域和内外双循环的节点。如果说"小前海"是中国第一次改革开放的尝试，那么"前海扩区"后的"大前海"就代表着改革终于走向"全面扩展和深度扩展"——前海第一次拥有了完成供应链整合的历史机遇。

（1）扩大深港合作空间，强化深圳核心引擎功能

深港合作是前海存在的根本和灵魂，尽管前海推进粤港澳合作尤其是深港合作已经取

得了显著的成绩，但仍然面临着一系列政策障碍有待解决。此外，前海的发展空间有限，随着建设的深入，前海的空间供给难免捉襟见肘，推进前海扩区，将广东自贸试验区、宝安中心区、大铲湾港区、大空港等地区纳入前海深港现代服务业合作区范围，赋予深港创新金融试验区、深港国际航运业合作区、深港新兴经济和未来经济合作区、深港保税经济合作区等功能定位，实行一系列更加特殊开放灵活的政策措施，将有效扩大深港合作发展空间，不断提升片区开发开放能级，促使深港两地合作迈向更深层次、更广领域、更高水平。

"大前海"地处大湾区的地理中轴，是穗莞深港湾区脊梁的重要组成部分，也是广深港澳科创走廊的重要节点和服务核心，作为珠三角乃至全国重大交通基础设施密度最高、功能最全的区域之一，拥有空港、海港、邮轮母港、国际会展中心等国际化门户资源，具有极具活力的体制机制和国际化软环境，不仅承担着全面提升深圳城市国际化水平的重要责任，作为深圳在湾区的重要战略支点，对于深圳市打造大湾区核心引擎也具有极为重要的战略地位。

（2）建设高水平开放门户枢纽，成为全球卓越的未来新城

在"一国两制"框架下先行先试，推进与香港规则衔接、机制对接，丰富协同协调发展模式，建立健全与香港产业协同联动、市场互联互通、创新驱动支撑的发展模式，打造大湾区产业服务中枢和深港协同现代服务业高地，强化前海作为各类生产、生活、创新要素的资源配置功能。强化空港、海港两大国际门户及重要枢纽节点的全球联通职能，发挥自贸区、保税区等政策叠加优势，促进人流、物流、信息流等的高效便捷流通，构建有序开放发展新格局，增强对外交往和国际贸易便利度。

坚持以人民为中心，建设全民共享的和美宜居幸福家园，提供惠民生、高品质的公共服务配套，建设多元包容的国际化城区，营造世界级美好生活目的地，提升享誉全球的城市魅力与吸引力，打造内外畅通、智慧引领、绿色低碳、安全韧性的未来城市典范。

4）南沙：站位提升，深化粤港澳全面合作

南沙位于大湾区地理几何中心，距离香港和澳门分别为 90km 和 70km 左右，在周边 100km 半径范围以内分布着大湾区 "9+2" 所有城市，是连接大湾区内地与港澳、珠江口东西两岸的重要枢纽节点，其总面积为 803km²，2022 年常住人口 92.94 万人。

2022 年，《广州南沙深化面向世界的粤港澳全面合作总体方案》出台，要求南沙立足湾区、

协同港澳、面向世界，引领粤港澳大湾区参与国际合作竞争，丰富"一国两制"内涵，支持香港、澳门融入国家发展大局，发挥香港、澳门对外窗口价值，加快建设科技创新产业合作基地、青年创业就业合作平台、高水平对外开放门户、规则衔接机制对接高地和高质量城市发展标杆，将南沙打造成为香港、澳门更好融入国家发展大局的重要载体和有力支撑。

相对而言，南沙虽然地处大湾区地理几何中心，但与周边的要素网络联系却相对薄弱，内部空间结构与功能相对分散，要支撑未来发展定位，需要面向大湾区，建设"湾区中枢"重塑区域格局，面向南沙区，建设"超级星链"，完善空间格局。

（1）建设"湾区中枢"，重塑区域发展格局

首先是立足湾区功能短板，构建支撑世界级城市群发展的创新中枢。伴随着湾区进入网络化发展过程，依托湾区网络化功能组织，构建由广州中心城区—南沙新区—东莞滨海湾新区—深圳大前海—香港北部都会区—香港中心城区的大湾区空间发展新中轴。同时，发挥广州中心城区—南沙新区对广州市域的空间统领功能，对大湾区产业升级发挥核心引领与价值提升作用，形成支撑大湾区建设世界级城市群的新中枢。

其次是顺应黄金内湾快速崛起，共创全球规则新标杆。科技创新、现代服务等高端要素与功能进一步向黄金内湾集聚后，将与外围以专业化集群形成更为紧密的创新与产业分工协作网络。同时，珠江口东岸可以借助西岸优质的环境、较低的成本、充裕的空间将产业分工协作网络向西岸延伸，并推动黄金内湾快速崛起。黄金内湾将重点链接南沙、横琴、大前海、滨海湾新区、翠亨新区、唐家湾等重大政策平台，成为以国际化、高端化功能集聚湾区核心价值要素的区域，其中南沙新区依托与港澳的全面合作以及湾区之心的区位优势，通过协同港澳，规则对接，将建设成为黄金内湾一体化试验区，从广州末梢走向湾区前台。

（2）建设"超级星链"，完善南沙空间格局

首先是通过科创补链，协同港澳建设湾区科创与服务高地。规划布局若干大科学装置和产业研发平台，整合东西两岸科研与制造两类创新资源，链接湾区创新网络，建设融合两岸源头创新和产业创新的"手–脑"中枢，实现从湾区几何中心向创新中枢的转变。同时，依托南沙科学城，布局国家级攻坚克难大科学装置，国家级科研机构和实验室等高端创新平台，建设国际级核心技术攻关创新策源地。推进粤港澳高校联盟等多项教育项目，青年服务中心等多项人才服务项目，建设港澳（国际）人才新家园。

其次是通过枢纽强链，汇聚核心要素建设湾区网络与流通节点。以南沙港为抓手，建立港口联盟，与香港合作，共建国际航运服务中心，形成衔接"一带"与"一路"、内循环与外循环的多式联运供应链中枢。实现与港澳、前海、横琴等环湾核心地区及机场30分钟的轨道直联，依托高速轨网构建海、陆、空全方位、直联港澳的超级枢纽体系。

最后是通过空间聚链，形成"三星引领，多点支撑"的空间结构。重点围绕庆盛枢纽创新服务中心、蕉门河城市服务中心、南沙枢纽创新服务中心凝聚核心功能，链接重大平台，同时以专业化服务和平台功能，以高速轨网、创新基础设施等多维新基建和多元共治为支撑，进行系统化整合，打通既有城市板块与大湾区核心功能节点的时空联系，形成链接区域功能网络且开放协同、互促互动的超级星链城市。

5）横琴：政策升级，支持澳门多元化发展

2020年10月14日，习近平总书记强调要"加快横琴粤澳深度合作区建设"。中共中央、国务院于2021年9月5日正式公布《横琴粤澳深度合作区建设总体方案》，明确横琴粤澳深度合作区实施范围为横琴岛"一线"和"二线"之间的海关监管区域，总面积约106km²。横琴再一次成为新时期国家发展重大战略部署以及丰富"一国两制"实践的新示范，并重点聚焦以下三大任务。

（1）巩固澳门国际地位，共同发挥中葡超级联系人角色

习近平总书记强调，建设横琴新区的初心就是为澳门产业多元发展创造条件。新时期合作区更是承担了"促进澳门经济适度多元发展的新平台、促进澳门居民生活就业的新空间"的历史使命，最大限度规避澳门产业结构单一的发展风险，稳固澳门国际地位。

横琴应以科技研发、高端制造产业、中医药产业、文旅会展商贸产业以及现代金融产业，改变澳门高度依赖博彩、相对单一的产业结构现状，推动中葡商贸合作平台的内涵外延，建设葡语国家食品集散中心、中葡经贸合作会展中心、中葡中小企业商贸服务中心。

（2）提升珠澳极点能级，带动湾区西岸发展

澳门—珠海作为大湾区发展的三大极点（深港、广佛、珠澳）之一，《湾区纲要》要求"澳门—珠海发挥强强联合的引领带动作用，提升整体实力和全球影响力"。但实际上粤港澳大湾区"三体"所在的香港、深圳、广州三个城市经济规模远超珠澳极点，大湾区存在明显的东大西小、东快西慢特点。

横琴承担着带动珠海极点升级，引擎湾区西岸发展的责任和使命。横琴地域空间和经济规模有限，区域责任的实现，离不开与珠海周边地区的协同发展，未来需要以澳门—横琴—珠海的资源和成本差异为基础，以合作区为支点，建立梯度分工，横琴与周边地区共同构建研发在琴澳、生产物流在外围的区域制造业格局，在湾区西岸形成"源头创新—科技研发—生产制造"的完整体系，撬动珠海整体功能结构升级，进而带动湾区西岸的发展，以"第三极点"完型大湾区空间格局。

（3）"一国两制"下，践行理想城市新范式

在合作区建设的崭新历史阶段，横琴有机会探索"一国两制"下未来理想城市的新范式。需要尊重自然山水环境，城市与自然高度耦合互联，体现生态公园之城的品质典范；探索城市实体空间与数字虚拟空间的孪生交互模式；促进社会人文网络与城市公共场所的渗透交融，体现智慧人文之城的未来示范。未来理想城市将助力横琴与澳门从"琴澳同源"迈向"琴澳一体"，是真正促进澳门经济适度多元、便利澳门居民生活就业的无界、融合、生态、智慧的理想典范之城。

6.2.2　广佛系：共建功能复合的国际化都会区

广佛系以广州都市圈为核心发展平台，建设高端功能集聚的国际化都会区。广州都市圈包括广州、佛山全域及肇庆与清远市中心区，土地面积约 2 万 km^2，2022 年常住人口约 3257 万人，经济总量位列全国都市圈前列。广佛则是广州都市圈的人口通勤、企业联系、经济发展、城市建设的核心区。其中，广佛人均 GDP 达到 20149.8 美元 / 人，超深莞及北京与上海大都市；两市日均出行 171 万人次通勤，约为深莞 84 万人次的 2 倍；设立广佛的"总部—分支"机构的企业超过 2500 家，数量和密度均位居全国第一。广佛两市自古文化同源，由市场主导下的民间联系逐渐走向以政府引导的全域同城化发展，目前已印发实施广州都市圈发展规划、广佛全域同城化、广清一体化等一系列规划文件。在最新规划中提出，广佛要以推进广佛全域同城化为引领，共建国际化都会区，着力打造粤港澳大湾区世界级城市群核心区和全国同城化高质量发展示范区。

广佛边界要素流动频繁，是推进广州都市圈深度融合关键地区。目前广佛的边界地区是两市通勤联系最为频繁、企业联系与资本流动最为密集的区域，已经成为广佛同城发展的核心地区，但仍存在城市蔓延的生态破碎、城乡混杂品质不高、城市竞争的产业同构等多重问题。2019年，两地政府提出围绕广佛197km边界线，联合打造"1+4"共5片广佛高质量发展融合试验区。而广佛高质量融合发展试验区的规划建设是广佛两市主动担当构建国家治理体系和治理能力现代化历史使命的一次地方实践，是广佛两市落实《湾区纲要》建设"湾区极点"的责任担当，是实践高质量发展、高品质建设、高水平治理的新发展理念的先行先试。因此，广佛高质量融合发展试验区要建成大湾区全球超级都会的先行试验区，代表国家区域治理与区域协同的试验田，引领湾区建设国际一流湾区、世界级城市群的重要支撑。

1）重塑区域空间组织结构，共促广佛全域同城发展

（1）整合区域资源，融合区域系统性发展

从区域视角整合广佛都市圈发展的生态文化与创新产业资源，从而重塑广佛总体空间结构。①链接广佛南北生态文化带，打造广佛超级都会公园，全面提升城市建设品。整合碎片化的生态文化资源，布局一条沿广佛交界的珠江水系铺开的生态文化带，串联山水林田湖等各类自然资源和村镇祠堂等历史文化资源，整合河湖水系、农田、郊野公园、湿地公园、城市公园等各类蓝绿空间，构建特色碧道、绿道、河道的网络联系，构筑广佛都市圈的生态绿心、大湾区自然生态廊道、广府文化共同的精神家园。②以嵌入区域创新网络为方向，共建广佛全球超级都会中心功能环。重点围绕边界地区的"广州南站—三龙湾片区""白云—南海片区"为重点，引入多层次的研究机构、创新企业等重要创新空间，建设广佛共融的创新网络，融入湾区国际科技创新中心大平台。同时以边界地区的广州南站为核心，与广佛两地重要的功能节点，共同组成紧密相连的都会功能核心环，衔接广州中心区、佛山中心区两大节点，串联多个城市组团，共建广佛两地创新功能网，共筑广佛国际化都会区的生态型新都心。

（2）优化空间结构，形成都会圈层化的空间格局

链接广佛两市各类空间资源，整合各类要素体系，形成蓝绿为底、组团镶嵌、创新成网、紧密连接的具有大湾区特色的全球超级都会空间结构，完型广佛都市圈"强中心、圈层化"的空间格局。①强化广佛都市圈的中心结构。以广州南站为广佛地区融合发展的关键平台，借助区域的三龙湾、海龙科创园、大学城等科创战略平台，链接广州天河、佛山新城、千

灯湖等城市服务核心，形成"强中心"的广佛都市圈都会区。②发挥产业优势，形成专业化的多圈层分工。依托白云—南海的数字经济产业、南沙—顺德的智能装备产业，共建广佛都市圈都心辐射的创新产业次圈层，依托三水—花都生态本底与传统汽车工业基础，共同发展生态文化旅游产业与低碳生态智能制造，形成广佛都市圈外围圈层。通过"强中心"与"圈层化"的策略，形成以广佛为极点的都市圈结构，形成辐射粤西北、面向世界与内陆双向开放的格局。

2）开展差异化、多类型治理试验，探索协同治理湾区高质量新典范

遵循都市圈"中心—外围"发展规律，开展多要素、多类型融合示范。对同城化的不同维度进行综合评价，因地制宜地在"1+4"试验区分别制定开展差异化、多类型协同治理试验，为全国都市圈协同治理提供湾区新典范。

（1）立足供应链中心，建设国际化都会区的核心

广州是大湾区的枢纽城市，发挥着核心引擎作用，承担着国际综合交通枢纽职能。广州在交通设施网络方面建设与贡献卓有成效，拥有华南地区最大的铁路枢纽、集装箱吞吐量世界排名第五的广州港与客运、货运等综合实力中稳定在国内排名第三的白云国际机场。交通设施的建设和布局有力地保障了广州中心区与其经济腹地的快捷联系，增强了对泛珠三角地区的辐射能力，航空与港口运输的实力，吸引了珠三角内物流、商家供应链的集聚，使得广州成为供应链的中心。

广佛边界的先导区是包括了广州南站这一重大交通枢纽的核心片区，未来重点围绕广州南站功能提升，发挥重大交通枢纽功能集聚效益，推动存量提升、植入创新功能，探索开放联动、高端高质的产业发展模式，引入面向未来的科技创新产业，建成双向开放的广佛第三极，促进广佛建设国际化都会区。通过碧道、绿道建设，彰显岭南文化优质生态环境，结合广州片区城中村全面统筹改造、佛山片区村级工业园整体升级，在生态地区、集体用地中广泛、点状布局创新机构，形成东西轴向发展的创新新引擎。以水为脉组织城市组团，以滨水优质的岭南文化建筑带统领城市空间，形成绿色活力脉络。

（2）立足产业分工，培育国际化都会区战略节点

根据都市圈的功能分工组织，结合地区发展特色，形成若干功能差异化的专业性强的战略节点。①依托"荔湾—南海"试验区，重点推进城市有机更新，探索传统商贸平台的

国际化和转型，补充建设高品质教育、医疗服务设施，共建共享各类高端生活性服务业。②依托"白云—南海"试验区，稳步推进数字产业园的开发建设，重点发展云计算、大数据、物联网、移动互联、电子信息等新一代信息技术产业，打造广州佛山数字经济发展示范区。③依托"花都—三水"试验区，共同推动生态修复、岭南传统村落保护建设、生态文化旅游产业群开发。④依托"南沙—顺德"试验区，借助南沙自贸区各项政策，共建跨界桥梁道路等基础设施，使先进制造与自由贸易融合发展。

6.2.3　环深系：共建创新型、国际化、现代化的都市圈

以深圳都市圈为核心的环深地区，成为大湾区科技创新发展的核心引擎。深圳都市圈由深圳、东莞、惠州全域和深汕特别合作区组成，土地面积约 16273km²，2022 年常住人口 3415 万人，地区生产总值约 4.9 万亿元，是区域创新能力位居全国前列、全国人口和经济要素高度聚集、城镇体系和功能较为完善的城镇密集区。深圳作为国家创新型城市、国家自主创新示范区和国家可持续发展议程创新示范区，一直是深圳都市圈的核心。在经历了深圳产业扩张需求、用地资源紧张等的影响下，深圳周边东莞、惠州形成了以生产和制造为主导的功能区域。随着大湾区东西两岸的交通条件的改善，深圳对西岸中山、珠海等地区的辐射力度逐步加强。在研发—创新转化—生产制造的区域分工模式下，形成了以深圳为圆心的 30km 核心研发，60km 总部研发、设计制造协同及 90～120km 为研发与协作功能结构，形成了世界级电子信息产业集群与全球领先的创新转化能力。

在迈向国际化大都市圈的目标下，深圳都市圈仍面临三大风险：①都市圈核心城市深圳的城市空间拓展已经达到"天花板"，而深圳外围圈层人口和经济集聚力不强，整体结构亟待优化。②都市圈是"双循环"格局下整合内外需求的核心抓手，但深港双城要素流动存在障碍，亟待加速深港融合，汇聚成为大湾区发展的新极点。③在全球科技革命的发展趋势下，湾区面临关键技术的封锁危机，而深圳也面临着原始创新能力不足、产业用地匮乏、人才数量质量不足、生产经营成本增加等一系列"隐忧"，都市圈的科技创新的顶级价值需提升。

1）以都市圈空间优化为载体，建设分工明确的协同关系

（1）提升深圳都市核心区功能，增强核心竞争力和辐射带动能力

顺应全球城市发展规律，推进核心区的扩容提质已是全球城市的趋势。上海、北京已经率先提出零增长、负增长。深圳应牢牢守住人口规模、用地和建筑总量、生态环境和城市安全四条底线，注重内涵发展，实现原特区内更新提质与原特区外扩容提质协同并举，探索超大城市睿智发展的转型路径。核心功能方面，聚焦现代金融、科技创新、文化教育、商务会展、服务交流等核心功能，重点发展以创新为导向的知识密集型服务业，推动形成以现代服务经济为主的产业结构，为都市圈高质量发展提供创新驱动和服务支撑。适度控制原特区范围内的福田区、罗湖区、南山区和盐田区人口规模，严格管控原特区范围内的建设用地规模，充分挖掘存量土地资源，优化调整用地功能结构。

（2）推动非核心功能向周边疏解，塑造分工明确的圈层化合作模式

加快提升东莞、惠州副中心发展能级，高水平建设深汕特别合作区增长极，形成"一主两副一极四轴"的都市圈总体发展布局，实现中心引领、轴带支撑、协同联动。一方面，塑造紧密互联的"1小时通勤圈"，在以深圳为核心1小时交通通达的范围，覆盖深莞惠重点区域，辐射珠江西岸部分地区，以促进中心城市与周边城市（镇）同城化发展为方向，承接深圳产业外溢和成果产业化，为战略性新兴产业规模化、集群化发展提供空间，推动形成圈层间创新链和产业链深度融合、制造业与现代服务业协同发展的产业空间格局。另一方面，构建分工协作合理的"2小时经济圈"，在以深圳为核心2小时交通通达范围区域，培育发展和辐射带动河源、汕尾都市区，发展特色产业和都市新型农业，为内部圈层提供产业链上下游配套和更大规模的产业空间。

（3）形成"四轴"支撑的区域空间骨架，打造全球竞争力的产业集群增长极

通过以轨道交通为核心构建轴带发展的产业集群廊道，形成链接都市圈各个圈层的全产业链走廊。如深莞穗发展轴依托科技创新的载体，打造联通深莞穗的中部创新发展轴，推进"广州—深圳—香港—澳门"科技创新走廊规划实施，构建开放互通、布局合理的区域创新体系。深莞惠河发展轴依托电子信息、高端装备制造、新材料等主导产业，打造深莞惠科技产业走廊。深惠汕发展轴，构建东部沿海发展轴，打造世界级滨海生态旅游度假区。珠江口西岸城市协同发展轴，顺应黄金内湾的建设趋势，珠江口西岸城市合作，打造跨江发展轴。

（4）培育区域性跨界战略节点，形成多中心高质量功能节点

高质量建设七个跨区域的产业组团。依托深莞惠边界地区的重大平台，如光明、松山湖、滨海湾、坂田等，加强深圳、东莞、惠州三市区域产业、职能的分工协作机制，协同建设深莞惠和深圳产业功能外溢的主要承载空间。深莞方面重点侧重临港临空经济、创新产业、电子信息产业方面的合作，深惠侧重高端制造产业、装备制造产业、健康产业、绿色低碳产业方面的合作。

重点培育和提升三类潜力地区。①空间增长潜力地区是空间增长的价值地区，应植入顶级国际化职能，如东莞滨海湾新区、惠州潼湖、大亚湾、空港地区等。②门户枢纽地区重点通过以综合型枢纽、城际服务型枢纽、城市服务型枢纽（地铁主导）重构枢纽体系，培育若干个新型产站城融合枢纽。③创新园区、创新城区，侧重科技创新的集聚及产业功能提升，以光明科学城、海洋新城、松山湖科学城、东莞生态园、潼湖生态智慧区为主。

2）以破解口岸要素流动障碍为目标，建设深港国际开放新极点

深圳与香港是连接内地与全球的重要枢纽，目前深港双城融合的发展态势已然形成，但仍存在产业创新协同不强、民生服务融通不深、跨境交通联系不便、生态空间联系不畅等问题。深港口岸经济带是指深圳与香港的毗邻地带，覆盖了深圳湾、大鹏湾、深圳河南北的区域，是深港双城融合发展的新引擎。在国家战略推动和深港融合发展趋势下，深港口岸周边区域重要性提升。通过深港口岸经济带的建设将有助于香港"北上"，破除香港北部边境地区与深圳口岸沿线区域的空间隔离，有助于发挥"一国两制"的独特制度优势，同时有助于推动深圳"南下"，畅通大湾区链接全球的国际大通道，从而以国际高端功能的汇聚成为大湾区发展的新极点。

（1）西部段建设深港西部自由贸易湾区和"一带一路"综合枢纽重要职能

口岸西部主要包括深圳的前海和南山部分区域，需要主动对接香港北部都会区深圳湾优质发展圈内的元朗新市镇、天水围新市镇，洪水桥/厦村新发展区和元朗南新发展区等重点平台。未来适合发展成为深港共同入局合作的制度创新典范地区，承担深港西部自由贸易湾区和"一带一路"综合枢纽重要职能。未来应增强深港西部跨境交通联系，依托深港西部铁路快速链接深圳综合交通枢纽，为深港两地的跨境人员流动提供更多方便。注重产业功能的协同发展，依托前海与洪水桥/厦村，加强专业服务、现代物流和科技服务、跨境服务创新

功能协同。关注生态功能的协同发展，把深圳湾公园的红树林及湿地纳入拉姆萨尔湿地，形成跨越深圳湾深港两地更为完整的湿地系统，共同优化提升环深圳湾跨境生态空间。

（2）中部侧重制度创新实现科技、人才、设备、金融等要素的便利流动

中部主要包括深圳福田、罗湖靠近口岸的区域，及香港新田/落马洲、港深创科园、粉岭/上水新市镇及新界北新市镇等重点发展平台。通过制度创新实现科技、人才、设备、金融、公共服务等要素的便利流动。一方面重点进行科创合作，以皇岗口岸—福田口岸交通枢纽为综合服务核心，协同深港科技创新合作区深方园区、福田保税区科研及产业化基地，联动香港新田科技城等区域，形成完整的创科产业生态系统，发展成为深港推动创科产业发展与合作的核心区域；另一方面，推进深港社会融通，以罗湖段为核心重点落实深港两地的民生发展诉求，培育完善医疗、教育、消费、金融等功能，构筑"教育城""医疗城"等深港合作交往新平台，塑造深港两地社会融合的典范城区。

（3）东部集聚国际生态康乐旅游功能

东部主要包括深圳的沙头角、盐田和大鹏半岛的部分区域，及香港北部都会区大鹏湾/印洲塘生态康乐旅游内的重点区域。发展深港可持续发展的生态康乐地区、全球海洋中心城市的核心承载区、生态滨海旅游的国际目的地。具体措施为：重点加强生态保育，构建区域海洋生态环境保护战略合作机构与机制；依托丰富的自然、人文旅游资源，推动区域内海域海岛的跨境联动发展，共创大湾区世界级旅游目的地；推动深港高等院校和科研机构源头创新合作，探索海洋生物等海洋经济的深港合作；构建多层次的跨境海上客运、旅游交通系统来实现。

3）以培育"光明—松山湖"为核心，建设都市圈的大科学装置新引擎

光明—松山湖科学城是破解大湾区乃至我国基础研究瓶颈的科学城。应充分发挥湾区产业和市场机制优势，探索以产业创新牵引基础研究重大突破的发展新路径，从源头上解决我国高端制造能力不足、科研与市场脱节、科研成果转化不顺畅等问题，实现前瞻性基础研究、引领性原创成果重大突破，代表国家在更高层次上参与全球科技竞争与合作。通过深圳都市圈内加强深莞光明—松山湖科学城共建和共融是对湾区整体科研体系的完型、弥补湾区基础科研短板，整合区域科研要素、提升整体产研效能、最大程度发挥湾区体制机制的优势。

（1）产业创新牵引，参与全球科技竞争与合作

通过深莞产研协同，从而打造新兴产业集群。发挥光明—松山湖科技创新优势和高度市场化优势，以华为、华星光电等龙头企业为依托，衔接重大科技基础设施，着眼关键核心技术突破，建立培育未来发展的国家产业创新中心，带动打造具有全球影响力的产业创新高地，实现科学中心与经济中心的融合发展。围绕创新链布局产业链，集聚发展信息、新材料、生命健康/医药产业，加快构建现代化产业体系，打造新兴产业集群。

（2）构建"环巍峨山科学磁场"，汇聚湾区顶级基础科研设施

瞄准世界科技前沿方向，立足培育未来产业优势。光明—松山湖科学城环巍峨山统筹布局重大科技基础设施、前沿交叉研究平台、高校和研究院所等，积极发挥科学城磁场效应，吸引一批学科方向关联、科研功能互相支撑的科研装置设施集聚。通过发挥生态资源的环境风景价值，圈层布局重大科技基础设施，其中紧邻装置圈层的是科研圈层，集中布局研发机构、科技企业与转化平台的环山科研组团，向外再依次布局服务圈层与产业圈层。通过促进科研装置设施协同共享、错位布局，打造大湾区综合性国家科学中心先行启动区。

（3）高标准建设城市空间，构建高品质人居环境

以巍峨山为核心，促进两地生态资源共建共享。两地协同建设巍峨山森林公园，强化区域生态空间的系统保护和生态治理。通过区域碧道、绿道建设串联组团间的重要生态游憩空间，实现优质景观资源区域共享。高标准构建服务体系，塑造宜居环境吸引和服务好科创人才。围绕"科学磁场"，构建巍峨山科学家园为科创人群与企业服务的特色化公共服务设施体系，形成国际一流的服务于湾区的科创中心。加快建立与国际接轨的人才分类评价体系，实行更加开放便利的境外人才引进和出入境管理制度。

（4）构建要素融合机制，畅通科研要素流

政策融合探索深莞合作共建的方式和路径。推进光明—松山湖科学城达成协同发展共识，协商制定区域战略规划、空间规划、交通规划、基础设施规划等相关规划。两市科学城执行一致的规划建设管理标准。设立共建基金用于支持科学城范围内的重大科研装置和平台建设，以及基础设施、公共服务设施的建设和规划编制等。构建从基础研究到应用生产的政策组合，形成具有竞争力的科创政策环境。大力鼓励社会力量参与基础科研领域建设与发展。推动各种方式引导社会资本加大科技成果转化投入，全力推动科学城的创新成果有效转化为现实生产力。

第 7 章

六维协同：大湾区都市化、网络化的多元动力

伴随着大湾区从增量走向存量时代，其发展模式也从高速度的规模扩张转向高质量的结构优化，即通过空间结构与要素组织的调整，实现大湾区作为复杂系统的系统红利。从大湾区高质量发展新范式的视角，集中地表现在对"三体六维"算法模型的本质与内涵的理解上，即不仅每一个维度要追求高质量的要素迭代与结构优化过程，同时各个维度之间形成在重要节点与廊道等地区的相互耦合协同发展，从而推进"三体"中三大中心城市与都市圈的全球职能与竞争力的提升，而各个维度高度耦合协同所形成的重要节点与廊道则以区域乃至世界专业化节点或集群或走廊的方式支撑三大中心城市及都市圈功能的向外辐射与价值的向外衍射。

"三体六维"模型所提供的指标体系框架，目的并非仅仅是获得 630 个街镇在各个维度的专项排名或者"三体 + 六维"的综合排名，而是通过排名及其变化识别区域空间结构的演化特征与趋势，包括其中重要的节点与廊道等影响区域空间重塑的核心价值空间。因此，建立在对每个维度关键问题与策略建议基础上的发展评估就显得更具实用价值。

7.1 环境风景维度：从生态耦合，走向创新协同

7.1.1 发展评估：丰富生态资源与高密度城市空间的耦合关系

在大湾区环境风景维度排名前 50 名街镇中，包含深圳 17 个，广州 10 个，香港 8 个，珠海 6 个，惠州 3 个，东莞 2 个，澳门 3 个，肇庆 1 个（图 7–1）。根据街镇得分空间分布，

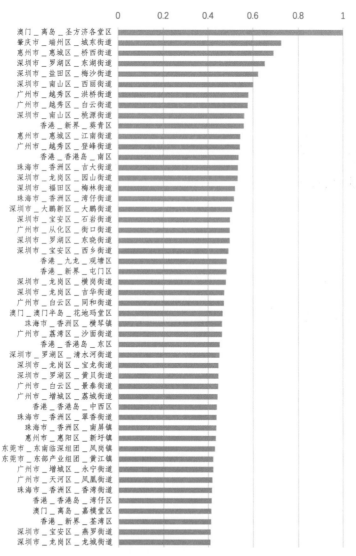

图 7–1 大湾区环境风景维度前 50 名街镇排名与得分

深圳、广州、香港整体得分较高，此外得分较高的地区还包括广州白云山南、珠江沿岸地区、珠江口西岸沿海地区，东莞和惠州部分地区以及肇庆主城区周边（图7-2）。

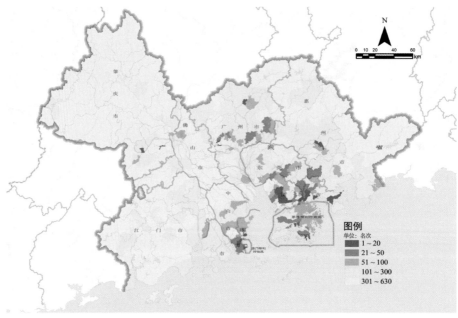

图7-2　大湾区环境风景维度街镇排名等级分布图

1）大湾区东部空气质量优于其他地区

空气质量评价结果显示，惠州市、广州市从化区、深圳和香港东部大部分街镇空气质量较好，珠海、江门、中山、东莞等城市的各街镇空气质量处于中等水平，而肇庆市、佛山市、广州南部等大湾区中部和北部街镇空气质量相对较差，特别是佛山监测点空气污染指数较高（图7-3）。

2）风景资源丰富，地域特色鲜明

珠江口沿岸的香港、深圳、珠海、澳门等地，以及惠州大亚湾沿岸城市多沿海建设，海岸线界面是城市的有机组成部分；广州、佛山、东莞、中山等城市位于大湾区中部，以东江、北江、西江为主干的河网地区，河流与城市密切交织；湖库岸线界面分布于水网周边山地丘陵，深圳、东莞城市内部湖库相对较多；森林界面随山地分布，在城市内部呈现团块状，广州白云山、深圳、东莞、中山等丘陵山地是典型代表。

大湾区风景界面种类最丰富的地区主要分布于河口，如东莞、中山沿海地区，珠海横琴、湾仔，崖门水道出海口等，同时具备河流、海岸、山林和湖库资源；其他景观丰富度较高的地区大多具有背山向水的特征（图 7-4）。

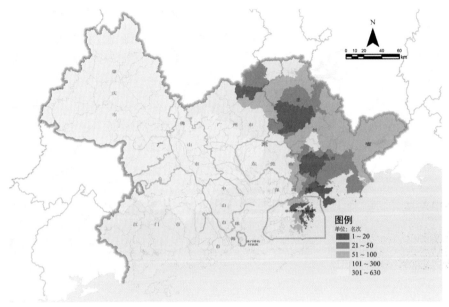

图 7-3　大湾区空气质量评估街镇排名等级分布图

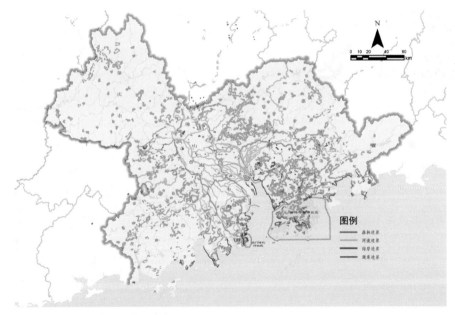

图 7-4　大湾区城市风景界面分布

3）一流自然环境融入高品质城市中心地区，催生区域风景都市网络

大湾区是全球生物多样性热点地区，在广州、深圳、香港等高密度城市中心，分布有红树林湿地、森林等优质生态资源，栖息着黑脸琵鹭、中华白海豚等珍稀动物。因此，一流的自然环境融入高品质的城市中心地区，是大湾区城市的突出特征，城市与风景的互动催生风景都市网络，体现大湾区在生态环境方面的核心竞争力。评价结果显示，环境风景得分较高街镇多位于城市中心地区，例如广州中心区的云山珠水景观、香港和深圳的山海连城等。这些开发强度较高的地区同时保留了自然生态用地，获得了城市与自然互动的机会，由此带来便捷的生态服务供给。

4）区域风景绿核成为引领创新发展的新磁场

环境风景维度与创新活力维度在特定地域产生聚集，即优良的环境风景有利于人才吸引和创新产出。香港、广州、深圳同时作为风景核心和创新聚集地，以丰富的风景资源和城市服务支撑知识创新活动。这些核心城市外围的风景绿核有大科学装置和创新平台落地，在光明、大朗、大鹏等地形成新的风景—创新协同地区（图7-5）。

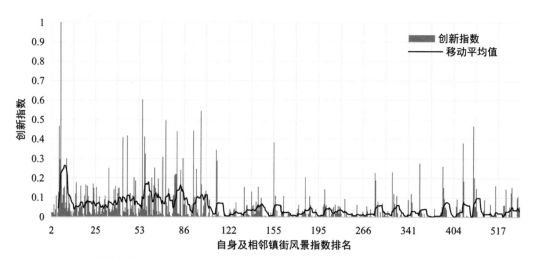

图7-5 环境风景指数与创新活力指数的关系

5）碳源与碳汇空间分异特征明显

根据中国碳核算数据库（CEADs）数据，2017年大湾区碳排放总量约3.69亿t，陆地植被固碳总量约1.75亿t，固碳量占排放量的47%。城镇是碳排放的主要空间，森林植被

是固碳的主力。单位面积碳排放强度高的地区集中于珠江口，特别是广州、深圳、香港等经济高度发达的核心城市，而碳汇空间主要分布于外围生态屏障地区（图7-6、图7-7）。

碳排放较高的区县主要集中在环珠江口区域，分布于香港、佛山、惠州、广州等城市。各地市中心城区碳排放量较低，由于产业转移等因素，紧邻中心城区的区县碳排量较高，而更外围区县碳排放量较低。例如，深圳福田区、罗湖区碳排放量较低；外围深圳龙岗区、宝安区碳排放量较高；更外围惠州龙门县、肇庆怀集县等碳排放量较低。

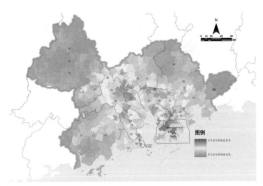 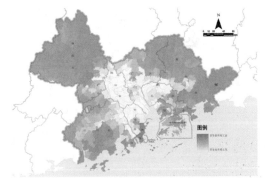

图7-6　大湾区各街镇单位面积碳排放量　　　　图7-7　大湾区各街镇单位面积陆地植被固碳量

7.1.2　主要问题：跨界治理与生态价值挖掘

1）高质量发展阶段大湾区亟须转变生态环境保护利用思路

大湾区建设用地持续向滨海地区扩展，导致区域生态格局破碎化，引发生态退化、污染、热岛等一系列问题。大湾区核心生态资源是海湾，东江、北江、西江等河流是联系海洋与陆地的纽带，但在快速城镇化过程中，城镇扩张占用大量生态用地，海陆过渡带、山体边缘过渡带、河流生态廊道等被人为破坏和阻隔，生态格局趋于破碎化，环境污染、光污染、城市热岛效应等问题开始凸显。

在过去快速城镇化过程中，长期生产导向的发展模式，以生态向建设让步、生态用地向开发建设用地转变的方式为主。在城市内部，高密度建设导致环境高度人工化，改变了自然生态过程，蓝绿空间受到强烈的人为干扰，生物多样性丧失；在城市周边，建设用地扩张使林地、耕地、湿地等生态用地持续减少。高质量发展新时代，人民生态需求日益增长，环境品质成为区域竞争的重要因素，大湾区必须转变发展理念。高质量的生态环境发展，既不是大开发，也不是纯保护，而是人与自然和谐共生的发展之路。

2）大湾区生态环境品质建设与一流湾区仍有差距

大湾区生态资源丰富，但生态空间与城市缺乏互动、生态游憩空间仍然不足。长期生产导向的发展模式，使得生态与城市群发展缺乏有机融合，生态空间品质和建设质量亟待提高，区域生态资源本底与生态基础设施建设不平衡。

大湾区作为高度城镇化地区，各城市污染物排放量普遍较大，核心城市污水管网收集率和处理率不高，城市内部水体水质较差，部分水体存在黑臭现象。经过数年治理，大部分城市水质有所改善，黑臭水体数量大幅下降，但水环境治理仍任重道远，距离长治久清差距较大，在跨流域联防联控、建立治水长效机制等方面仍有所欠缺。陆域水污染物最终汇入海洋，污染近岸海域，导致珠江口海域水质长期为劣四类。大规模的围填海和城市建设活动使岸线人工化，自然岸线比例大幅下降至35%左右。空气质量方面，大湾区总体优于长三角和京津冀城市群，但$PM_{2.5}$、NO_2等指标与旧金山、纽约、东京仍有不小差距，例如$PM_{2.5}$年均浓度是同期国际一线湾区的3倍左右。

3）大湾区优质环境风景资源价值未被充分挖掘

有风景的地方就有新经济，优质的环境风景资源已从城镇之间的发展屏障转变为组织科创生产活动和优化生活服务的重要空间线索，生态资源的新经济价值却未能充分体现。一方面，人民的生态需求日益增长，城市群的高质量发展需以提升生态品质促城市竞争力提升；另一方面，虽然大湾区有得天独厚的自然本底条件，但传统粗放式的土地利用方式忽略了生态空间和生态功能的有效管护，城市与生态分离，虽然空间分布上生态与城市连绵，但生态资源并未充分发挥应有的景观功能，生态斑块和生态廊道体系不够完善。城市休闲游憩空间仍然匮乏，部分滨水、滨海空间品质不佳，亲水性差，生态游憩价值未被充分挖掘。

大湾区对品质空间的关注日益增加，围绕优质空间布局旅游休闲、科创产业、研究机构、市民服务等正在成为新趋势，但在哪里布局、如何布局仍缺少切实的研究与实践。

4）"跨界型"生态环境问题正在成为掣肘大湾区可持续发展的主要障碍

大湾区因其特殊的地理位置，台风、暴雨、雷电、大风、高温、寒冷等灾害性天气多发。极端天气叠加基础设施不足，导致城市内涝、泥石流滑坡等风险加剧。大湾区地形特殊，全球气候的剧烈变化将带来海平面上升的巨大风险，风险较高地区主要分布在珠江口以西海岸带，包括广州南沙、深圳前海等珠江入海口附近及周围区域，进而威胁大湾区的社会经济民生安全。

从现实问题来看，大湾区城市群跨界型的生态问题突出，生态安全风险加剧。上下游开发保护的矛盾突出、海岸带保护与治理、跨行政区环境治理、生态资源与基础设施的不平衡等问题的出现，使得大湾区城市群剧烈的人地交互过程导致高度复杂的跨界性和复合型污染问题突出。具体来看，重点城市污水管网建设滞后，污染物直接排放未得到有效控制；治水工作过于急功近利，缺少系统和整体谋划；缺乏流域水污染联防联控机制，跨界河流污染严重。大湾区流域干流水质良好但部分跨界河流和流经城市的局部河段污染较为严重，水体黑臭现象明显，广佛潋表涌、牛肚湾涌，深莞茅洲河、石马河，深惠淡水河等跨界水体污染问题突出。

7.1.3 策略建议：以安全韧性为底线，走向协同创新资源转换

1）构建大湾区海陆统筹分类治理模式

大湾区生态环境治理必须具有系统性思维，海洋污染物主要来自陆地，因此不能就海洋环境而论海洋治理，要建立陆海统筹的生态系统保护修复和环境污染防治区域联动机制。水是粤港澳大湾区的核心资源，大湾区因海而生，以湾得名，面对生态环境质量下降的巨大压力，应从江河湖海等水域入手，由海向陆寻找生态环境问题产生的机理和治理的方式。大湾区海湾众多、河网纵横、山区环绕，海洋、河流、森林等不同类型的生态系统在现状问题和保护要求上存在差异，同时又在功能上相互联系。基于大湾区的生态区位特征，按照"以海定陆、以水定城"的理念，将大湾区各市辖区（县）划分为海岛区、珠江口湾区、沿海区、沿江区、沿河区5种类型，构建生态环境分类治理模式，让生态建设与环境治理更具针对性和可实施性。

2）预留安全空间，统筹城市发展与生态韧性保护

在核心湾区，南沙作为广州未来发展的核心区域，却面临海平面上升、风暴潮等风险。今后在城市发展建设中应当预留一定的弹性空间，在南部万顷沙和龙穴岛开展海岸带生态修复，完善湿地公园建设，在保护生态系统的同时形成自然缓冲区，减轻城市海平面上升和风暴潮可能带来的灾害。深圳前海目前已属于高密度建设区域，未来还将建设大空港新城、大铲湾等战略节点，一旦遭遇风暴潮，将面临较大经济损失。其现状海堤大部分为人工硬质化海堤，且防潮标准为 100～200 年一遇，未来需要提升堤防建设标准，并进行人工岸线的生态化改造及修复。此外，在适宜的堤段建设"超级堤"，运用"宽度换高度"原理，通过绿化、多级平台等形式加宽堤岸缓冲距离，缓冲风暴潮导致的海水越浪对堤岸的冲击力，从而优化降低堤顶高程，在防御灾害的同时，营造生态自然的城市空间。

3）挖掘大湾区生态资源的高品质创新空间价值

充分挖掘湾区优质生态资源的新经济组织价值。在大湾区城镇高度连绵发展、生态空间日益破碎化而道路交通网络日益均衡的要素格局基础上，优质的环境风景资源已从城镇之间的发展屏障转变为组织创新生产活动和优质生活服务的重要空间线索。山、林、江、海都是不可复制的优质生态本底和空间组织资源，湾区应充分利用环珠江口、环巍峨山以及沿海、环山等生态资源富集地区的生态景观优势，挖掘和提升其周边地区的新经济发展潜力。

4）强化区域生态环境共治共享，打造大湾区绿色生境网络

建立大湾区跨区域生态环境共治共保机构，协同解决区域重点生态环境问题；探索制定跨区域法律法规，统一生态环境保护修复标准，制定粤港澳三地在生态环境领域信息共享、应急联动、行动协调等方面的协作机制。面向未来，统筹考虑气候变化影响下大湾区的生态环境变化趋势，积极应对气候变化影响。

严格落实生态红线保护制度，加强生态空间分区分类管控，筑牢北部山地森林生态系统屏障和南部海岸带生态安全屏障，保护城市内部自然公园等生态空间不受侵占。开展基于陆海统筹的"流域＋海湾"系统生态保护与修复，加强湿地生态系统、近海岸受损生态系统等典型生态系统的修复。以碧道、绿道和河流水系等线性要素为载体，疏通生态廊道

网络，提高连通度。强化本地物种保护，以大湾区候鸟保护网络构建为契机，建立区域生物多样性保护网络，严格防范外来物种入侵。

加强区域合作，提升跨界地区生态韧性。加强深港、深莞和广佛合作，提升跨界地区生态韧性，带动创新和产业聚集。其中深港可以借助深圳红树林自然保护区和香港米埔红树林保育区，共建湿地公园，并促进资源管理、科学研究的交流与合作，通过生态保育、湿地修复等提升区域生态品质，创建港澳互通的多种类、多层次的科普教育平台以及游憩休闲区块。深莞围绕巍峨山，可以通过区域碧道、绿道建设串联重要的生态游憩空间，促进光明、松山湖两地在生态资源利用上的共建共享，实现生态韧性提升。广佛可以依托西北江干流、三龙湾、水口水道、佛山水道，通过控源截污、内源治理、活水循环等方式提升水生态环境质量，推动水清岸绿，带动创新和产业发展。

7.2 人文服务维度：重塑岭南文脉，完善公服配置

7.2.1 发展评估：港澳引领，配套完善、环境优越的地区最具人气活力

从人文服务维度综合排名来看，前50名街镇中包含香港18个，广州10个、澳门7个、深圳7个，佛山3个，东莞2个，惠州、珠海、中山各1个。由此可见，香港、澳门、广州、深圳作为湾区四大中心城市，在人文服务方面具有明显优势，尤其是香港、澳门由于地域面积较小和街镇数量较少，以其进入前50名的街镇数量来看优势尤为突出（图7-8）。排名靠前的街镇主要分布在中心城区，东岸也明显优于西岸，环湾地区明显优于外围地区（图7-9）。

1）基础公共服务：港澳优势突出，部分新城新区民生服务短板明显

从医疗教育设施来看，资源分布不均衡现象突出，广州与香港存在明显优势，深圳呈现明显洼地效应。湾区三甲医院医疗资源分布不均现象突出，广州和香港经过多年的发展，在医疗资源上具有显著优势。广州优质医疗资源多且社区级医疗资源密度高，广州的三甲级医院数量远超内地其他城市；香港优质医疗多，但设施密度远不及广州（图7-10、图7-11）。从教育设施来看，香港、澳门、广州、佛山优势明显，深圳呈现明显洼地效应。

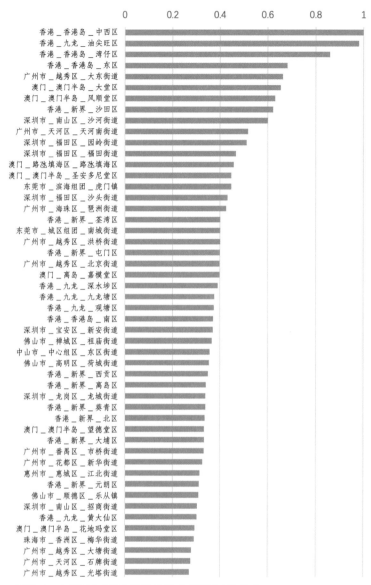

图 7-8　大湾区人文服务维度前 50 名街镇排名与得分

澳门和广州的义务教育设施密度整体都较高，广州西村与洪桥街道、澳门大堂区、香港九龙塘区等在优质教育资源、义务教育设施密度上都具有明显优势，相比而言，深圳拥有优质教育资源的街道数量、义务教育设施的人均和地均密度都不高（图 7-12、图 7-13）。

从文化体育设施来看，以广州中心城区为引领，优质文化设施分布较广。优质文化设

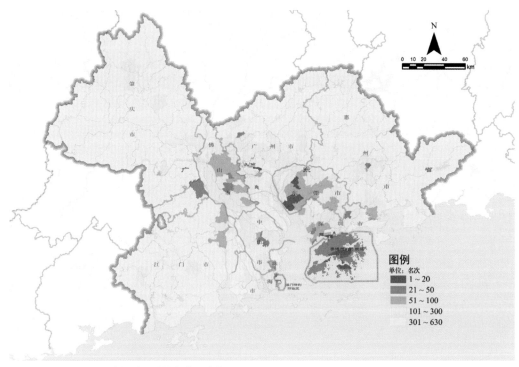

图7-9　大湾区人文服务维度街镇排名等级分布图

施主要集中在澳门、香港、广州的中心区，以及深圳、佛山的部分区域（图7-14、图7-15）。广州拥有较多的大型文化设施和社区级文化设施，社区级文化设施呈组团化分布；社区级文化设施人均数量珠海最高（人口少），地均数量深圳最高（人口密度高）。分项来看，图书馆深圳和东莞最多；科学馆和美术馆广州最多；广州的博物馆量多且等级高[①]。此外，大型体育赛事的举办，能推动地区的经济发展，提升城区的形象风貌，广州、深圳、东莞多地都在积极组织大型体育赛事，建设大型体育场馆。而在社区级体育设施方面，广州各街道都具有较明显的优势，其次是深圳（图7-16、图7-17）。未来，随着各地中小学、高校逐步开放运动场馆，居民可使用的活动场所将不断增加。

---

① 在广东省文化和旅游厅发布的《广东省2020年度博物馆事业发展报告》中，湾区9市共收录200个博物馆，其中一级8个（广州5个）、二级22个（广州11个）、三级31个（广州7个）。

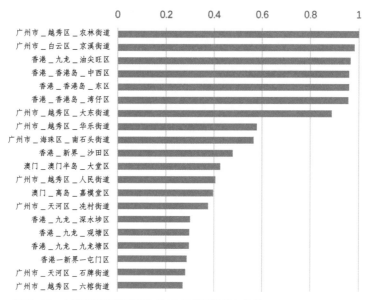

图 7-10　大湾区医疗设施评估前 20 名街镇排名与得分

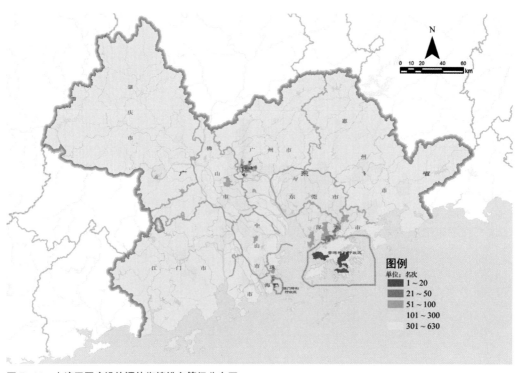

图 7-11　大湾区医疗设施评估街镇排名等级分布图

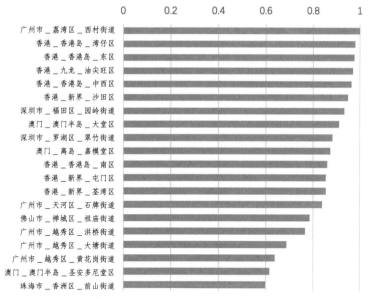

图 7-12　大湾区教育设施评估前 20 名街镇排名与得分

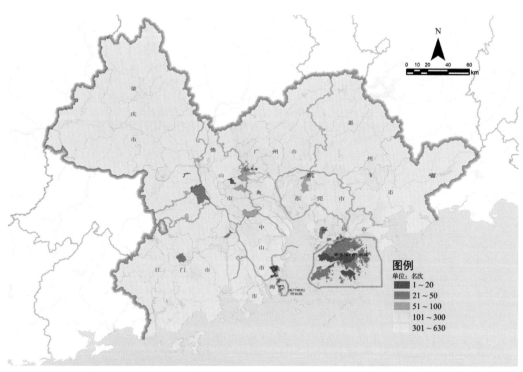

图 7-13　大湾区教育设施评估街镇排名等级分布图

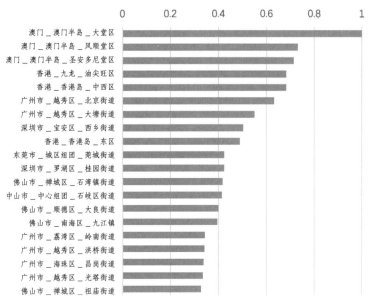

图 7-14　大湾区文化设施评估前 20 名街镇排名与得分

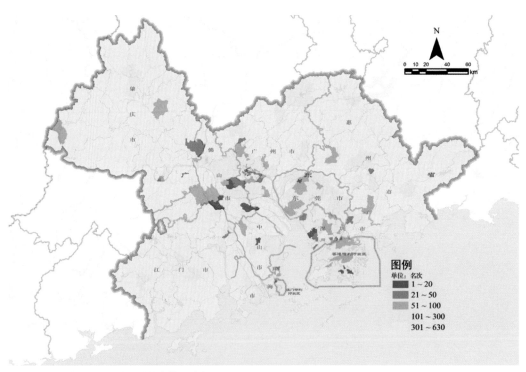

图 7-15　大湾区文化设施街镇排名等级分布图

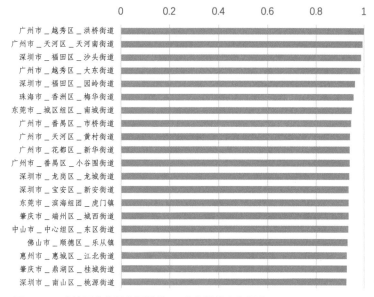

图 7-16 大湾区体育设施评估前 20 名街镇排名与得分

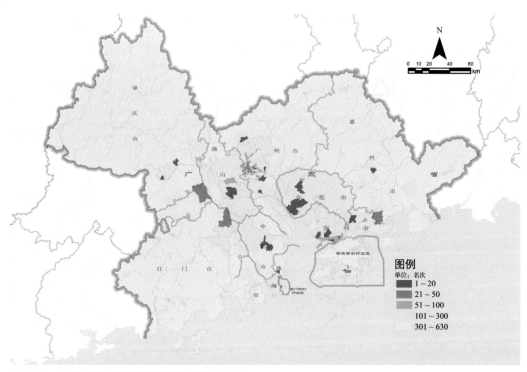

图 7-17 大湾区体育设施评估街镇排名等级分布图

2）新兴活动与消费休闲：优质人文服务与年轻人集聚区存在错配现象

新兴活动不断涌现，从空间分布上来看，与年轻人集聚特征相吻合。以桌游、剧本杀、密室逃脱等为代表的新兴文化活动，主要集中在深圳、广州的中心城区和深圳西北部。其中，深圳沙河、沙头、粤海等街道与广州大东、琶洲、天河南等街道新兴文化活动最为丰富（图7-18、图7-19）。

从消费体验吸引度来看，香港、东莞、佛山三地强势引领（图7-20、图7-21）。综合饮品店、餐馆、商圈、星级旅店的特色消费体验资源，主要集中在广州、香港、东莞、深圳、佛山、澳门的中心城区。香港各区的咖啡馆数量占绝对优势，同时餐馆总数也较多，各类餐馆数量都较为均衡，能满足国际人士、本地家庭、外来务工、创业青年等不同人群的消费需求。东莞和佛山的街镇，中餐馆和快餐厅数量多，反映出以本地家庭和外来打工者为主的人群特色。

优质人文服务与年轻人集聚区存在错配现象。分析大湾区各街镇18～34岁年轻人口占街镇总人口的比例情况，绘制大湾区年轻人画像。发现年轻人最活跃地区主要为城市外围与边界地区（如深莞、莞惠、深惠、广佛北部等），其次是景观环境优越、配套设施较为完善的地区（如核心城市新兴城区等），与优质生活配套资源和特色文化活动集聚特征相背离。

3）国际交往与文化发展：与港澳的龙头地位相比，珠三角的国际化程度仍存在差距

从国际交往来看，港澳地区在大湾区文化服务的国际影响力上仍占据龙头地位，深圳福田临港地区和南山高新园周边、广州天河及琶洲地区属于第二梯队，东莞滨海地区、珠海中心城区与西南部、中山中心城区、佛山北滘与龙江镇等位列第三梯队（图7-22、图7-23）。整体来看，珠三角地区与港澳相比，在教育、艺术、演出赛事等方面与国际接轨的程度和国际化服务的完备程度上仍然相差甚远。

从文化发展来看，大湾区文化基底深厚，但文化魅力融合和发挥不足。大湾区内，有源远流长的广府文化、客家文化和潮汕文化，在中外文化交流过程中形成创新性、国际性等特点，而内核是岭南文化的同根同源，这是构建"文化湾区"重要的文化基础。同样，大湾区是多元文化共生之地，城市文化非常丰富，在世界上都比较少见，大湾区中的四个重要城市各有特色：广州充分体现了传统与现代相结合，深圳是创新与快速发展的典范，

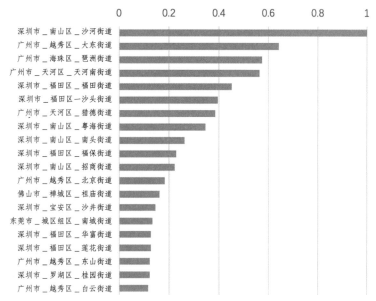

图 7-18　大湾区新兴活动评估前 20 名街镇排名与得分

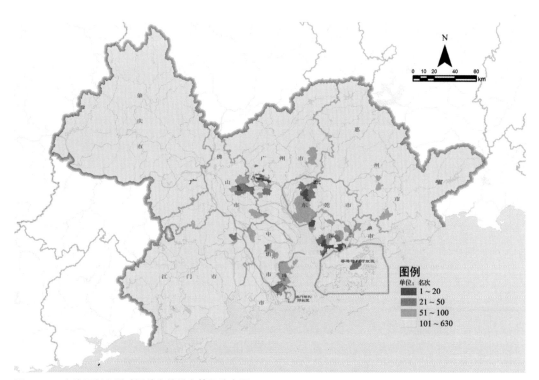

图 7-19　大湾区新兴活动评估街镇排名等级分布图

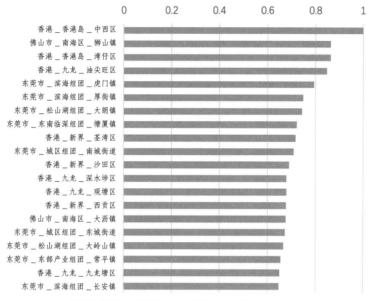

图 7-20　大湾区消费体验评估前 20 名街镇排名与得分

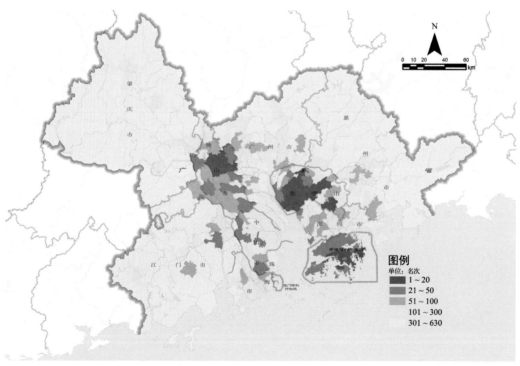

图 7-21　大湾区消费体验评估街镇排名等级分布图

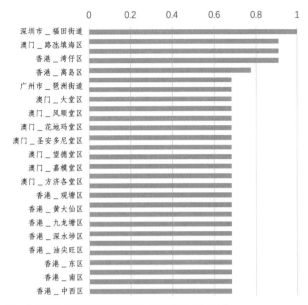

图 7-22　大湾区国际交往评估前 20 名街镇排名与得分

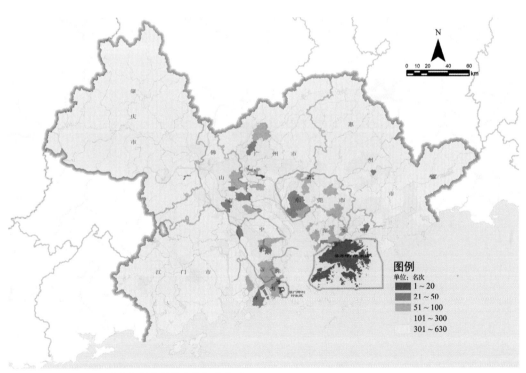

图 7-23　大湾区国际交往评估街镇排名等级分布图

香港是中西文化多元地，受到英国政治制度、价值观念、生活方式、市场观念的传播，不仅拥有广东固有的广府文化，同时也有中西文化交流空间，澳门则是中西文化融合地，对西方文化认同表现出传统及现代的融合 ①。但目前大湾区的良好的文化基底魅力并未完全发挥出来。

7.2.2 关键问题：优质服务资源配置不均衡，人文服务水平有待提升

1）人文服务水平和世界一流湾区相比仍存在明显差距

从全球范围内的湾区经济来看，文化是湾区经济中"软实力"的重要体现。纵观国际一流湾区如纽约湾区、旧金山湾区、东京湾区等，都以开放性、创新性、宜居性和国际化为其重要特征，同时也是世界重要的科教文化中心。

大湾区文化基底良好，三地联办的非遗活动和学术会议也逐渐增多，但在新一轮城市竞争中，与世界级城市群相比，在知名大学数量、国际组织总部数量、世界媒体 500 强数量、举办国际会议次数、国际友好城市数量及举办国际性体育赛事次数等方面仍有明显差距（表7-1、表 7-2）。

粤港澳大湾区与世界级城市群文化指标对比 表 7-1

序号	文化相关指标	粤港澳大湾区	美国波士华城市群	英国中南部城市群	日本太平洋沿岸城市群
1	知名大学（所）	5	18	10	6
2	国际组织总部（含领事馆）数量（处）	50	113	181	—
3	世界媒体 500 强数量（家）	18	43	32	35
4	举办国际会议次数（次）	141	176	20	149
5	国际友好城市数量（座）	271	158	165	97
6	举办国际性体育赛事次数（次）	13	13	8	12

---

① 中国社科院文学研究所研究员高建平在首届"内地与港澳文化产业合作论坛暨粤港澳大湾区文化合作论坛"上的发言。

城市	文化演出	会议展览	市民活动
纽约	百老汇、大都会歌剧院	自然博物馆、大都会博物馆、现代艺术展览馆	中央公园、纽约公共图书馆
伦敦	伦敦大剧院、南岸艺术中心	大英博物馆、泰特现代美术馆、国家海事博物馆	伦敦眼、英国科技馆
东京	东京新国立剧场、三得利音乐厅	高达博物馆、东京国际展览中心	台场滨海公园、日本科学未来馆
香港	文化中心、红磡体育馆、艺术中心	会展中心、历史博物馆	科学馆、尖沙咀海滨长廊、西九龙文化区

2）港澳国际化优势不可替代，湾区融合交流不足

香港、澳门人才吸引度高，整个湾区在特色文化体验、医疗服务、教育质量三方面俱佳的街镇共 13 个，均分布在港澳地区。相比内地城市，港澳地区拥有多所国际学校以及多家具有国际先进技术的一流医院，在教育上也与国际接轨；港澳地区居民也有更多的机会接触国际会展、国际赛事等国际文化资源。珠三角地区国际化元素丰富度、国际文化影响力和会展国际关注度均不及香港，特别是在教育的国际接轨程度上相差较远。珠三角和港澳地区还存在医疗教育体系标准不同、养老医保等融合对接问题。

随着服务经济、知识经济的发展，粤港澳间人员跨界流动日趋频密，近两年大湾区正在加快建设为港澳青年到内地发展的多个平台。但由于各种原因和条件制约，港澳青年到内地实习的人数虽然很多，但真正在内地就业的人数有限。

3）高品质资源主要沉淀在核心城市中心城区，城市边界地区存在短板

核心城市的中心城区最能吸引青年人创业与定居，包括香港、澳门、广州越秀区、广州中轴线、深圳南部临港、东莞中西部地区、佛山中南部地区、深圳西南部、中山东区街道、佛山荷城街道、佛山乐从街道、惠州江北街道、珠海梅华街道等，由于优质服务资源集聚，成为吸引青年人才创业与定居的首选地。老牌名校、高端医疗等优质生活保障主要集中在香港、广州、深圳、澳门、东莞、佛山的老城区。由于长期的行政、经济、人口等资源集聚，老城区营造出"幼有善育、学有优教、病有良医"的公共服务环境。其中广州中心城区、香港、澳门的医疗和教育水平都较高；深圳园岭与翠竹、佛山祖庙、珠海前山教育水平跻身前 20 名；广州、深圳、东莞、肇庆体育资源较多；澳门、香港、广州、深圳、

佛山的文化资源较多。

高速城镇化之下，部分地区（如深圳原关外、东莞外围部分街镇）人文服务短板得到大量补齐，但在品质方面，相比广州、港澳等地区，仍有较大的差距。尤其是城市边界地区存在明显的生活服务配套短板。随着城镇化、互联网的快速发展，年轻人大量集聚在环境较优质的城市边界地区，如广佛北部地区、莞深西部地区、东莞临深地区（凤岗—清溪）、珠中临界地区等。但是，这些地区远离新、老中心城区，公共服务配套并没有跟上人口的快速流入，形成了明显的生活服务配套的"洼地"。

7.2.3　策略建议：激活智力资源、推进标准融通、打造文化品牌

1）激活湾区智力资源，完善保障年轻人配套服务需求

（1）重点完善年轻人活力地区民生服务供给

加强年轻人活力地区的公共服务配套设施建设，提升设施密度与质量。例如深圳西北（沙井—航城）、东莞临深（凤岗—清溪）、广州白云—黄埔（人和—太和—联和）、广佛北（佛山乐平—花都狮岭）等地区，年轻人口大量集聚，但人文服务水平较为薄弱，尤其是医疗和教育设施不足，未来应重点加强优质生活服务设施配套。珠中临界（珠海唐家湾—中山五桂山）、花都赤坭街道、惠州仲恺高新区—镇隆—三栋等地区，年轻人口大量集聚，但优质生活服务配套设施与特色文化体验资源较为匮乏，需要全面提升；深圳坪山街道餐饮配套、国际交往资源相对较少，需要重点加强符合年轻人需求的餐饮配套资源。

（2）以深莞接合地区为重点，全面提升公服设施配套，逐步实现城乡一体

根据街镇尺度的大湾区职住网络分析发现，跨街镇的职住流动较为频繁，但大多在市级行政边界内流动。而深莞之间，尤其是东莞凤岗镇和深圳龙岗平湖街道之间，有较大量的职住联系。结合年轻人的集聚趋势，今后应以深莞接合地区为重点，推动深圳海洋新城、东莞滨海湾新区、广州南沙自贸区、中山翠亨新区、珠海唐家湾高新区等环湾重点平台，以及东莞松山湖科学城、深圳光明科学城、广州中心城区以北地区、深惠交接地区、莞惠交接地区等中间圈层的重点发展，加快城区建设，补齐公共服务设施短板，逐步提升公共服务品质，并向外扩散带动大湾区外围地区，最终实现城乡公共服务设施一体化发展。

2）推进港澳服务标准融通，完善医疗保障服务体系

（1）推动医疗服务对接，建成大湾区"90分钟健康圈"

借助地理邻近优势，加强湾区内部城市医疗合作，构建优势互补的医疗合作体系，提升湾区医疗服务水平。香港有对标世界的先进医疗技术，能为大湾区居民提供优质的医疗服务；而大湾区医疗机构积累的经验技术和病例分析，也为香港科研带来更好助力。在此基础上，未来应加强不同城市，尤其是香港、广州、深圳等城市之间的合作。为此，应进一步推动医疗规则衔接；建立医疗健康共同体，推动医疗产学研协同创新，发挥医疗科技平台的协同创新作用，促进优质医疗资源协同供给；深港医疗协同发展方面做好先行示范。充分利用互联网优势，整合湾区医疗资源，帮助欠发达地区改善医疗环境，缓解医疗分布不均的问题。对于医疗资源缺乏的偏远地区，可通过提供病患信息，以远程就诊方式解决问题。并通过整合线上线下医疗资源，建成大湾区"90分钟健康圈"，构建方便快捷的医疗体系。

（2）发挥社区医疗服务作用，完善分级诊疗体系

社区医疗组织在疫情期间发挥了重要作用，其中社区卫生服务中心犹如一张网为社区居民常见病、慢性病承担"守门"的角色。当前大湾区医疗体系还存在患者集中到大医院就医、医疗服务集聚、基层医疗机构人员流失等问题，制约了分级诊疗体系的形成。未来应充分发挥基层医疗组织尤其是社区医疗组织的作用，扶持社区诊所和民营诊所。具体可以参考国营企业改革的模式对公立与民营基层医疗机构予以优化，结合实际情况鼓励基层培训与专家下沉，提升基层诊所服务质量和就诊效率，同时转变医保支付方式支持基层医疗机构转型。

3）打造地域文化品牌，建设世界级人文活力湾区

（1）用好文化要素，顺应潮流趋势，塑造具有世界影响力的文化品牌

当前，广州天河区、番禺区已入选国家文化出口基地，文化贸易数据亮眼，但缺少具有国际影响力的产业品牌。建议今后番禺区依托灯光音响、游艺装备、珠宝首饰等产业基础，加强与港澳地区、国际同行的文化展贸和交流活动，进一步打开市场渠道，推动产业链条升级发展，持续提升产品的国际知名度和影响力。另外，建议东莞市依托创新科技发展基础和传统文化底蕴，加强文化创意产业发展，抢抓中国文化出海的浪潮，培育具有国际影响力的文化品牌和文化企业，联合中心城区、松山湖地区，成为大湾区重要的强心之一。

（2）通过创意赋能、非遗转化培育地域文化品牌，建设世界级人文活力湾区

围绕美食、商贸、武术、疍家等特色资源，发挥香港时尚之都、澳门中西文化交流窗口、深圳设计之都、广州动漫文创与先锋媒体等力量，整合文化产业相关链条，推进文化创新创意和数字媒体等产业发展，培育具有大湾区代表性的特色文化品牌。落实《湾区纲要》相关要求，促进大湾区生态、文旅、创意融合发展；推动区域重大文化设施建设，粤港澳三地联合策划具有世界影响力的文化活动和体育赛事；以港深、广佛、莞深、澳珠中四片为示范，建设世界级文化湾区。

7.3 交通互联维度：促进多中心枢纽均衡，加速多维网络支撑

7.3.1 发展评估：国际化、城际化、综合化的多层级枢纽门户特征显著

交通互联维度前50名街镇全部位于广州和深圳，其中广州市28个街镇，深圳市22个街镇，显示大湾区在交通互联方面广州和深圳拥有明显的以广州为中心的"双核"结构特征（图7-24）。广州的28个街镇主要分布在番禺、海珠和荔湾，深圳的22个街镇主要分布在福田、龙华、南沙、罗湖和龙岗，相对而言，广州的交通枢纽的分布更为集中（图7-25）。

1）国际性：香港、广州、深圳以组合式枢纽优势拥有高度的国际化服务能力

国际性主要通过国际航空服务水平与国际港口服务水平叠加来计算（图7-26、图7-27），其中从国际航空服务水平来看，围绕广深港三大主体，呈圈层式由内向外逐步下降。该指标旨在衡量国际机场在街镇尺度的服务水平，计算大湾区每个街镇到国际机场的出行时间。目前，国际机场主要分布在广州、深圳、香港，因此在空间格局上，国际机场的服务水平形成了"广深港三大主体"的布局，并以三大主体为圈层，服务水平从圈内到圈外逐渐下降。在此项指标的评分中，深圳的南山区、福田区、宝安区位居榜首，沙河、福田、香蜜湖、华强北、莲花、福海等街道的服务水平较高；其次，广州的番禺区、越秀区、白云区也呈现出较高的服务水平，其中沙头、流花、京溪等街道名列前茅；香港的新界和九龙服务水平也进入大湾区前20名。

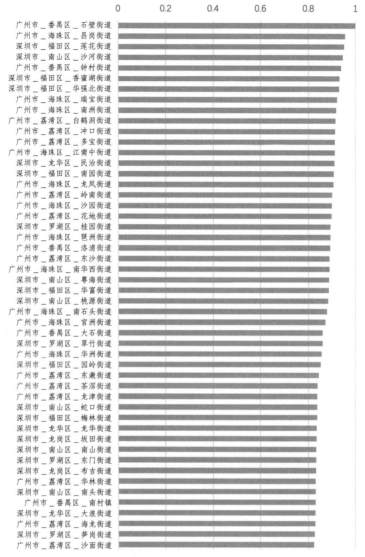

图 7-24　大湾区交通互联维度前 50 名街镇排名与得分

　　从国际港口服务水平来看，以香港、深圳、广州、东莞、中山等环湾城市组成高服务水平圈层。该指标旨在衡量国际港口在街镇尺度的服务水平，计算大湾区每个街镇到各港口的出行时间。目前，大湾区的重要港口主要分布在环湾地区，在空间格局上形成以香港、深圳、广州、东莞、中山等环湾城市组成的高服务水平圈层。圈层从内向外服务水平逐渐下降。在此项指标的评分中，深圳的南山区、福田区、宝安区、光明新区、龙华区进入前

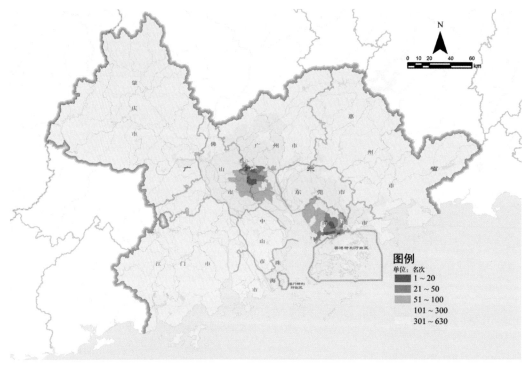

图 7-25　大湾区交通互联维度街镇排名等级分布图

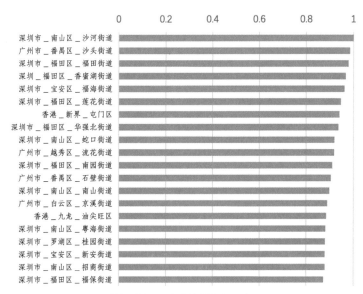

图 7-26　大湾区国际性评估前 20 名街镇排名与得分

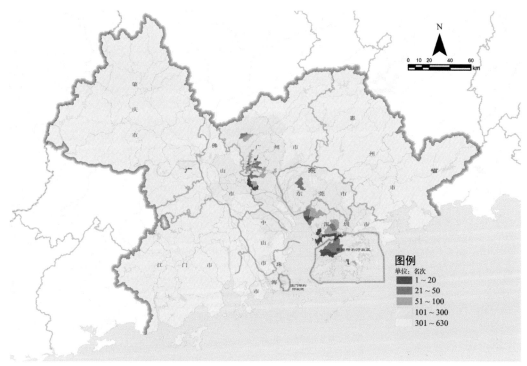

图 7-27　大湾区国际性评估街镇排名等级分布图

20 名，评分较高的街道包括南山、沙井、福田、福海、公明、蛇口等街道；东莞的滨海组团的评分仅次于深圳，其中虎门镇在大湾区的服务水平中位列第二，沙田镇第九；广州的番禺区、南沙区也进入大湾区前 20 名，其中沙头街道、珠江街道服务水平较高。

2）腹地性：广州以及深圳核心区为腹地型枢纽，显示出具有腹地范围服务功能的枢纽门户

腹地性主要通过高铁服务水平来分析，分别形成以广州、深圳为大小主体的分布形式。该指标旨在衡量大湾区高铁在街镇尺度的服务水平，计算每个街镇到各高铁站的出行时间。目前，大湾区的高铁建设以广州为中心，深圳正在快速发展，在空间格局上形成了广州大主体和深圳小主体的分布形式。在此项指标的评分中，前 20 名均为广州和深圳街镇。广州的番禺区广州南站得分最高，其中昌岗、南洲、华洲等街道的服务水平位居前 3；深圳的福田区依托福田站，莲花街道、华富街道也进入前 20 名（图 7-28、图 7-29）。

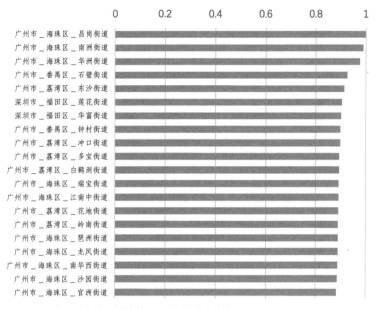

图7-28　大湾区腹地性评估前20名街镇排名与得分

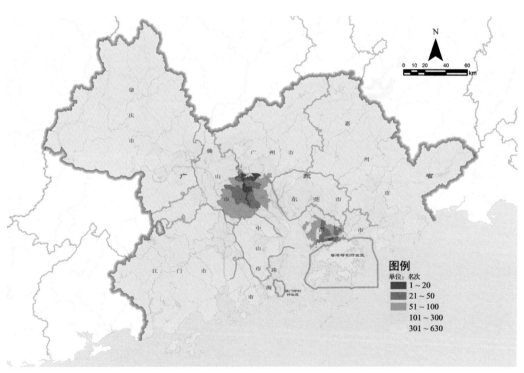

图7-29　大湾区腹地性评估街镇排名等级分布图

3）城际性：识别湾区具有城际范围服务功能的枢纽门户

城际性主要通过城际铁路服务水平和跨市通勤来反映（图7-30、图7-31）。从城际铁路服务水平来看，依托广深港高铁、广深铁路两大主体，广州、佛山、深圳服务水平最优。

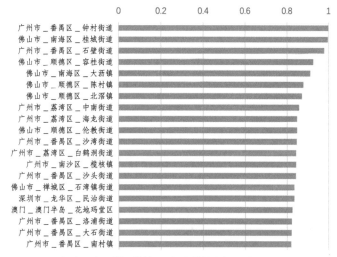

图 7-30 大湾区城际性评估前 20 名街镇排名与得分

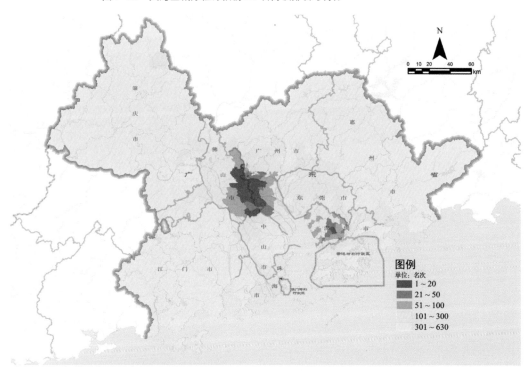

图 7-31 大湾区城际性评估街镇排名等级分布图

该指标旨在衡量大湾区城际铁路在街镇尺度的服务水平，计算每个街镇到各城际铁路站的出行时间。目前，大湾区的城际铁路建设以广深为中心，广州以广深铁路、广佛城际为主体，深圳以广深铁路为主体，广深港高铁承担部分城际功能。在此项指标的评分中，广州、佛山、深圳的服务水平名列前茅。其中广州的番禺区、荔湾区、南沙区的整体服务水平较高，钟村街道、石壁街道的评分位居前2名；深圳龙华区依托深圳北站，民治街道进入前20名，深圳南山区依托深圳西站，桃源街道进入前20名；佛山则依托佛山西站和顺德站，南海区和顺德区得以进入前20名，其中桂城街道、陈村镇、北滘镇的服务水平评分较高。

从跨市通勤来看，广佛、深莞、深惠、中珠等跨界地区通勤活动较为频繁。该指标旨在从出行需求街镇衡量大湾区各街镇的跨市通勤水平，计算每个街镇的跨市通勤量，可反映大湾区城市之间的联系与协作程度。目前，跨市通勤主要分布在各个城市的边界地区，其中城市之间的跨界通勤活动较为频繁。在此项指标的评分中，佛山、东莞、惠州、珠海等城市的跨市出行评分较高，其中佛山的大沥镇、容桂街道，东莞的凤岗镇、长安镇、塘厦镇，惠州的淡水街道、石湾镇等街镇的跨市通勤活动较为频繁。

4）大湾区呈现国际化、城际化、综合化的多层级枢纽门户特征

大湾区拥有世界级的机场、港口群，香港、澳门和前海、南沙和横琴等自贸区以及不同等级的高铁枢纽等，多元的交通资源要素造就了大湾区呈现出国际化、枢纽化、城际化和综合化为主导的多类型枢纽门户地区，并通过公路和铁路网的链接，形成"沟通国际、联系内陆、区域对流"的超级交通运输网络，总体呈现"广深中心综合、临空临港国际化、毗邻地区城际化、外围区域化"的门户组织分工格局。外围肇庆鼎湖区依托高铁站，南沙依托自贸区，交通服务综合化显著；除传统环穗和环深地区，顺德、南沙地区也呈现出明显的城际化趋势；得益于近年高速铁路的快速建设，惠州南站、惠州站、江门站、肇庆站等枢纽地区联通服务内陆腹地的区域性门户职能日益凸显。

7.3.2 主要问题：区域竞合逻辑转变，亟待从外延转向内生

1）枢纽体系建设加快、枢纽规模持续增强，但国际化职能相对薄弱、与空间功能耦合有待加强

2018 年，大湾区机场群客货运吞吐量超过 2 亿人次、800 万 t，约占全国机场客货运吞吐量的 1/5 和 1/2，货运吞吐量排名全国第一，客运排名第二，独占入选"2018 年全球最繁忙机场排行 TOP50" 中国区 9 家中的 3 家（香港第八、广州第十三、深圳第三十二），深圳港、广州港、香港港集装箱吞吐量长期排在全球港口前 10。但与拥有广泛连通世界各地港口的海上航行相比，大湾区机场群在国际航线，特别是洲际航线方面明显不足，如不包括香港机场，则大湾区洲际航线不及东京湾机场的 1/3、纽约湾机场的 1/10。从大湾区内部三大机场国际航线分布来看，香港机场承担主要的洲际服务功能，广州机场承担区域服务功能，深圳机场国际航线服务薄弱。根据国际经验，国际枢纽机场国际旅客比例通常在 40% 以上，中转比例 30% 以上，广州、深圳机场国际旅客和国际中转比例较少，特别是深圳机场国际旅客比例仅为 9.28%。

区域一体化发展、城市创新空间的外溢、环湾高端功能的崛起造就多中心网络化的区域空间格局持续强化，城际出行需求由传统的沿广深港、广珠澳走廊为主，逐渐向网络化转变。一方面现状城际轨道交通、跨江轨道交通建设严重滞后，对网络化、多中心的空间格局支撑不足，城际交通过度依赖高速公路，珠三角地区铁路分担城际客流仅 10% 左右，日本东京都市圈 10 年前已达 47%，穗莞深通道公路客运占比 70%，广珠澳通道公路客运占比高达 82.5%；现状珠中江与深莞惠之间跨珠江口交换量为 20 ~ 50 万人次 / 天，但跨江城际轨道服务基本是通过广珠城际、绕行武广深客专，时效性差，服务班次少（一天仅 2 个班次，耗时 2 个小时），导致现状跨江客流机动车占比超过 90%。另一方面，大型枢纽布局与城市核心聚集区、城市重点发展地区距离过大，导致支撑不足，原有枢纽布局已难以适应城市功能向外围拓展的趋势，需进一步优化枢纽体系与城市功能的关系或结合枢纽布局优化、调整城市开发建设（表 7-3）。

地级市	站点名称	与市中心的距离（km）
广州	广州南站	15.8
深圳	深圳北站	8
珠海	珠海站	7
汕头	潮汕站	22.9
佛山	佛山西站	11.1
惠州	惠州南站	38.1
东莞	虎门站	19.7
中山	中山站	5.2
肇庆	肇庆东站	27.6
清远	清远站	7.9
云浮	云浮东站	14.3

2）跨境口岸、跨界设施规划建设运营协同不足，交通一体化服务急需突破

一方面，边界合作区导致的边界跨市通勤交通持续增强，但跨市交通设施衔接严重滞后，特别是跨市轨道交通、公共交通线路的衔接规划、建设和运营严重滞后。以深莞惠为例，目前深莞惠都市圈三市之间双向客流量约55万人次/日，年均增长率约5%，大部分集中在两市边界地区，但由于建设时序、申报建设等原因，深莞规划建设10条跨市衔接轨道、深惠规划建设4条跨市衔接轨道，均难以同步建设，至今暂无跨市城市轨道交通服务。

另一方面，由于涉及跨市公交线路审批等事宜，跨市公交线路的开通、站点设置等均与实际需求存在较大偏差，导致现状跨市通勤以公路交通为主，以华为松山湖基地通勤交通为例，由于尚无跨市轨道交通服务，开通跨市公交线路审批严格且难以满足华为员工上下客地点的需求，华为为了解决员工深圳—松山湖的通勤交通，每天高峰时段深圳坂田/龙岗—东莞松山湖约开行330辆大巴，行程时间1.5小时左右，同时高峰时段约3000人采用小汽车作为通勤交通工具。

3）促进科创要素流通的交通交往体系备受关注，交通对功能空间的支撑性仍存在不足

《湾区纲要》赋予了粤港澳大湾区加快布局一批世界级重大科技基础设施和重点实验室集群，打造大湾区原始创新高地和国际一流科学城集群的发展模式，使未来大湾区科学

城集群对交通设施和出行需求备受各级政府和各界的关注。从世界上主要的科学城或科技城经验来看，首先，特别注重与机场、火车站等重要节点的高效快速衔接，快捷、高效地融入城市对外交通网络，以方便地获取区域要素资源和国际交往能力（表7-4）。其次，构建多元的交通方式与市中心和其他科创区域连接，形成既与城市融合，又加强科技园、科学城之间创新交往的交通服务系统。最后，园区内部营造绿色、低碳的慢行环境是此类科学城、科技园的共性。

国内外知名科学城、科技园交通服务模式　　　　　　　　　　　　　　表7-4

名称	交通服务模式
美国硅谷	近旧金山航空港，距机场约50km，101高速公路、环湾城际直接联系空港
美国纽约硅巷	邻近拉瓜迪亚机场，距肯尼迪机场约22km
德国柏林Adlershof科技园	周边有两个国际/国内机场（分别为直线距离约30km，车程52min和直线距离约6km，车程10min）。私家车经高速公路15min到达市中心，4条近郊火车线路经过园区（约30min车程）可到达柏林市中心波兹坦广场
法国索菲亚科技园	与机场、高速公路快速衔接：距离法国最繁忙的NICE海滨机场20km，方便的高速公路使索菲亚·安蒂波里斯处于通往欧洲大陆的大门，连接西班牙和意大利
中国台湾新竹科技园	打造新竹生活圈的中心都市、科学技术城之自足性地域中心，形成以高铁、捷运系统、联外道路系统为主的区域交通体系
中国北京中关村	园区引入城际铁路站点，直接联系新机场。拥有连接各重要经济区域和交通枢纽的畅通道路及多种交通方式
中国上海张江科学城	地铁2号线从虹桥机场途经张江到浦东国际机场。距外高桥港区25km、距上海集装箱码头30km、距上海火车站17km。空港、地铁、城市快速干道形成一张立体交通网。规划与重点科研院所、城市中心形成45min快速便捷轨道交通联系
中国成都高新区	便捷的航空、铁路、公路物流体系：距成都双流国际机场16km，距成都火车南站大型货运编组站5km

大湾区未来将形成以"广深港澳科技创新走廊"为骨架，周边创新节点为补充的网络化创新空间，包括深圳落马洲深港河套地区和光明科学城、东莞滨海湾新区和中子科学城、广州南沙科学城和大学城等多元格局的科技创新集群。传统高铁、城际轨道等设施布局，在空间上与科技创新走廊还不匹配，未来在湾区交通格局整体发展基础上，如何完善科技创新平台与空港、重大枢纽节点，珠江东西两岸科创平台的联系，构建利于大湾区科技创新集群整合，形成协同分工的科技科研体系，促进科创要素的流通是未来交通基础设施规划建设急需重点解决的问题。

7.3.3 策略建议：高流动、强节点、破阻隔

1）"高流动"：提高区域交通可达性，完型多中心网络化结构

（1）加快东西岸连接及城际轨道建设，打造高效便捷的大湾区铁路网络

"轨道上的大湾区"应朝着集约、高效、绿色的目标建设大湾区铁路网络。城市中心往往聚集着大量人口规模与科技中心等重大平台，若铁路能串联大湾区城市的中心地区将更有利于推动区域一体化发展。目前大湾区城市之间轨道尚未打破行政边界壁垒，实现一体化衔接。广州的对外出行中，高铁和城际出行占比仅13%，未能有效串联大湾区"9+2"城市的中心地区。东莞和深圳之间的地铁也尚未接通，但跨市出行趋势已非常明显。未来广州、深圳、中山、东莞、香港、澳门、珠海等城市之间的铁路需要实现更紧密衔接，形成真正的大湾区一体化地铁网，支持其作为巨型都市网络内部高强度要素流通的发展需要。此外，大湾区东西两岸的交通连接落后于产业建设时序。目前深圳部分头部企业的配套产业已有外溢至珠海、中山的趋势，但深圳到中山及珠海的跨江通道，如深南高铁、深中和深珠城际均为远景项目，建设时序存在较大不确定性。大湾区的东西向规划应尽快落实跨江通道，建设深中与环湾、南沙、顺德等核心地区的轨道服务，强化西向跨江的通道能力。

（2）关注重点产业空间的区域交通设施支撑

产业走向区域化布局要求区域交通设施的强有力支撑。近年来，以华为、比亚迪、大族等企业为代表的电子信息企业纷纷从城市走向区域布局，面向深莞惠都市圈形成市场、研发、制造的链条式布局关系，也带动了都市圈内部跨城市的产业联动与分工协作。但与此同时，企业的区域化布局带来的是对区域交通设施的要求，这也是在实地调研中遇到最多的问题之一。道路拥堵、轨道建设滞后、公共交通设施缺乏等问题成为企业向外转移的首要影响因素。因此，在区域交通设施资源投放时，需重点关注产业空间周边的交通设施支撑，抢先谋划布局，为产业走向区域化提供良好的硬件支撑。通过环湾交通设施建设，高效联动研发中心、科创中心、制造中心之间的要素流动。

2）"强节点"：重视枢纽联动，加强高铁和城际铁路建设

（1）强化大湾区机场与港口合作，建设国际化与本土化组合式门户枢纽

交通枢纽国际化是大湾区高质量发展的重要支撑，需要统筹湾区机场、港口的职能分

工，错位发展。一方面，广深港的机场可考虑继续做强做大，突显其国际化交通门户地位。如深圳机场可考虑释放部分中短程航线资源，增加更多国际航线，强化国际交往职能；同时，深圳机场也可以考虑作为环湾商务机场，承担更多高价值直飞商务航班，将高值人群留在城市中心，配合产业提供高端服务。外围机场，如佛山、惠州等地则主要提供国内航班及中转航班的服务。另一方面，港口需顺应市场需求变化，打造国际化与本土化并存的组合式枢纽。在运输航线方面，港口的功能将随着未来世界贸易局势的变化而变化：一方面，中国作为制造大国，联系亚太、欧美等航线输出本土商品；另一方面，中国也逐渐扮演起消费国家的角色，对接亚太市场。湾区的港口需要基于不同的国际市场，在航线上进行协同分工。同时，大前海的机场码头、宝安港区、大铲湾港区，都需适应本土产业转型升级发展要求，合理确定港口用地布局及建设时序，做好港口后方港城协调工作。机场码头主要满足机场客货接驳需求；宝安港区主要满足大空港片区城市建设货运需求，远期结合会展中心、海洋新城发展需要，满足会展物流、海上客运、休闲旅游等相关产业发展需求；大铲湾港区由运输型积极向智能经济、海洋服务等服务型产业转型。总体来看，港口既需要顺应市场需求变化，也需要面向满足市民日益增长的美好生活需求，促进港区生产及生活岸线协调发展。

（2）加快城际铁路建设，以"枢纽＋网络"促进区域均衡发展

依托网络化的城际铁路（城际轨道、高速铁路），湾区内高等级枢纽呈现广深传统中心城区（15～20km）枢纽的提质发展，比如广州东站、广州站作为组合枢纽引入高铁线路、深圳西丽站新建、深圳罗湖枢纽改建等。外围地区（15～30km）枢纽扩容，比如广州北站、佛山高明站、深圳机场站、光明城站、坪山站等。珠江中、东莞和佛肇等传统中心城市边缘地区（30～50km）枢纽布局的进一步完善，比如东莞西站、塘厦站、佛山高明站、珠三角枢纽机场站、珠海鹤洲站等。随着枢纽体系的完善，大湾区内走廊发展向"枢纽—网络"格局重构逐渐迈入实质性阶段。

3）"破阻隔"：破除制度及行政壁垒，打通跨境跨界要素流动和联系

（1）加快推进城际铁路、跨市轨道等区域轨道交通的建设

创新体制机制，加快推进城际铁路、跨市轨道等区域轨道交通设施的建设。大湾区城际铁路、跨市轨道在规划层面已经较为成熟，但在推进实施层面却面临现实的障碍。现阶

段，受行政区划责权划分的影响，协调难、审批难等问题已经影响到线路建设进程，也影响了各城市对区域轨道建设的积极性。因此，今后需要重点推动跨市轨道体制机制的创新，通过一套完善的协商、协调、出资分配、利益分配机制打通区域轨道在线站位选址、投融资、建设运营阶段全链条的工作，促进线路的建设。

（2）完善跨界交通设施，打破行政边界对要素流的隔离作用

随着大湾区各城市产业协同分工和边界地区空间融合的深化，跨界交往需求呈现持续增长和广域化态势。为支持广州、深圳等都市圈发展，广州在城际铁路、城市轨道基础上，加快市域快轨建设，规划6条市域高速轨道，共644km，定位介乎城市地铁和城际轨道之间，构建普通城市轨道、市域高速轨道地铁＋湾区铁路（含城际）＋国铁的多网融合的广州都市圈轨道服务模式，并成立广州铁路投资建设集团有限公司，加快推动国铁、城际轨道、综合交通枢纽的建设。深圳在传统深莞惠城市轨道衔接基础上，加快珠江东岸城际轨道交通建设，并希望以深圳铁路投资建设集团成立为契机，探讨都市圈内跨市轨道建设、轨道运营、轨道物业开发、资产经营的协同机制。

（3）推动物流供应链一体化，促进市场一体化发展

探索建立大湾区货物通关、产品规格、检验检疫、安全检查互认等机制，探索实施特色区域、道路海关电子监管的可能，理顺不同关税的物流障碍，减少、消除不必要的行政手续以达到3个不同关税区物流运输和贸易的无缝对接，充分发挥港口群、机场群的规模优势，提升物流效率和降低成本，强化服务国家构建面向国际和国内"双循环"战略的能力。充分发挥湾区金融、物流和科技产业发达的优势，综合利用各种5G、物联网、无人驾驶等创新技术、手段和政策，大力发展"智慧物流＋产业""供应链＋互联网""供应链＋金融"等服务模式，强化对新兴产业、新型业态发展和传统产业升级转型的推动作用，加快建设面向中西部、东南亚的电子产品、原配件等高附加值产品、配件的分拨、采购和供应链管理中枢，大力发展冷链物流、电商物流以及快速消费品物流，巩固和强化广州市商贸、深圳市高新产业的优势。

强化航空、航运、铁路、公路设施的互联互通，大力发展多式联运，推动区域性综合物流设施的布局优化和共建、共享，探索建立区域统一的公共物流信息平台，提升物流设施高效利用率，推动共同配送以及应急等公共物流的统一调度，提升整体物流保障能力。

7.4　开放包容维度：制度势差下的协同合作与社会活力

7.4.1　发展评估：形成核心城市引领的梯度开放包容格局

1）以港、澳、广、深为引领带动大湾区协同发展

黄金内湾是大湾区开放包容之脊。从大湾区整体来看，高开放包容度街镇主要围绕黄金内湾分布，并以"港、深、广、澳"形成四大极点，由极点向外进行圈层式辐射。珠江西岸的开放包容度整体弱于东岸，其中心极点澳门尽管享有"一国两制"的制度优势，但因其城市规模较小、产业结构较单一等限制，未能充分辐射带动周边城市和地区。前海、南沙、横琴三大战略平台各自成为其所在区域的开放包容高地，但南沙和横琴的开放包容度在软硬件水平上均与前海有一定差距。

香港、澳门、广州、深圳以政策优势成为中国与世界的"超级联系人"，引领着大湾区向更开放包容的未来发展。香港、澳门因拥有高度自由、高度开放和高度国际化的自由市场经济和制度支持系统，在政策制度优势指标评估中，获得作为超级联系人的最大优势得分，在前30名中，香港、澳门的街镇占据了24名，其他前50名中排名靠前的街镇则主要集中于深圳大前海、广州南沙自贸区、珠海横琴等重大跨境合作平台所在街镇，以及深港口岸附近的部分街镇（图7-32、图7-33）。

2）港澳仍是大湾区人才、资本等高端要素对外开放与流通的重要窗口，区域中心城市极化效应显著

大湾区在对外开放领域仍存在明显的极化效应。在对外开放指标因子评估中，排名前20名的街镇全部位于香港、澳门两地，两地是大湾区在对外开放领域无可替代的一级网络中心。除此之外，排名在前21～50名的第二梯队街镇大部分集中在港澳和广州中心城四区，以及广州科学城、大学城所在的部分街道，其余则分布在深圳、珠海两市邻近港澳口岸的部分街道（图7-34、图7-35）。

香港、澳门、广州、深圳、珠海等对外开放的窗口城市，在大湾区的国际化人才、资本等高端要素的开放和流通中仍发挥着核心作用。香港、澳门总体上位列湾区开放水平的第一梯队，承担着大湾区对外超级联系人的关键角色，无论是在"外商投资比重"还是"国

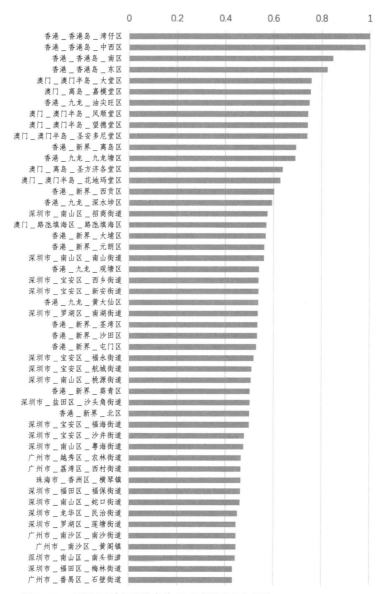

图 7-32　大湾区开放包容维度前 50 名街镇排名与得分

际人口比例"方面，大湾区排名前 20 的街镇均集中在这两市中。广州和深圳则凭借优质的国际机场资源和良好的外商投资基础、完善的交通网络提供了与香港、澳门口岸的高可达性，在内外开放联系度上均表现优异，成为联通香港、澳门与内地，联通中国与世界的重要枢纽。

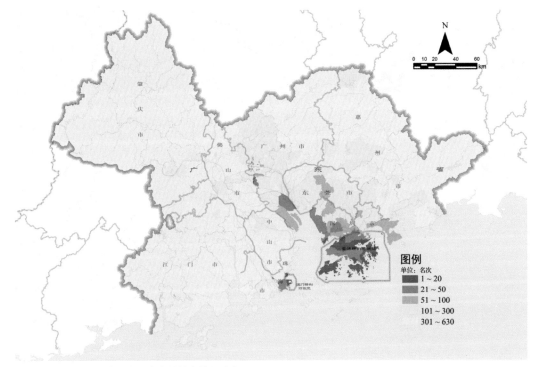

图7-33 大湾区开放包容维度街镇排名等级分布图

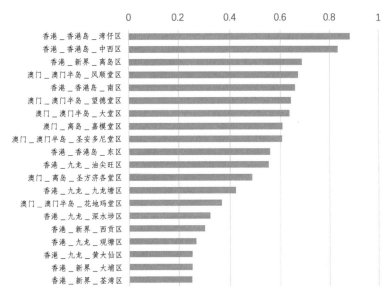

图7-34 大湾区对外开放评估前20名街镇排名与得分

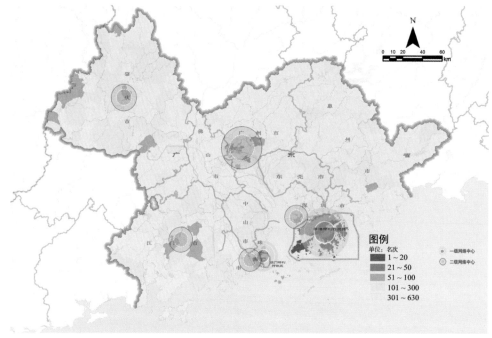

图7-35 大湾区对外开放评估街镇排名等级分布图

3）广深核心区人才吸引力、社会活力与包容性日益增强

广州、深圳的中心区展现出较强的社会包容水平。社会包容指标因子评估显示，大湾区街镇间的社会包容因子得分差异相对较小，但广州和深圳的城市核心区具有相对较高的社会包容水平。在社会包容的街镇排名前20的第一梯队中，广州中心城四区独占11席，深圳和香港各占5席和4席，在社会包容排名前21～50名街镇的第二梯队当中，位于广州中心城四区的有22个街镇，位于深圳原关内三区的有8个街镇（图7-36、图7-37）。

人才吸引力与社会活力成为大湾区社会包容的关键。广深在充足的劳动力人口背景下，因中心城区大量的高校分布和较强的就业吸引力，汇聚大量中等收入、高教育水平的中青年，因此成为有较高劳动潜力和社会活力的地区。港澳因人口老龄化问题和贫困人口挑战，加之高学历人口仅在香港的港岛、九龙几个区有优势，因此在社会包容指标因子排名中，除香港中西区、湾仔区等4个地区，其余街镇均未进入前50名。在社会活力方面，外来短期驻留人口反映了大湾区各街镇的人口流通活力。深圳、广州、香港、澳门等城市的核心区可能因大量的商务拜访、旅游参观、交通换乘等活动，从而成为短期驻留人口比例最高的街镇。此外深莞惠都市圈、广佛、广莞、中江等跨界地区，随着边界两侧存在大量社会、经济、文化交流与往来也出现了高人口流动性。

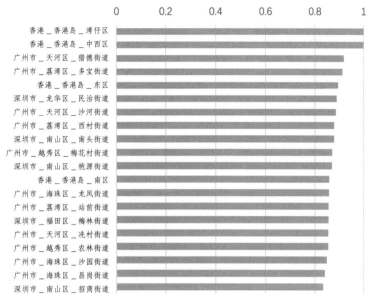

图 7-36　大湾区社会包容评估前 20 名街镇排名与得分

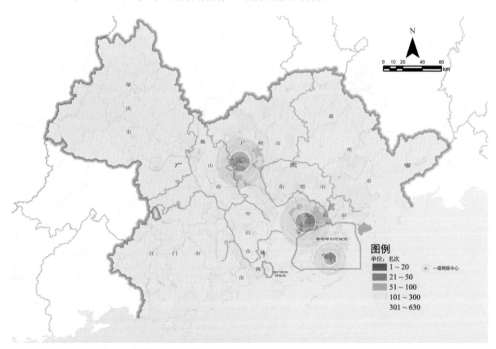

图 7-37　大湾区社会包容评估街镇排名等级分布图

4）区域内制度势差显著，跨界地区协同创新潜力大

区域政策梯度差是大湾区协作的关键点。港澳"一国两制"的制度优势、三大自贸区的战略倾斜、深圳和珠海的经济特区地位，以及广州作为省会而具有的高行政能级，形成了大湾区独特而复杂的政策势差，而港澳与内地的制度势差是湾区区域协作的最重要动力源之一，并在此背景下成立了若干的跨界合作平台，如基于"一国两制"的自贸区平台及基于都市圈的内地城市间的跨界平台等。

三大自贸区与都市圈边界地区逐渐成为区域协同的潜力地区。随着香港北部都会区和内地自贸区、口岸经济带等最新规划设想、合作政策的推出，大湾区政策创新与协同发展的突破口首先在跨境边界地区，包括香港北部都会区，前海、横琴、南沙三大自贸区和深港口岸经济带，因此深港、珠澳、三大自贸区等重大跨界合作平台地区，是大湾区未来区域发展的重要动力引擎点和制度创新突破口，在协同排名的整体评估中除了港澳的协同度高以外，可以看到以自贸区为代表的跨界地区的排名靠前，此外深圳都市圈、广州都市圈范围内的各类重点跨界合作地区，因分布了不同层级的经开区、高新区等经济园区，因而其享有的不同水平的政策倾斜度使其在此项指标中排名前列（图7-38、图7-39）。

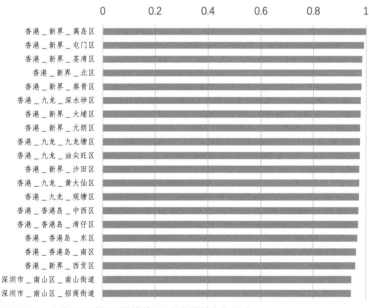

图7-38　大湾区区域协同评估前20名街镇排名与得分

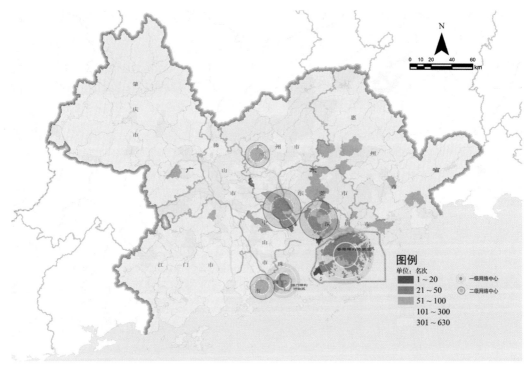

图 7-39　大湾区区域协同评估街镇排名等级分布图

7.4.2　主要问题：制度势差制约大湾区深度融合发展

1）新发展形势下大湾区亟须探索区域协同发展的新范式与新动能

全球经济格局由美国单极格局向北美、西欧、东亚地区三足鼎立格局演变，世界经济重心东移趋势明显，但随着全球经济低迷且逆全球化加剧，我国对外开放方面也面临着欧美的技术封锁。当前我国进入经济发展新常态，迫切需要步入内外双循环的新格局，利用"一带一路"倡议，面向东盟等新兴地区拓展国外合作市场。大湾区经济具有高外向型和国际化特征，是我国"一带一路"的有力支撑，也是面向国内国际双循环发展格局中的重要枢纽。但在吸引全球生产要素上有更强竞争优势的同时，也更容易受到国际形势变化的扰动。根据北京大学汇丰商学院《粤港澳大湾区经济分析报告》对 2023 年一季度大湾区经济形势的分析，珠三角民间投资和外商投资相对低迷，出口形势急转直下；国际环境将持续恶化，外需疲弱及美日对华芯片半导体限制压力将长期存在，珠三角外贸增长将持续艰难，高技术含量的机电产品进出口也将进一步受到影响。大湾区亟待协同发力，依托城市间发展的梯度差异，构建区域协同发展新模式以进一步扩大开放水平。

2）利用制度特色、促进要素流动是未来大湾区开放包容的关键所在

大湾区拥有体制机制多元、发展梯度势差等独特优势，但这些优势也同样为大湾区整体的开放包容带来了协调成本高、城市竞合的同质化等挑战。第一，由于"一国两制三区"的制度特点，三地之间在不同的法律体系、货币制度和关税区的背景下，跨境投资、营商、就业、就学、居住等手续繁复，一定程度上也阻碍了大湾区要素自由流动；第二，基础设施、规范标准等体系各自独立，管理运营存在较大差异，大大增加了协调难度；第三，尽管有联席会议制度等沟通机制和平台，但实践中仍然以行政上的纵向传导为主，横向的协作治理机制仍然不足，难以适应多层级、网络化的治理要求，缺少专项领域的联动；第四，目前以基础设施及轨道交通为主导的硬联通有序推进，也陆续开展以制度规则对接为主的"软联通"，如港澳人才职业资格互认、港澳居民参保、跨境理财等，但深层次规则衔接仍相对滞后。大湾区内部这种复杂的协同发展态势，使其整体难以形成"合力向外"的竞争之势，未来在"一国两制"制度框架下进行的制度对接以促进要素流动是继续扩大开放的核心。

3）社会活力和包容性是大湾区核心竞争力，但维持持续竞争力仍有压力

受外需疲软、内需不足、经济增速放缓，以及疫情带来的滞后效应等影响，大湾区的社会活力和包容性也面临巨大挑战，不仅表现在对外开放领域，也表现在国内的人流、物流、信息流等基本要素流通领域，社会活性明显降低。具体表现为企业用工需求下降、就业形势较为严峻、职工收入下降等问题，特别是年轻群体的就业压力尤为突出。就业问题又进一步影响内需，增加生活成本，并激化社会矛盾。随着经济增长放缓和大城市生活成本维持高位，大湾区一、二线城市对中等收入群体、中青年群体和流动群体的包容性和友好度也正在进一步下降。尽管大湾区各级政府出台了一系列支持青年创业就业和人才补贴政策，但短期来看，增加就业、扩大内需、激励社会活力的压力仍然较大，在构建多元化就业、扩大社会保障、增加收入水平、普及公共服务等多个领域需要更多的创新思路，包容性增

长的目标仍任重而道远。大湾区是市民社会最发育的地方，未来开展社会治理模式创新、共享城市化增长是维持持续竞争力的必然手段。

4）重大跨界平台战略持续推出，但深化与实践工作任重道远

重大跨界平台被赋予湾区面向世界开放的功能价值高地，但发挥的价值不高、治理的制度壁垒的困境，限制了跨界地区的区域协作，从而使跨界地区未能发挥引领湾区高质量发展的区域影响力。具体表现在：现有跨界平台规划多为战略指导层面，同时由于跨界区域的规划建设正在开展，其发挥区域高价值的支撑要素仍有待于提升，例如当前南沙与香港跨界合作主要集中在机械、装备、汽车零部件等加工制造产业，而缺少金融、科技、文化、中介服务等高附加值的现代服务产业；重大跨界平台的建设实施、运营维护亟待加强，如围绕"一国两制"以深港河套地区为代表的跨界平台更多的是国家层面的政府力推动，因特殊体制机制的制约而市场力较弱，其跨界平台未将国家战略与地方资源进行有效的协调，长期以来制度的差异导致重大跨界平台在实际的经济发展、科技创新、空间建设等一体化建设中进展缓慢。

7.4.3　策略建议：赋能核心地区开放，促进以人为本包容

1）以核心城市核心地区为引领，构建大湾区大开放包容发展格局

大湾区正在形成"一脊四核四圈"的大开放包容发展格局。其中，"一脊"指高开放包容价值区域集聚的黄金内湾，是大湾区的开放包容之脊；"四核"指沿着黄金内湾分布的香港、澳门、广州、深圳四大开放包容高地；"四圈"指四大核心城市各自的影响范围，是开放包容核心向外围扩散的重要腹地。但开放包容骨架仍存在西岸发育水平远落后于东岸、核心区难以向外辐射渗透的问题。西岸开放包容能力发育不良的核心掣肘在于其核心城市澳门规模体量小、产业结构简单，辐射的广度和深度有限。基于此，在规模上，应借力珠海，以横琴为重点拓展区域，扩大澳门城市空间体量；在产业上，积极深化国家以横琴新区扩展澳门产业多元化的战略布局，同时探索以文旅、科教等与开放包容高关联的澳门优势产业为载体，向周边区域渗透。

2）充分挖掘大湾区国际比较优势和潜力，有序扩大对外开放广度和深度

大湾区城市之间应以不同的开放包容姿态推进资金、人才、技术、商品等资源要素的高效流动。一方面，进一步扩大湾区对外开放城市或重点平台的金融、贸易、投资、科研等领域对外开放的范围和力度，积极融入"一带一路"、RCEP（区域全面经济伙伴关系）、CEPA（内地与香港关于建立更紧密经贸关系的安排）等国际经贸合作体系，进一步发挥香港、澳门作为大湾区最重要对外开放窗口的引领作用，并以三大自贸区与各类跨境合作平台及项目作为试点，深化在制度环境、法规体系、税收和专业服务管理等方面的政策和制度创新，加强与国际市场及规则体系的对接。另一方面，大湾区城市整体上完善国际化人才的工作、学习和居住的软硬件环境，加强在社会事务领域与国际和港澳地区的对接与合作，重点解决社保、医疗、教育、住房保障等关键问题，提高大湾区对国际化人才的普遍吸引力。

3）以公平友好的社会治理，实现兼顾社会活力与区域发展的包容性增长

兼顾繁荣发展与社会公平，构建包容性社会促进宜居的发展环境。首先，应加快推进住房、教育、医疗、社会保险等公共服务和社会保障政策的公平覆盖和政策稳定性，提升湾区对不同收入阶层、不同年龄段居民的生存友好度，降低其定居大湾区的生活成本和社会风险；其次，应在提高公众对政府信任度的基础上，积极培育社会资本，促进社会创新，推动在地的包容性社区建设，促进社会网络的交叉与融合，培育扶持社会组织与社区居民共同参与社区公共事务的意愿和能力。最后，大湾区各地区存在不同的开放包容特色与特长，应挖掘并认识地方特色，推进地区间开放包容建设的多元互补。

4）以政策创新为先导，以跨界平台为支点，推动区域深度融合发展

大湾区要充分利用港澳与内地的制度势差，以经济政策协同和社会政策协调为先导，以学术与文化交流为土壤，促进商品、服务、人力、资本等生产要素在区域内便捷有序流动。当前，大湾区跨界合作平台逐渐成为承载新兴或高端区域职能的热点地区，亟须建构起高质量、差异化的跨界发展路径和空间组织模式，解决环境共治、设施共享、交通互联、产业互促、跨界治理等关键性问题。在国家层面，从顶层设计构建一体化的体制机制，减少跨界平台因体制差异带来的要素流通障碍，逐步建立健全规则制度对接，为大湾区合作

提供基础保障。区域层面，继续发挥粤港澳合作联席会议制度的优势，在跨界平台率先推进创新及科技、金融服务、跨境交通及物流、基础服务设施、人才、文化交流等重点领域交流与合作。

7.5 创新活力维度：完善创新链，共建国际科技创新中心

7.5.1 发展评估：广州、深圳、香港以世界级创新高地引领湾区创新发展

1）广州、深圳、香港三大差异化世界级创新高地引领国际科技创新中心建设

在创新活力专项维度前 50 名街镇排名中，广州、深圳、香港分别以 16 个、15 个和 7 个位列前 3，其街镇主要位于广州市的番禺区、南沙区、越秀区、黄埔区、天河区和海珠区，深圳的南山区、龙岗区、光明新区、福田区、大鹏新区、龙华区、盐田区和宝安区，香港的新界和九龙（图 7-40、图 7-41）。由此，湾区创新要素以广州、深圳、香港为引领，形成三大"知识—产业"复合型创新极核，助力打造国际科技创新中心。其中广州依托多元研究机构集聚，在市中心形成"区域知识创新核心"，其中天河石牌—五山—长兴组团 20～30km² 集聚超过 2 所顶尖高校、4 个国家实验室、30 个省级实验室，科研机构数量超过 2 个/km²；深圳依托世界百强企业、独角兽成为具有区域引领作用的"全球技术创新高地"，其中南山粤海—前海—沙河组团与西丽—桃源组团 50～100km² 连片产业集群中，集聚 2 个世界级企业、15 个独角兽企业，高新技术企业密度大于 10 个/km²；香港依托顶尖高校和科研人才集聚，成为区域"全球知识创新高地"，其中中西区—油尖旺、沙田—西贡等组团集聚 4 所顶尖学府，人才密度大于 4000 人/km²。

2）知识创新：以均质化网络促进边界与环湾地区崛起

（1）排名：广深港明星城市排名靠前

知识创新排名前 10 的街镇多集中在广州和香港两市，包括广州小谷围街道和五山街道，香港深水埗、油尖旺以及香港岛地区，集聚了大湾区 68% 的高校和国家实验室。排名前 10 的深圳桃源街道和粤海街道，由于近午来西丽科教城、广东省重点实验室、新型研发机构等创新平台的建设也逐渐迎头赶上。排名在 10～20 名的街道主要是由于大科学装置和

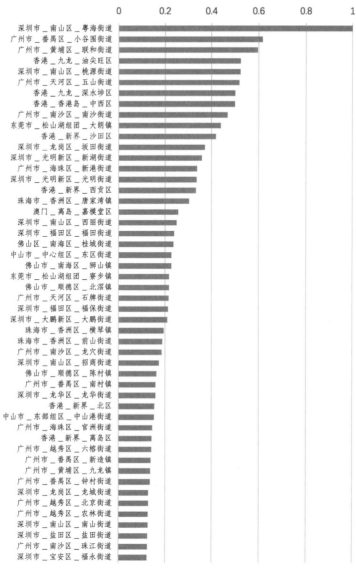

图 7-40　大湾区创新活力维度前 50 名街镇排名与得分

国家实验室的建设，如深圳光明街道规划建设 9 个大科学装置其中已建成 2 个，广州南沙街道和中山东区街道分别建成 1 个大科学装置，深圳大鹏街道建成国家级华大海洋研究院。这些地区环境优美、土地成本较低、独立性强，受到重大科技基础设施、前沿交叉研究平台、大学分校和科研机构的青睐（图 7-42、图 7-43）。

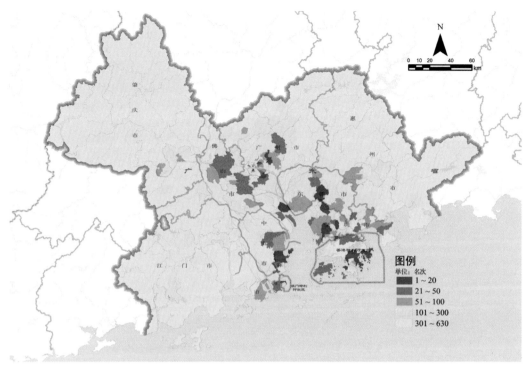

图7-41 大湾区创新活力维度街镇排名等级分布图

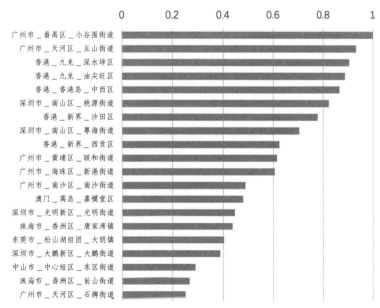

图7-42 大湾区知识创新评估前20名街镇排名与得分

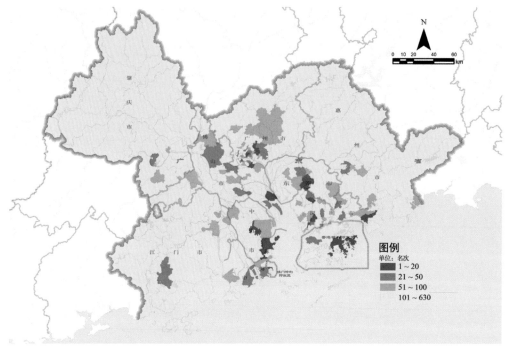

图 7-43　大湾区知识创新评估街镇排名等级分布图

（2）网络：以跨区域知识合作为主流形成相对均质化的网络状态

知识创新网络基于国家实验室和高等院校、研究机构之间的合作网络形成，不受行政边界、制度和交通等因素制约，呈现出相对均质的网络状态（图 7-44）。作为一项高投入行为，知识创新需要更高品质的城市服务，与生态环境、人文服务等要素关系较大。由于知识创新活动的复杂性和综合性不断增加，单一城市的创新资源已不能满足知识活动的需要，城市间只有进行深入的合作才能实现优势资源互补，跨区域的知识合作成为主流趋势。

（3）格局：边界和环湾地区正在崛起，生态核心与廊道成为重要吸引子

大湾区知识创新格局正在发生变化，边界地区和环湾地区正在崛起。知识创新是一项高投入行为，大学校园、研发机构以及大科学装置更需要高质量而低成本的空间。而随着城市化快速发展，这些知识创新要素渐渐被城市包围，与其占地广、独立性强、环境依赖度高的空间需求相矛盾。因此，在深莞、深港、珠澳边界地区以及珠海、南沙、大鹏等环湾地区，不断涌现出新的知识创新节点。例如，中山大学在珠海唐家湾、深圳光明科学城分别设立分校；中广核中微子国家重点实验室、华大海洋研究院等研发机构落位深圳大鹏半岛等。

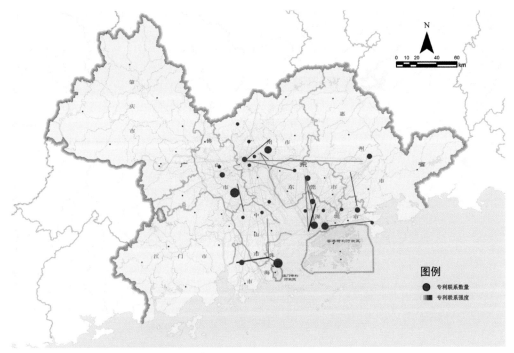

图 7-44　大湾区知识创新网络示意图

　　沿生态核心与生态廊道打通产学研链条，成为创新要素集聚的重要吸引子。在空间上，湾区依托主要生态核心和生态廊道打通产学研链条，实现知识创新向成果转化再到产业化。东莞松山湖—深圳光明科学城串联东莞大朗、大岭山、常平、生态园、企石等制造重镇，形成环巍峨山的区域创新极核，并沿茅洲河流域串联滨海湾新城和空港新城，打通产学研链条。沿大沙河生态走廊，串联的西丽科教城等高等教育机构—创智云城等中小企业孵化中心—研究院与超算中心等科研机构—西丽留仙洞战略性新兴产业总部基地—深圳高新技术企业及总部集聚地高新区，正在成为湾区最具创新活力的创新走廊。

3）产业创新：以圈层化形成都市圈多元化迁移路径与创新网络联系
（1）排名：广州、东莞、佛山、中山多点开花

　　广州、深圳、东莞与佛山四市集聚了湾区 83% 的高新技术企业和 89% 的科技独角兽企业，产业创新排名前 20 的街镇全部位于这 4 个城市，包括深圳粤海街道、坂田街道、南山街道、西丽街道、东莞长安镇和塘厦镇等（图 7-45、图 7-46）。其中，粤海街道排

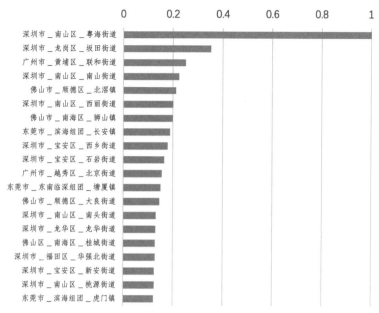

图 7-45　大湾区产业创新评估前 20 街镇排名与得分

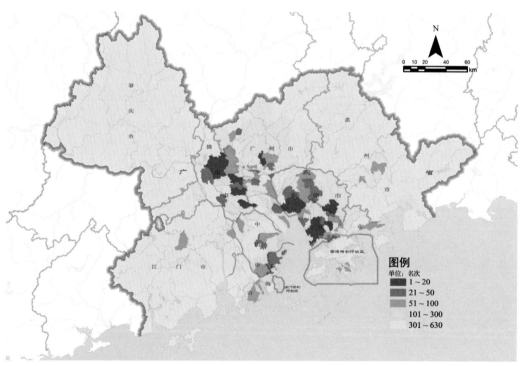

图 7-46　大湾区产业创新评估街道排名等级分布图

名第一，得分首位度高达 2.83，专利申请量为全湾区第一，各分项指标得分均有较强的优势且远超其他街镇。排名较为靠前的街镇主要由于高新技术企业、科技独角兽企业以及专利申请量占据优势，其中 50% 上榜街镇因科技独角兽突出，独角兽企业培育创新高地作用明显，如狮山镇和联合街道，高新技术企业和专利申请量得分在前 20 名中均处于劣势，因科技独角兽得分高而位列前 10。

（2）网络：以都市圈为核心组织创新网络联系

产业创新网络以广州都市圈、深圳都市圈为核心向外辐射，其中以高新技术企业、独角兽、隐形冠军企业为核心的产业创新围绕广州、深圳等核心城市，在边界地区相互交织，呈现以都市圈为基础的产业联系（图 7-47）。与知识创新网络不同，受制于交通、政策、行政、成本等因素的影响，产业创新网络呈现明显的"有界特征"。其网络的形成依赖于龙头企业的带动作用与上下游企业之间的供应链联系，龙头企业发展的"溢出"效应是带动产业链上下游企业发展、形成跨区域联系产业集群的重要来源。例如，华为从深圳迁往

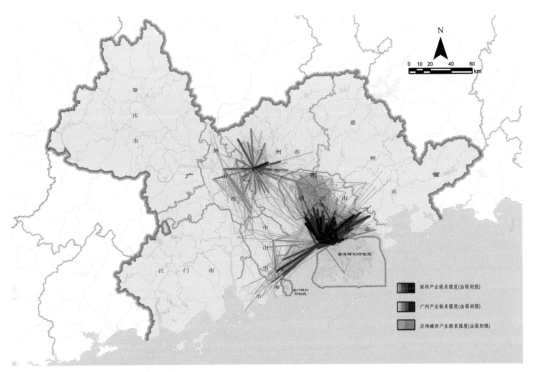

图 7-47 大湾区产业创新网络示意图

松山湖，带动东莞电子信息上下游产业的集群，形成当地的产业创新网络，同时也形成深圳—东莞跨区域的产业创新联系。

（3）格局：多元化产业迁移路径并行推进，以龙头企业为引领形成簇群式布局

以深圳为例，电子信息产业创新与供应链、创新人才联系紧密，生物医药产业创新与知识创新节点、高校及科研机构联系紧密，先进制造产业呈现"中心—边界"的迁徙规律。以电子信息产业为主导的产业创新，在都市核心区公共配套和人才集聚优势的推动下，出现纽约的"硅巷"现象，导致中心城区迎来二次繁荣。以制造产业为主导的新一轮产业创新高地，在都市核心区用地高成本和边界地区创新要素集聚的相互作用下，出现在边界地区，如深莞交界的海洋新城—滨海湾新区、广佛交界的三龙湾—南站地区、深惠交界的坪山高新区—大亚湾新兴产业园地区等边界地区从洼地变高地。

以高快速路网、轨道交通建设为基础，湾区两岸城市的产业集群融合发展，尤其是以中轴城际、广州城际、沿江高速三条重要交通走廊串起湾区产业集群，形成主要城市间高效连接的网络化空间格局。另外，得益于湾区交通的跨边界联系，隐形冠军、独角兽等企业空间分布也不再局限于核心区，在深莞惠中部、广佛都市圈等第二圈层地区分布，龙头企业则开始倾向道路交通网络比较完善、产业孵化环境相对良好的腹地地区，并引领其他企业沿着重要交通廊道形成簇群式布局。

4）创新潜力：高强度要素流动催生各街镇无限创新潜能

随着资本、人才等要素的不断流动，大湾区的每个街镇都充满无限可能性，创新潜力高地可能出现在任何地方。创新潜力排名前20的街镇在广州、深圳、香港、澳门、中山、珠海、东莞、佛山等城市均有分布，且除光明新湖街道外，其余各街镇的得分差异不大（图7-48、图7-49）。

各街镇依托各自的特色资源优势和政策机遇，都有可能成为未来的潜力高地。例如光明科学城、东莞松山湖、广州南沙科学城等边界地区在政府政策支持下，通过大科学装置、实验室等科技基础设施的建设成为新的知识高地；广州南站、深圳罗山等传统产业园通过半导体、电子信息等战略性产业集群的建设成为未来的产业灯塔，引领新一轮产业创新。

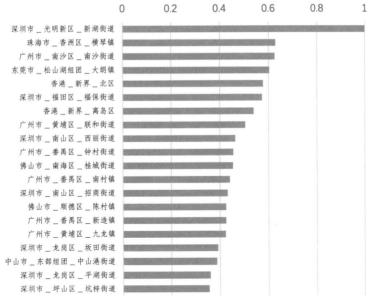

图 7-48　大湾区创新潜力评估前 20 名街道排名与得分

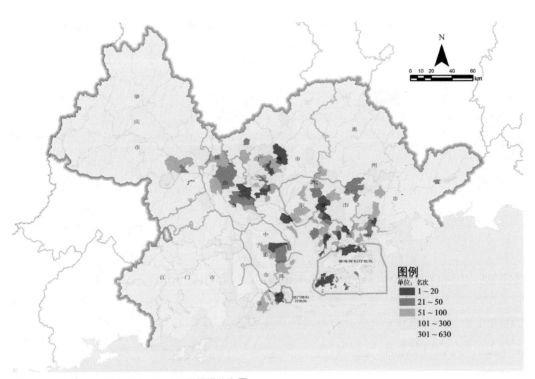

图 7-49　大湾区创新潜力评估街道排名等级分布图

7.5.2 主要问题：尚未形成具有全球竞争力的创新链

1）创新链短板环节突出，自主可控发展受到威胁

在长期的全球化大分工下，大湾区形成了"两头在外"的产业结构，以中低端制造业的专业化分工成为"世界工厂"，核心零部件 90% 以上依赖进口。在新的国际形势下随着全球供应链的重塑，具有全球竞争力的创新链对于产业结构的安全韧性与自主可控至关重要。在中美科技战不断"卡脖子"的过程中，主要暴露了大湾区在以下方面的创新链短板。

一方面，缺少顶级的大学与科研机构，导致基础科学研究滞后。美国硅谷地区作为世界著名科创中心，拥有斯坦福大学、加利福尼亚大学伯克利分校等十余所世界一流大学。还有美国劳伦斯伯克利国家实验室、美国洛斯阿拉莫斯国家实验室、美国国家数学科学研究所等一批美国顶级科研机构。高校、研究所、国家实验室等科研机构通过有效的合作，实现了基础科学研究的不断突破和创新。而大湾区 5 所世界前 100 名大学全部集中在香港，广东地区的顶尖高校，如中山大学、华南理工大学与国际顶尖大学尚有很大差距。虽然重大科技基础设施不断集聚，但仍缺少具有世界性科研突破、获得诺奖水平的科研机构及实验室。

另一方面，缺少世界前沿的核心技术与顶级的龙头企业。虽然在国家大力支持与华为等企业奋力追赶下，部分核心技术的"卡脖子"问题已经逐步得到解决，但芯片制造、操作系统、工业软件、关键材料、发动机等诸多领域仍未实现"自主可控"，从而影响整个供应链的安全。与旧金山等湾区已经形成大量世界顶级创新企业的集聚不同，大湾区虽然世界 500 强企业的数量超过旧金山，但多以房地产、汽车、家电、交通运输等传统产业为主，新兴产业龙头企业数量和能级都较低，而旧金山则拥有特斯拉、谷歌、苹果、Meta（脸书）、惠普等科创龙头企业，形成集团作战的趋势。

2）创新链发展成本高，空间供给模式亟待优化

大湾区不仅由于人口的快速集聚与产业的持续升级导致劳动力、土地等成本持续上升，而且由于全球供应链分工的变化以及对核心技术安全等方面的考虑，珠三角近年来光伏、新能源、电子设备制造等产业的劳动力密集环节已经出现向东南亚等地区转移的现象。另外，导致大湾区创新链发展成本高的重要原因是进入存量时代，很多创新平台的建设仍采取产业园区的发展方式，争相以新区新城的方式建设各类科创平台，投入大量资金进行基

础设施投资、公共服务配套与企业发展扶持，尚未实现各类创新平台之间的设施共建与资源共享。而在现有的可新增建设用地资源极为有限、空间结构与功能相对破碎化的情况下，新的科创平台建设要获得实质性的发展显得较为困难。

3）创新链融合壁垒强，要素流通机制需要突破

20 世纪 80 年代、90 年代，香港制造业向珠三角的快速转移成就了后来珠三角"世界工厂"与香港亚洲国际都会的地位，广州一些科研单位的部分科技人员，利用周末时间前往佛山等地区为当地的乡镇企业提供技术支持，对核心技术的扩散与民营经济的发展发挥了重要作用，可见当时大湾区在市场化力量推动下的要素流通十分活跃。

虽然从 2003 年的 CEPA 开始，粤港澳三地已经签署了多轮合作协议，也成立了珠海横琴、深圳前海和广州南沙等重大平台，并通过深港河套地区和口岸经济带、香港北部都会区等持续探索科技创新方面的区域交流与合作新模式，但在三地之间、三大中心城市之间以及各个平台之间，仍然存在创新链深度融合的诸多障碍，除了科技、资金、设备、人才等创新要素难以自由流通以外，其他的社会经济发展以及规划管理建设等方面的规范制度也存在较大差异，难以高效衔接。

7.5.3　策略建议：围绕关键技术、空间、平台优化创新要素组织

1）围绕基础研究与关键技术，织补创新生态链条

以"人才"为核心，强化基础研究。基础科学研究的关键除了建设各类科技创新平台，引进各类重大科学基础设施与科研机构以外，最为关键的是吸引国际顶尖人才，围绕人才组织和完善科技创新要素。除了与旧金山湾区等世界级一流湾区相比存在较大的差距以外，即便与长三角、京津冀两大城市群相比，粤港澳大湾区在科技创新人才方面的吸引力也相对较低。未来关键是要深入了解粤港澳大湾区在吸引国际顶尖人才方面的短板，旧金山湾区等世界一流湾区或城市群等地区的国际顶尖人才吸引力关键影响因素，从而优化大湾区的国际人才吸引与服务环境。

以"企业"为核心，突破关键技术。企业是将基础科学研究转化为核心技术与产品的关键，要突破关键技术，更需要借助企业的力量。华为、大疆等一批企业所代表的大湾区

创新企业精神，其背后的创新灵魂与基因值得深入挖掘、传播和推广。也包括成为持续孕育创新型企业场所的南山区及其粤海街道，需要总结其孵化企业、支持企业的成功经验，也亟待对其进行深入挖掘和广泛传播推广。

2）立足核心湾区与科创走廊，优化创新网络空间

目前，各类创新要素围绕核心湾区以及广深港澳科创走廊，已经形成带动大湾区经济发展与科技创新的重要脊梁，未来如何发挥该脊梁作用，并以其整合乃至拓展大湾区科技创新网络至关重要。具体可以从以下两个方面着手展开。

①围绕创新平台构建区域性创新网络。将核心湾区与科创走廊上的重大平台和周边的创新平台，通过基础设施与公共服务体系的一体化以及内部科技创新资源与要素的共享进行连接，让各类科技创新要素可以进行充分的交流、流动和共享，以发挥其最大价值。

②围绕创新要素构建区域性创新簇群。将大学、科研机构、创新型企业等通过创新或交流、培训等多种类型的平台进行连接，改变创新要素分散布局和组织的状态。相对于创新平台之间的连接，创新要素的连接更多是针对很多相对独立的教育或科研机构、企业而构建的，连接后也希望能够纳入周边的创新平台，以融入整个湾区的创新网络。

结合创新网络与创新簇群的构建，则可以改变传统的增量发展思维和空间供给模式，根据创新要素连接的需要以多元簇群的方式通过基础设施与创新功能的联系推动现有平台的发展与要素的升级。

3）依托港澳与重大政策平台，完善创新融合机制

"一国两制"作为粤港澳大湾区的独特制度优势，在双循环发展新格局下更具战略价值。因此，为促进粤港澳三地之间科技创新要素的流动，其制度创新的关键是在保留"一国两制"优势的基础上，围绕深港、琴澳等相邻地区以及前海、南沙等飞地地区，通过制度的相互衔接与机制的相互对接，在局部地区探索创新要素全流通的治理模式与合作机制。

目前在横琴、深港河套、南沙的具体规划建设中，正在进行非常有价值的探索，比如横琴地区正在融入澳门的规划建设管理模式，河套地区深港两地正在探索采取特殊的监管模式，南沙地区正在对接香港的规划建设管理模式等。在发展过程中需要对这些地区及其合作经验进行跟踪与总结，并有针对性地推广。

7.6 产业发展维度：优化链群组织，建设高质量发展典范

7.6.1 发展评估：围绕都市圈重塑产业组织空间，城市与产业跨界深度融合

1）珠江东岸在大湾区世界级生产与服务网络化组织中继续发挥先锋引领作用

产业发展维度中前 50 名的街镇，位于深圳、东莞、广州、佛山、中山、珠海、香港的分别为 25 个、9 个、5 个、5 个、3 个、2 个、1 个，其中前 20 名分别为深圳 12 个、东莞 3 个、广州 2 个、佛山 2 个、珠海 1 个。可见从整个产业发展来看，排名靠前的街镇主要分布在广州、深圳、东莞、香港所在的东岸（前 50 名中占 37 个，前 20 名中占 17 个），显示珠江东岸在湾区生产和服务网络具有强大竞争力和协作能力（图 7-50、图 7-51）。

2）本土制造业实力：制造业空间网络打破城市边界，围绕主导产业形成簇群式集群分布

（1）街镇排名空间分布与特征

本土制造业实力集中地反映在优势产业链主方面，排名前 20 的街镇分布在深圳、广州、东莞、佛山、珠海、香港的数量分别为 8 个、4 个、2 个、2 个、2 个、2 个，可见优势产业链主仍主要分布在深圳、广州，重点依托深圳南山区的粤海街道、南山街道、西丽街道、沙河街道、招商街道，福田区的沙头街道、福田街道，以及广州黄埔区的联合街道、东区街道、永和街道和天河区的新塘街道等展开，形成一定的簇群式分布形态（图 7-52、图 7-53）。其他则以点状重点分布在东莞的松山湖组团的寮步镇、大朗镇，佛山顺德区的北滘镇、南沙区的狮山镇，珠海香洲区的唐家湾镇、金湾区的南水镇，香港香港岛的中西区和湾仔区。从街镇排名和空间分布来看，虽然大湾区很多产业已经形成集群，但围绕优势产业链主的链群组织尚未普遍展开。

（2）多个簇群式分布产业集群

龙头核心企业集聚，锚固了产业集群，降低了产业链断裂风险。新兴内生型企业空间分布呈现一定"去中心"特点，隐形冠军企业、独角兽企业空间分布并非只集聚于核心区，也分布于深莞惠中部、广佛都市圈等第二圈层地区，依附于都市圈，但不再倾向于对外联

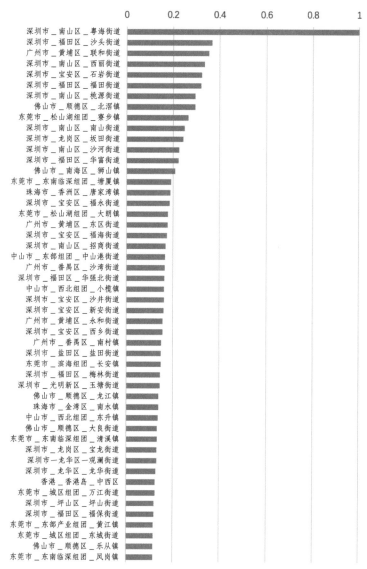

图 7-50　大湾区产业发展维度前 50 名街镇排名与得分

系便捷的空港、海港等门户地区，而是沿着交通走廊，走向轨道交通相对完善、产业孵化环境相对良好的腹地地区。大湾区跨行政边界地区成为制造业核心承载空间。以高新区、经开区、龙头企业为主要发展平台，周边街镇围绕核心产业配套形成"研发 + 制造 + 配套"的生产网络格局。大湾区各市拥有不同的比较优势，大湾区内部形成了竖向分工，协作集群优势明显。

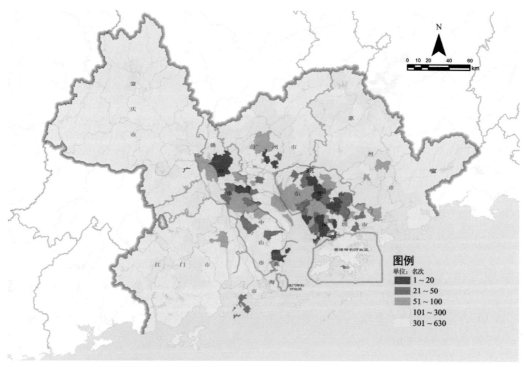

图 7-51　大湾区产业发展维度街镇排名等级分布图

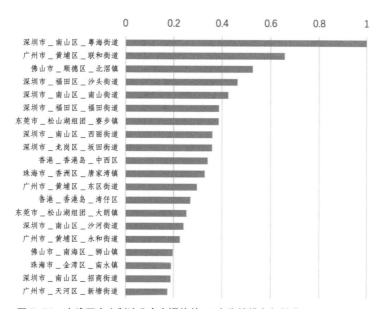

图 7-52　大湾区本土制造业实力评估前 20 名街镇排名与得分

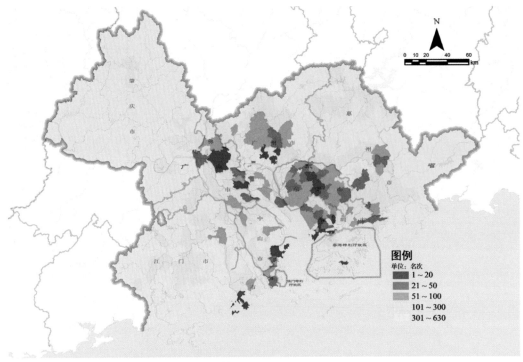

图 7-53　大湾区本土制造业实力评估街镇排名等级分布图

3）生产区域化韧性：优势产业联系网络更加紧密，围绕核心都市圈形成圈层式梯度布局

（1）街镇排名空间分布与特征

生产区域化韧性集中地反映在区域供应链的完整性方面，排名前 20 的街镇深圳 11 个，东莞市 3 个，佛山市 4 个，广州 2 个。说明深圳优势产业之间的联系更为紧密，在空间上也主要集中在南山区（粤海、南山、西丽、南头、桃源等 5 个街道）、宝安区（西乡、石岩、新安等 3 个街道）、龙岗区（坂田 1 个街道）、福田区（华强北 1 个街道）和龙华区（龙华 1 个街道），南山区在供应链方面也显示出强大的组织能力（图 7-54、图 7-55）。

（2）优势产业圈层式梯度布局

从生物医药产业来看，珠海在大力发展生物医药产业导向下，形成的生物医药产业集群特征明显，以生物制品、高端医疗器械为主，集中分布在唐家湾镇、吉大街道和三灶镇；

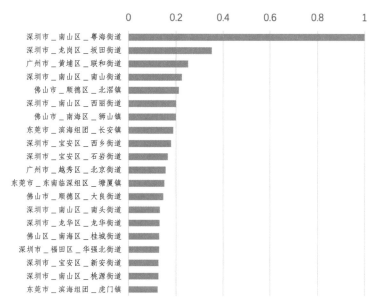

图 7-54　大湾区生产区域化韧性评估前 20 名街镇排名与得分

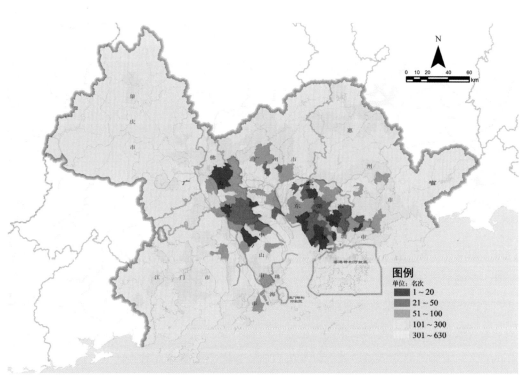

图 7-55　大湾区生产区域化韧性评估街镇排名等级分布图

广州科学城、深圳高新区生物医药企业以医药研发、医疗器械产品为主。绿色石化产业则分布较为分散，以广州科学城、顺德高新区、珠海高新区、深圳高新区为主要平台，低效的资源配置导致大湾区绿色石化产业仍属于传统产业。智能家电集中分布在佛山、中山等特色镇为主的地区。装备制造业中以电气机械为主的器材，作为电子产品核心的供应链零配件，在桂城街道、狮山镇等地均有分布，为各类产业产品提供配套。产业链主的吸引力会锚定范围内供应链上下游企业，形成高密度产业链群。电子信息产业链主企业的牵引作用很强，对配套效率的高要求使链群更需要围绕龙头企业布局；同时链主企业受供应商企业集聚的影响，不再是普遍规律下广域供应链空间组织模式，而是围绕深莞惠45°角地区进行集中。大湾区汽车制造业空间布局相对集中，广州、深圳两地的汽车产业价值链相对完善，涵盖了整车及零部件设计开发、采购物流、组装制造、销售及汽车后市场、新能源及智能网联新兴领域，深圳则依托比亚迪初步形成了世界级影响力，其他区域以汽车零部件产业为主。佛山、肇庆、惠州则侧重于整车组装制造、汽车零部件生产制造、产品销量及后市场领域；中山、珠海、东莞、江门等地区则侧重于汽车零部件领域；香港和澳门与汽车产业相关的价值链环节侧重于金融、咨询、国际化等方面。

4）服务高端化能力：服务业与制造业空间融合，围绕中心区从核心分布向多点分散发展

（1）街镇排名空间分布与特征

服务高端化能力集中地反映在制造服务跨界的融合性方面，排名前20的街镇主要分布在深圳（14个）、广州（4个）、东莞（1个）、珠海（1个）（图7-56）。显示出深圳在制造业与服务业的融合发展方面有明显优势，并重点体现在南山区的粤海街道、桃源街道、招商街道、南山街道以及福田区的华富街道、沙头街道、福田街道、华强北街道，盐田区的盐田街道，罗湖区的桂园街道、南湖街道，宝安区的福永街道、新安街道、石岩街道，形成了部分的集聚态势。

（2）服务业与制造业融合布局

高端服务业向湾区内圈层集中。金融和商贸服务不仅分布在香港、福田、广州传统都市核心区，南沙、前海等新城新区以及门户枢纽地区也成为投资重点地区。同时，街镇单元呈现生产—服务复合化功能。科技研发与技术服务业不再单一集聚在中心城区，而是开

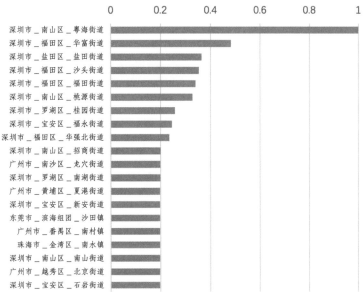

图 7-56　大湾区服务高端化能力评估前 20 名街镇排名与得分

始与制造业空间融合，一些街镇单元不再是单一的生产单元，也是重要的科技研发、技术服务单元（表 7-5、图 7-57）。

大湾区各地区产业门类分布和产业链分布　　　　　　　　表 7-5

	行业	研发设计	制造与装配	制造业服务端
电子信息产业	产业链	包括新型电子元器件、智能传感器、高端电子材料、工业软件等方面的研发	以新型电子元器件、专用电子设备、仪器、高端电子材料的制造为主	电脑、手机、显示屏等硬件设备的销售；软件、电子商务及通信方面的服务
	空间分布	粤海、桃园、南头、联和等街镇	寮步、唐家湾、燕罗、惠环、龙华、坂田等街镇	粤海、华富、梅林、猎德等街镇
绿色石化产业	产业链	合成材料、功能性材料、可降解材料的研发设计	炼油、化工、有机原料的提取、电子化学品的合成等	绿色能源、合成原料的中试、服务配套环节
	空间分布	唐家湾、井岸、会城、西区、联和等街镇	南水、石湾、观澜、宝龙、龙岗等街镇	容桂、西区、粤海、福海、桃源等街镇
汽车及其零部件	产业链	汽车零部件、新能源汽车、动力电池、电控系统等方面的研发	主要为汽车零部件制造和整车制造，涉及多用途车、商用车等	包括汽车服务、汽车贸易以及相关的"互联网＋"产业
	空间分布	狮山、里水、新桥、福海、葵涌、惠环等街镇	花山、桥头、怀城、金渡、道滘等街镇	粤海、桃源、西丽等街镇

	行业	研发设计	制造与装配	制造业服务端
生物医药	产业链	医疗器械、中成药、西药、疫苗、重组蛋白等研发	原料药、制剂，生物反应器、培养基、冷冻机等制药设备，医疗器械零组件制造	医疗器械销售及服务；医药品销售和消费，以及生物医药外包服务
	空间分布	唐家湾、观湖、联和、东区等街镇	石龙、坑梓、宝龙、台城、东城等街镇	粤海、西丽、海龙、官洲等街镇
智能家电	产业链	空调、冰箱等家电产品研发及零部件研发设计	空调冰箱等家电产品装配整装；电视、照明灯饰装配	家电与互联网融合销售服务
	空间分布	东升、北滘、石岩、桃源、容桂等街镇	北滘、人和、勒流、容桂、南湾、永宁等街镇	猎德、前山、新安等街镇
装备制造	产业链	高端数控机床、航空装备、轨道交通装备等研发设计	数控机床、海洋工程装备零部件、器件制造与装配	航空装备、轨道交通装备、海洋工程装备等装备制造业的科技服务环节
	空间分布	联和、东区、中山港、唐家湾、龙华等街镇	大朗、大岭山、狮山、福海、桂城、大良等街镇	粤海、西丽、沙头、琶洲、冼村、天园等街镇

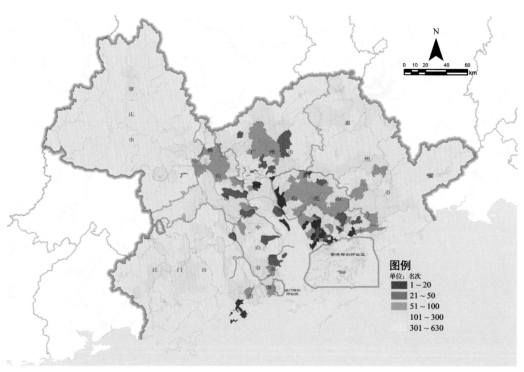

图 7-57 大湾区服务高端化能力评估街镇排名等级分布图

7.6.2 主要问题：发展质量与核心竞争力仍有待提升

1）产业结构有待优化，缺乏世界级城市群核心竞争力

2022年，粤港澳大湾区三次产业结构为1.32 ： 30.87 ： 67.81，显示其正在从工业经济迈向服务经济。要建设世界级城市群，大湾区产业发展还存在明显的结构性缺陷，并具体表现为以下两个方面。

（1）制造业结构缺陷：传统制造业为主，高端制造业不足

受原有全球化分工的影响，大湾区产业分工主要集中在中低端制造业环节，高端制造业受关键核心技术的制约发展明显不足。虽然近年来在电子信息、通信技术、新能源汽车、生物制造等领域取得了较大的突破，但受芯片制造、发动机、设计软件、关键材料等方面的影响，核心技术仍然受制于人，无法进入高端技术的高利润核心控制环节。而传统制造业的发展又由于成本高企而面临企业外迁的风险以及高质量发展转型的要求，高端制造业短期内难以快速突破产品研发、设计与量产等整个核心技术的链条，转化为直接生产力。可见，制造业结构是决定大湾区产业发展安全韧性的关键，也是其建设世界级城市群的基础，需要尽快对其进行调整。

（2）服务业结构缺陷：传统服务业为主，生产性服务业滞后

虽然大湾区的服务业比重已经在三次产业中达到67.81%，但与其他一流湾区和世界级城市群80～90%的比重相比仍然相差甚远，且除香港、澳门以外，其他内地城市多以房地产、物流、交通运输、金融等传统服务业为主，面向传统制造业转型、高端制造业发展的生产性服务业，比如节能环保服务、检验检测认证、研发设计、第三方物流、信息技术服务、服务外包、商务咨询、人力资源服务和品牌建设等相对不足，尚未从制造业中剥离出来，形成专业化的分工，由此影响了全社会产业发展的整体效率。

2）产业空间组织低效，难以满足建设高质量发展典范要求

人均GDP是反映区域发展质量的综合指标，粤港澳大湾区人均GDP与世界其他湾区或城市群相比之所以相对较低，其中产业结构缺乏核心竞争力是关键，但如何结合现有产业结构的优化以实现空间组织的优化，也是提高其高质量发展的重要举措。

大湾区未来要建设高质量发展典范，目前来看，产业空间组织上还比较低效。一方面，

受外向型经济两头在外的影响，大湾区各个城市之间以及内部更多的是以相对同质化的产业完成在全球的专业化分工，其产业集群更多的是规模集聚的产物，内部并没有按照产业链形成高效的组织。另一方面，产业链与创新链、供应链等还缺少多链融合方面的匹配性，随着全球供应链结构的大调整，产业链的组织方式已经与过去发生了很大的变化，不再是产业、创新、供应相对独立的组织方式，而是很多产业链本身通过对创新资源与平台的共享、供应链企业与市场的共享就包含了或融合了创新链、供应链，从而通过有效的链群组织以及空间组织大大降低发展的成本，适应新一轮全球化格局调整的竞争需求。

3）产业协作分工受阻，导致区域发展的相对失衡

受各种边界壁垒的限制，区域产业协作在一定程度上受到阻碍，难以按照市场化的分工进行有效组织，也带来区域发展的相对失衡。其中包括：

受城市行政壁垒分割，中心外围协作分工受阻。发挥都市圈对经济发展与区域治理的统筹作用，是有效疏解中心城市功能，带动外围地区发展的有效手段，尤其是对于大湾区而言，香港、广州、深圳等三大中心城市面积较小，用地空间有限，更需要通过功能的疏解与产业的协作在都市圈范围内统筹布局与分工。但实际上，受到行政壁垒与竞争机制的影响，目前三大都市圈内部仍未形成相对有序的功能与产业分工组织。

受湾区自然地理分割，东西两岸协作分工受阻。受珠江口湾区的影响，以香港、深圳为核心的都市圈均难以完美地推进其"圈层化"过程，西岸也由于距离和成本影响难以更好地接受香港与深圳的辐射带动作用。虽然随着港珠澳大桥的通车以及深中通道等重大交通基础设施的规划建设，珠江口湾区的分割影响会逐步削弱，包括"黄金内湾"战略的提出也将进一步强化东西两岸内湾圈层的要素集聚，但湾区自然地理分割的影响仍将在一定程度上长期存在。

7.6.3 策略建议：探索产业空间组织与区域协作新模式

1）从碳基走向硅基，促进产业结构升级

新能源汽车、生物医药、半导体制造、人工智能、5G等硅基为主的产业发展正在改变未来大湾区产业空间格局，使得湾区产业向智能化、绿色化方向升级转型。通过智能化

转型可以借助于数字经济，依托物联网、智联网等技术，快速实现产业之间的链接与分工协作，高效共享产业发展信息与服务，并在此过程中逐步消减对传统能源和资源的依赖，有利于同步实现绿色化转型，缓解未来"双碳"目标实现的压力。同时，利用数字经济、人工智能等新型技术与产业发展模式，在产业链、创新链、供应链等多链融合的过程中，促进制造业结构的调整，并配套相应的生产性服务业。

2）从集群走向链群，优化产业组织模式

未来区域产业之间的竞争不再简单依赖于产业规模集聚与集群发展，而是产业集群内部的产业链组织以及不同产业链之间的相互协同，即围绕从产业集群到产业链群的转变，大湾区需要尽快优化产业组织模式。重点包括：

围绕核心龙头，培育链主式企业。大湾区目前具有全球影响力的制造业产业集群大多围绕龙头企业，以高新区和科学城为载体，形成专业化的世界级产业极核，优先布局在湾区第二圈层区域和城市核心区外围。比如，深圳坪山及周边围绕比亚迪形成的世界级新能源汽车产业中心，粤海街道及坂雪岗片区围绕华为、腾讯、中兴通讯等形成的数字经济产业中心；东莞松山湖围绕华为形成的世界级先进通信产业集群，滨海湾新区围绕 VIVO、OPPO 等将形成的世界级智能手机产业中心；广州科学城围绕视源电子、小鹏汽车形成的世界级人工智能产业中心等。

围绕专精特新，实现供应链共享。在产业集群向产业链群转型的过程中，关键就是实现产业链与供应链的融合，当然其中也包括创新链等方面的多链融合。这里所说的供应链更多的是围绕产业发展，从原材料到核心技术再到产品和市场整个环节都参与进来，以支持构建具有核心竞争力和高度韧性的产业链发展。因此，在这个环节上，除了传统的物流服务以外，还需要更多的专精特新等隐形冠军企业、独角兽企业在重要环节上进行支持，以保持产业链的创新性和安全性。

3）从分工走向融合，实现产业协作共赢

大湾区更为独特的空间结构使其融合发展也面临更加复杂的需求，在产业发展方面重点是通过融合发展实现区域的相对均衡发展。

首先，发挥中心城市引擎作用，以三大都市圈为核心，促进产业梯度转移。香港、广

州、深圳三大中心城市核心引擎功能的发挥得益于其都市圈的健康发展，因此，需要打破行政壁垒，通过科技创新突破基础研究与核心技术短板，加快制造业的转型发展，优化生产性服务业配套，进一步强化其作为全球城市的发展职能。同时，围绕交通、生态等重要发展廊道，引导城市功能与产业集聚，大力培育龙头企业与隐形冠军、独角兽等特色企业，形成产业链、供应链、创新链等多链融合的发展走廊，带动外围各类新城、新区等重大平台的发展。

其次，利用东岸价值高地优势，以珠江口内湾为重点，实现产业功能对接。大湾区自身除了以三大中心城市为核心的三大圈层化演化结构以外，还存在以珠江口湾区为核心的内湾、外湾的圈层化演化结构。珠江口湾区城市的重要战略地区与高端功能要素进一步向内湾集聚，建议可将"黄金内湾"进一步拓展至港澳地区，通过黄金内湾地区重大平台与核心功能的联动以及基础设施和公共服务体系的共建共享，发挥东岸对西岸的辐射带动作用，培育珠澳作为西岸重要增长极，形成大湾区一体化发展示范区域，并逐步带动外湾圈层的发展。

第 8 章

深度融合：迈向高质量发展的世界级城市群

从大湾区"三体六维"模型可以看出，要通过持续的高质量发展建设世界级城市群，其关键在于认识和利用其作为巨型都市网络空间结构的独特性，从目前相对分散的城市群状态通过深度融合逐步走向一个巨型都市网络，强调其作为复杂系统的整体性，即实现结构或系统红利。从"三体"来看，则重点需要关注香港、广州、深圳三大中心城市以及三大都市圈的全球职能协调互补以及空间结构的协同发展，共同提升其全球核心竞争力，共建世界顶级全球城市与一流都市圈。从"六维"来看，则需要重点关注六大网络之间的耦合协同作用，在提升区域整体空间品质的同时，围绕重点区域发力，形成面向区域乃至世界的重要功能节点，持续优化巨型都市网络空间结构。从"三体六维"来看，则需要通过强调"六维"在重要节点、重要廊道上的耦合协同作用，不断扩大"三体"的中心影响力与腹地范围，发挥未来三大中心城市及都市圈对整个区域的空间组织与功能链接作用，共同参与全球化竞争。

8.1 高质量发展综合评估

8.1.1 "三体"+"六维"综合评估方法

大湾区作为复杂巨系统，其空间发展与治理具有系统性、综合性、协同性的内在要求，既要面向多层次空间高质量发展的多维总体目标，更要聚焦城市群、都市圈空间治理的协同与跨界融合发展。

综合评估关注城市群与都市圈嵌套的空间组织独特性，在传统多维度叠加的评估方法基础上，强调粤港澳大湾区三大中心城市——香港、广州与深圳为核心的要素组织体系与空间辐射网络。通常，在城市群的综合评估与网络分析中，往往将各空间基础单元在网络中的联系度以均等权重计算，但在"三体"核心城市都市圈视角下，各单元与核心城市的联系往往更加重要。如评价惠州某街道的联系度时，其与东莞的联系度、与深圳的联系度，往往被视为同等价值，但实际上后者的重要性大概率更高。

粤港澳大湾区巨型都市网络的高质量评估，既需要覆盖社会、经济、生态等多个维度，在指标中体现空间发展的属性、网络以及价值的多层次特征，即"六维"指标；更需要面向城市群都市圈叠加的空间体系特征强调中心协同性评估，即"三体"指标，由此构成"三体"+"六维"的综合评估方法（表8-1）。

"三体"+"六维"综合评估权重一览表　　　　　　　　　　　表8-1

一级指标	一级指标权重	二级指标专项	二级指标权重
"三体"指标	0.2	人员流动	0.5
		企业联系	0.2
		交通可达	0.2
		政策协作	0.1
"六维"指标	0.8	环境风景	0.5
		人文服务	0.6
		交通互联	0.7
		开放包容	0.8
		创新活力	0.9
		产业发展	1

8.1.2 广深港澳四大核心城市引领大湾区高质量发展

大湾区高质量发展评估排名前 20 名街镇主要分布在各市科技创新产业、ICT（信息、通信和技术）产业集聚地区，如深圳南山区、宝安中心区（新一代信息技术集中区）、福田区（金融和科创服务集中区），广州市联合街道（广州科学城）。深圳市共 11 个街道进入前 20 名，其中南山区就有 6 个街道上榜（全区共 8 街道）；而广州市仅有 1 个街道上榜，为黄埔区的联合街道。香港特别行政区中上榜地区主要集中于香港岛和九龙等集聚了金融与教育、文化场馆等高端国际化服务水平要素的地区。澳门特别行政区由于面积较小，在国际形势影响下，产业发展较为受限，仅有嘉模堂区进入前 20 名（表 8-2、图 8-1）。

大湾区高质量发展综合评估前 100 名街镇排名　　　　　　表 8-2

排名	街镇	排名	街镇	排名	街镇	排名	街镇
1	深圳，粤海街道	15	深圳，南山街道	29	深圳，梅林街道	43	深圳，园岭街道
2	香港，中西区	16	深圳，招商街道	30	广州，南沙街道	44	深圳，沙井街道
3	深圳，桃源街道	17	深圳，新安街道	31	深圳，福永街道	45	广州，洪桥街道
4	香港，油尖旺区	18	香港，东区	32	香港，屯门区	46	广州，琶洲街道
5	香港，湾仔区	19	深圳，西乡街道	33	香港，观塘区	47	深圳，华强北街道
6	深圳，沙河街道	20	东莞，大朗镇	34	深圳，光明街道	48	佛山，北滘镇
7	香港，深水埗区	21	广州，小谷围街道	35	香港，西贡区	49	深圳，龙城街道
8	深圳，福田街道	22	深圳，石岩街道	36	广州，五山街道	50	深圳，香蜜湖街道
9	深圳，西丽街道	23	澳门，大堂区	37	深圳，福保街道	51	澳门，圣安多尼堂区
10	深圳，坂田街道	24	深圳，华富街道	38	深圳，莲花街道	52	深圳，民治街道
11	广州，联和街道	25	香港，南区	39	香港，离岛区	53	深圳，航城街道
12	香港，沙田区	26	澳门，风顺堂区	40	东莞，南城街道	54	佛山，桂城街道
13	深圳，沙头街道	27	深圳，新湖街道	41	澳门，花地玛堂区	55	深圳，桂园街道
14	澳门，嘉模堂区	28	澳门，圣方济各堂区	42	深圳，福海街道	56	广州，石壁街道

排名	街镇	排名	街镇	排名	街镇	排名	街镇
57	深圳，南头街道	68	珠海，横琴镇	79	广州，石牌街道	90	广州，南洲街道
58	广州，新港街道	69	深圳，龙华街道	80	深圳，大浪街道	91	深圳，翠竹街道
59	香港，九龙塘区	70	深圳，凤凰街道	81	深圳，吉华街道	92	深圳，黄贝街道
60	东莞，虎门镇	71	香港，元朗区	82	澳门，路氹填海区	93	广州，天河南街道
61	香港，葵青区	72	广州，北京街道	83	广州，多宝街道	94	中山，东区街道
62	东莞，寮步镇	73	深圳，南湖街道	84	广州，黄阁镇	95	香港，大埔区
63	香港，北区	74	深圳，东湖街道	85	广州，白云街道	96	珠海，唐家湾镇
64	深圳，玉塘街道	75	深圳，蛇口街道	86	深圳，南园街道	97	香港，黄大仙区
65	香港，荃湾区	76	广州，猎德街道	87	广州，洛浦街道	98	广州，京溪街道
66	佛山，狮山镇	77	广州，南村镇	88	佛山，石湾镇街道	99	深圳，清水河街道
67	东莞，长安镇	78	澳门，望德堂区	89	广州，大东街道	100	广州，钟村街道

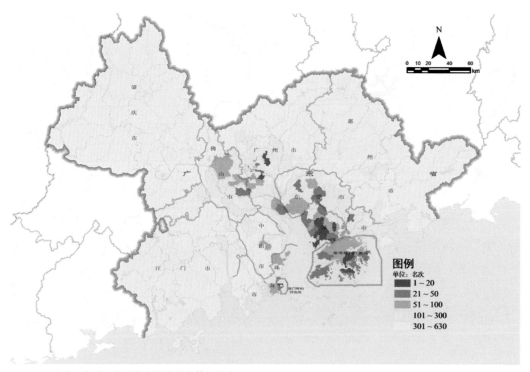

图 8-1　大湾区高质量发展综合评估排名等级分布图

需要指出的是，广州各个维度均有价值突出、排名前列的街镇（平均在 5 ~ 6 个），但高质量发展综合排名前 20 名中仅有 1 个街镇。溯其原因，可发现广州的核心功能在街镇尺度上呈现"多中心"特征，各维度优势资源集聚的街镇分布于不同行政区，各项指标被叠加后单维度优势被稀释。如环境风景、人文服务靠前的街镇主要分布在越秀区；交通互联维度具有优势的街镇主要分布于番禺区；创新活力维度则主要分布在天河区；产业发展维度则集中于黄埔区。

将各维度专项评估得分前 50 的街镇按城市统计，可明显发现广深港澳四大核心城市的引领地位（图 8-2）。其中，广州虽然高质量发展总体得分位于前 20 的街镇不多，但在各个专项上的引领街镇总频次最多，尤其在人文、互联与创新维度；深圳则主要在风景、开放、创新、产业四个维度具有突出优势；香港、澳门在风景、人文、开放方面均具有独特价值，其中香港在创新方面也具有重要积累。此外，对大湾区其他城市而言，也可挖掘其独特价值，如江门的人文价值、珠海的风景与产业、东莞的创新与产业等。

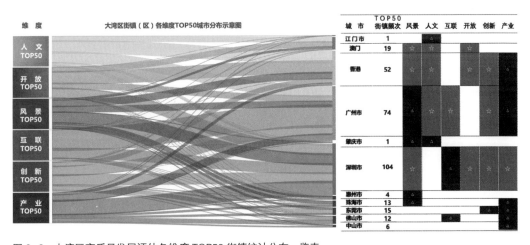

图 8-2　大湾区高质量发展评估各维度 TOP50 街镇统计分布一览表

8.1.3　价值梯队和潜力梯队不断完型大湾区巨型都市网络结构

高质量发展的目的是获取高质量的要素产出，本书主要以创新活力和产业发展两大要素产出维度为导向，根据各维度街镇排名进行分级并识别价值梯队与潜力梯队。其中价值梯队，代表各城市核心区域以"产业发展与创新活力"双动力稳定驱动高质量发展；

潜力梯队，是部分城市边界地区借助势差和流动价值，发挥街镇特长，找寻适应性发展路线（表8-3）。

价值与潜力街镇分析逻辑图 表8-3

梯队	内涵	分级
价值梯队街镇	产业发展与创新活力均发展优异，且其余各维度相对均衡	A1-1：产业发展与创新活力前10%，其余四项平均排名前50%
		A1-2：产业发展与创新活力前10%
		A2-1：产业发展与创新活力前20%，其余四项平均排名前50%
		A2-2：产业发展与创新活力前20%
		A3-1：产业发展与创新活力前50%，其余四项平均排名前50%
潜力梯队街镇	产业发展与创新活力中至少有一项发挥突出	B1-1：产业发展与创新活力前50%
		B2-1：产业发展或创新活力前20%，其余四项平均排名前50%
		B2-2：产业发展或创新活力前20%
		B2-3：产业发展或创新活力前50%，其余四项平均排名前50%
		B2-4：产业发展或创新活力前50%
		B3：产业发展或创新活力前100%，其余四项平均排名前50%

结果发现（图8-3），在空间布局上，①价值梯队街镇与城市中心区高度相关，如深圳市福田区、南山区、广州市天河区。同时也有一部分价值梯队内地区是新兴的创新活力地区，如前海、南沙、横琴、松山湖、知识城、火炬开发区等，体现了商务服务与创新中心的地位与价值。这一部分地区形成了大湾区重要的核心节点，具有引领、带动周围地区的重要作用。同时也有一部分进入价值梯队的街镇，出现在深莞交界、广佛交界等地区，体现了边界带来的势差与流动价值凸显。这一部分地区体现了大湾区生态边界、行政边界被不断打破，在市场、成本要素影响下所进行的尺度重构，通过构造产业链、创新链等联系，推动世界一流专业化中心的发展。由于广州海珠区、荔湾区、越秀区街镇行政区划面积小，功能维度相对集中，在此计算方法下多数街镇被列入潜力梯队。②潜力梯队街镇大量分布于城市临界地区，如深莞惠交界处的东莞、惠州的街镇，佛山、江门、中山交界处街镇。这一部分地区在"产业发展与创新活力"中至少有一项发挥突出，具有较大的发展潜力，也是未来可以重点关注的地区。

价值梯队与潜力梯队所在地区以各类功能节点的形式不断推动大湾区作为巨型都市网

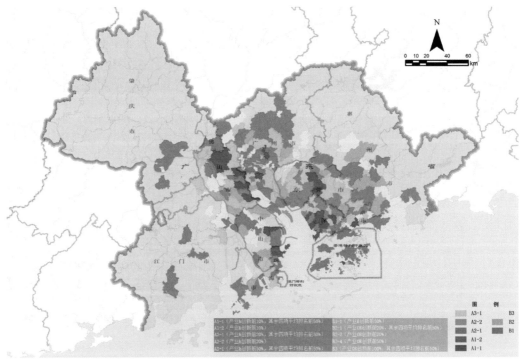

图 8-3　大湾区价值与潜力区域分析结果

络的系统涌现，相对而言，价值梯队所形成的功能节点各维度发展相对成熟，尤其是创新活力和产业发展方面，已经发挥重要的区域引领作用，未来重点是发挥长板维度优势，补充短板维度功能，使其发挥区域乃至世界级重要价值节点的辐射带动作用；潜力梯队正在发育，在创新活力和产业发展维度具有一定的优势，但节点的价值等级以及对区域的影响力相对薄弱，未来重点是继续培育长板维度优势，强化与周边区域的功能联系，迅速融入巨型都市网络的功能体系。

8.2　大湾区高质量发展新范式的策略应对

8.2.1　深度融合，协同港澳共建世界级城市群

大湾区在空间结构上由于湾区自然地理和城市行政壁垒的分割导致形态与功能的破碎

化,并形成各个城市之间多元异构的空间生长逻辑,比如广州的流域经济、深圳的组团结构、香港的离岸飞地经济等,未来要从一群城市走向一个世界级城市群,面临深度融合的问题。同时,大湾区拥有三个经济体量相当且长板优势差异明显的中心城市及其所形成的腹地高度叠加、边界动态演化的三大都市圈,再加上佛山、东莞,同时拥有3个超大城市和2个特大城市,存在经济发展联系上的巨大断层以及"一国两制"下的制度高墙,未来如何构建城市之间、制度之间新型的链接关系,也需要从深度融合的视角进行考虑。

未来大湾区要推动深度融合发展,从"三体"视角应重点做好三大中心城市之间的功能链接,以发挥各自长板优势,同时强化三大都市圈的功能联系,以核心城市的中心功能集聚以及腹地范围的拓展不断推动大湾区巨型都市网络功能节点的涌现,从而实现大湾区空间功能的垂直优化;从"六维"视角做好六张网络的耦合协同,在重要功能节点与廊道上实现资源的高度集聚与功能链接,实现大湾区空间网络的水平优化。而通过"三体"与"六维"的深度融合,则可以充分发挥港澳对接国际功能、衔接双循环发展的制度优势,并确保关键性要素的链接,从而真正支持港澳繁荣稳定发展,协同港澳共建世界级城市群。

8.2.2 三体引擎,相互支撑共担全球服务职能

由香港、广州、深圳三大中心城市及其所在的都市圈所组成的"三体"是推动大湾区巨型都市网络空间结构优化、引领大湾区高质量发展与世界级城市群建设的核心引擎,其中三大中心城市代表了大湾区顶级的全球职能,三大都市圈代表了大湾区顶级的价值链接,都市圈的不断发展和内部功能联系的强化与价值的持续提升,是三大中心城市全球服务职能不断增强的保障。因此,发挥"三体"引擎功能,关键就是构建世界一流的全球城市与都市圈。

其中香港、广州、深圳之间围绕长板优势建立紧密合作与相互支撑关系,比如在航运、金融、科创方面的合作;围绕短板功能建立共建共享服务体系,比如生态环境、人文服务品质的提升,从而在增强大湾区发展的安全韧性的基础上,形成"一个世界一流全球城市"的合力,从而与纽约、东京等世界城市媲美。

香港、广州、深圳三大都市圈,不断扩大影响腹地,乃至可以根据新的国际形势下的产业分工与泛珠三角等地区建立紧密的要素联系,推动产业更大范围的分工,从而提升要

素成本与资源配置优势。同时根据都市圈腹地范围以及腹地高度叠加的跨界地区发展需要，快速规划、建设相应的基础设施与公共服务支撑体系，引导其形成合理的创新链、产业链和供应链分工与融合发展态势，并围绕重大交通设施与产业链的布局，构建重要的发展廊道，穿透并串联都市圈的各个圈层，打破经济的断层、制度的高墙、空间的破碎等发展局限。

通过三大中心城市与三大都市圈的深度融合，才能不断地提升全球服务职能并实现共担共享，并由此形成3个地位不断升级的世界一流全球城市以及三大都市圈。三大都市圈通过促进广佛同城与深港双城的发展，将可能形成广佛与深港两大世界顶级的都市圈，以南北之势带动整个大湾区的发展，并辐射泛珠三角等更广阔的腹地范围。

8.2.3 尺度重构，合作共赢建设跨界网络节点

大湾区复杂的自然、行政、制度、成本等边界以及超大城市、特大城市、都市圈等不同空间主体边界，在高密度要素集聚、高强度要素流动的作用下，处于持续的活跃状态，并以不同的合作形式推动大湾区空间尺度的重构，因此可以说，作为"巨型都市网络"，大湾区空间演绎过程正是不同功能节点城市与区域不断涌现并对区域多尺度重构的过程。

随着深港与广佛两大都市圈内部的深度融合发展，位于都市圈交界处的城市因腹地的收缩变成节点城市，除东莞、中山之外，惠州、肇庆、江门也有可能向跨界节点城市演变。珠海因横琴新区的政策升级，与澳门的合作更为密切，在澳门"博彩＋旅游"基础上有望将制造业合作拓展到斗门、金湾等地区，形成"博彩＋旅游＋制造"的合作模式，以适度多元化、相对专业化的全球职能服务大湾区并带动珠江西岸发展，成为特色化的跨界节点城市。而"9+2"城市跨界地区因用地、成本、生态环境等优势更容易成为新的战略节点区域，尤其是深港都市圈与广佛都市圈之间的"腰部"区域，由于都市圈叠加所带来的活力，将成为更多区域性战略节点涌现并推动空间持续重组的敏感区域。

另外，在广深港澳科技创新走廊以及以黄金内湾为代表的核心湾区等战略性区域，也存在着围绕共同目标和主导功能的合作模式，并通过功能链接、结构重塑为这些区域提供更具价值或更多数量的节点，从而增强区域的紧密联系，发挥其对大湾区巨型都市网络空间优化的主导作用。

8.2.4 聚焦长板，专业发展构筑多元功能体系

不仅"三体"之间要强化长板的发展，对于巨型都市网络而言，各个节点除了拥有高质量发展的基本盘以外，其在网络中的节点价值也更多地表现为其长板功能在区域乃至世界中的地位，因此，未来应进一步强化各节点专业化功能及同类型功能的协作。

对于不同级别的创新中心，鼓励共同攻克创新链上的基础研究与核心技术短板，构筑区域创新链，提升大湾区在全球创新链中的地位；对于不同级别的产业中心，对产业链进行整合与提升，共同建设具有全球影响力的若干世界级产业链，从行业的专业化分工与协作过渡到产业链的专业化分工与协作，并突出产业链与创新链的整合，共同形成支撑世界级城市群与国际科技创新中心的全球价值链；对于不同级别的交通枢纽门户，可根据其创新、产业等功能节点发展需要，完善枢纽门户类型与等级，支撑节点间的功能协作与要素流动。

参考文献

[1] 彼得·霍尔，凯西·佩恩. 多中心大都市：来自欧洲巨型城市区域的经验 [M]. 罗震东，等译. 北京：中国建筑工业出版社. 2010.

[2] Castells, M, The rise of the network society[M]. Oxford: Blackwell Publishing. 1996.

[3] 陈红霞，吴姝雅. 三大都市圈城市网络的发展水平与结构特征比较：基于六大类生产性服务业细分行业的实证研究 [J]. 经济地理，2020，40（4）：110–118.

[4] 陈雯，兰明昊，孙伟，等. 长三角一体化高质量发展：内涵、现状及对策 [J]. 自然资源学报，2022，37（6）：1403–1412.

[5] 陈雄辉，陈铭聪，孙熹寰，等. "四链"融合发展水平评价研究：以广东地区为例 [J]. 中国科技论坛，2021（7）：107–114.

[6] 程遥，张艺帅，赵民. 长三角城市群的空间组织特征与规划取向探讨：基于企业联系的实证研究 [J]. 城市规划学刊，2016（4）：22–29.

[7] Christaller W. Central places in southern german, 1933[M]. London: Prentice Hall, 1966.

[8] 方创琳. 城市群空间范围识别标准的研究进展与基本判断 [J]. 城市规划学刊，2009，4（182）：1–6.

[9] 方创琳，宋吉涛，蔺雪芹，等. 中国城市群可持续发展理论与实践 [M]. 北京：科学出版社，2010.

[10] 方创琳，宋吉涛，张蔷，等. 中国城市群结构体系的组成与空间分异格局 [J]. 地理学报，2005（5）：827–840.

[11] 方创琳，王振波，马海涛. 中国城市群形成发育规律的理论认知与地理学贡献 [J]. 地理学报，2018，73（4）：651–665.

[12] 方创琳. 中国城市群形成发育的新格局及新趋向 [J]. 地理科学，2011，31（9）：1025–1034.

[13] 方大春，孙明月. 高铁时代下长三角城市群空间结构重构：基于社会网络分析 [J]. 经济地理，2015，35（10）：50–56.

[14] 方煜，徐雨璇，孙文勇，等. 都市圈一体化规划：深圳实践与思考 [J]. 城市规划学刊，2022（5）：24–31.

[15] 高慧智，张京祥，胡嘉佩. 网络化空间组织：日本首都圈的功能疏散经验及其对北京的启示 [J]. 国际城市规划，2015，30（5）：75–82.

[16] 高婧怡，翟国方，胡继元，等. 新冠疫情背景下日本首都圈灾害风险应对的最新动向及启示 [J]. 国际

城市规划，2020（3）：136-145.

[17] 高爽，王少剑，王泽宏 . 粤港澳大湾区知识网络空间结构演化特征与影响机制 [J]. 热带地理，2019，39（5）：678-688.

[18] Geddes P, LeGates R, Stout F. Cities in evolution[M]. London: Routledge, 2021.

[19] Gottman J. Megalopolis or the urbanization of the northeastern seaboard[J]. Economic Geography, 1957，（3）：189-200.

[20] 顾朝林 . 巨型城市区域研究的沿革和新进展 [J]. 城市问题，2009（8）：2-10.

[21] 顾朝林，俞滨洋，薛俊菲 . 都市圈规划：理论·方法·实例 [M]. 北京：中国建筑工业出版社，2007.

[22] 顾朝林 . 中国城市地理 [M]. 北京：商务印书馆，1999.

[23] 广东省城乡规划设计研究院 . 广东省人口城镇化发展趋势研究 [R]. 广州：广东省城乡规划设计研究院，2019.

[24] 郭杰，姜璐，张虹鸥，等 . 流空间视域下城市群功能协同发展研究：以旧金山湾区为例 [J]. 热带地理，2022，42（2）：195-205.

[25] Hall P. Looking backward, looking forward: The city region of the mid-21st century[J]. Regional Studies, 2009, 43(6): 803-817.

[26] 韩冬 . 城镇化高质量发展水平测度：基于京津冀城市群的实证 [J]. 统计与决策，2022，38（4）：93-97.

[27] 何舸 . 山水园林城市生态空间规划研究：以南宁市为例 [J]. 生态学报，2021（18）：7406-7416.

[28] 何锐 . 澳门国土空间形态之演变 [J]. 城乡建设，2022（1）：74-77.

[29] 侯兵，周晓倩，卢晓旭，等 . 城市文化旅游竞争力评价体系的构建与实证分析：以长三角地区城市群为例 [J]. 世界地理研究，2016，25 (6)：166-176.

[30] 埃比尼泽·霍华德 . 明日的田园城市 [M]. 金经元，译 . 北京：商务印书馆，2000.

[31] 胡序威 . 有关城市化与城镇体系规划的若干思考 [J]. 城市规划，2000，（1）：16-20，64.

[32] 黄建富 . 世界城市的形成与城市群的支撑：兼谈长三角城市群的发展战略 [J]. 世界经济研究，2003（7）：17-21.

[33] 贾文山；石俊 . 中国城市文化竞争力评价体系的构建：兼论西安文化价值的开发 [J]. 西安交通大学学报（社会科学版），2019，39（5）：139-145.

[34] 简新华，聂长飞 . 中国高质量发展的测度：1978-2018[J]. 经济学家，2020（6）：49-58.

[35] 金凤君，冯瑜满，姚作林，等 .20 世纪中叶以来全球经济地理格局的演化特征与模式 [J]. 世界地理研究，2023，32（11）：1-12.

[36] 李国平，吴爱芝，孙铁山 . 中国区域空间结构研究的回顾及展望 [J]. 经济地理，2012，32（4）：6-11.

[37] 李磊，张贵祥 . 京津冀城市群内城市发展质量 [J]. 经济地理，2015，35（5）：61-64，8.

[38] 李涛，程遥，张伊娜，等 . 城市网络研究的理论、方法与实践 [J]. 城市规划学刊，2017（6）：43-49.

[39] 李晓莉 . 大珠三角城市群空间结构的演变 [J]. 城市规划学刊，2008（2）：49-52.

[40] 李郇，周金苗，黄耀福，等 . 从巨型城市区域视角审视粤港澳大湾区空间结构 [J]. 地理科学进展，2018，37（12）：1609-1622.

[41] 李艳，孙阳，姚士谋 . 一国两制背景下跨境口岸与中国全球城市区域空间联系：以粤港澳大湾区为例 [J]. 地理研究，2020，39（9）：2109-2129.

[42] 李叶妍，王锐.中国城市包容度与流动人口的社会融合 [J].中国人口资源与环境，2017，27（1）：146-154.

[43] 林雄斌，马学广，晁恒，等.珠江三角洲巨型城市区域空间组织与空间结构演变研究 [J].人文地理，2014，29（4）：59-65，97.

[44] 凌连新，阳郭良.粤港澳大湾区经济高质量发展评价 [J].统计与决策，2020，36（24）：94-97.

[45] 刘冰，许劼，张伊娜.基于城际铁路的城市群空间网络重构：以沪宁、沪杭走廊为例 [J].城市规划学刊，2020，（2）：40-48.

[46] 刘楷琳，尚培培.中国城市群高质量发展水平测度及空间关联性 [J].东北财经大学学报，2021（3）：37-46.

[47] 刘艳军，李诚固，孙迪.城市区域空间结构：系统演化及驱动机制 [J].城市规划学刊，2006（6）：73-78.

[48] 刘薇.战略性新兴产业发展指标体系的构建 [J].青海金融，2016（4）：28-32.

[49] 刘心怡.粤港澳大湾区城市创新网络结构与分工研究 [J].地理科学，2020，40（6）：874-881.

[50] 刘玉亭，王勇，吴丽娟.城市群概念、形成机制及其未来研究方向评述 [J].人文地理，2013，28（1）：62-68.

[51] 卢小君，韩愈.中国城市社会包容水平测度：以 48 个城市为例 [J].城市问题，2018（12）：37-43.

[52] 罗丽霞，白晶，陈思伽.构建粤港澳大湾区青年人才的城市人文服务指标体系 [J].特区实践与理论，2022（6）：99-106.

[53] 罗震东，朱查松.解读多中心：形态、功能与治理 [J].国际城市规划，2008，23（1）：85-88.

[54] 吕凤涛，麦建开，王园园，等.粤港澳大湾区城市群时空演化的多尺度分析 [J].热带地貌，2020，41（2）：27-37.

[55] 马海涛，黄晓东，李迎成.粤港澳大湾区城市群知识多中心的演化过程与机理 [J].地理学报，2018，73（12）：2297-2314.

[56] 马向明，陈洋，陈昌勇，等."都市区""都市圈""城市群"概念辨识与转变 [J].规划师，2020（3）：5-11.

[57] 马向明，陈洋，黎智枫.粤港澳大湾区城市群规划的历史、特征与展望 [J].城市规划学刊，2019（6）：15-24.

[58] 莫大喜.珠三角都市连绵区生成机制浅析 [J].特区经济，2007（2）：33-34.

[59] 钮心毅，王垚，刘嘉伟，等.基于跨城功能联系的上海都市圈空间结构研究 [J].城市规划学刊，2018（5）：80-87.

[60] 彭芳梅.粤港澳大湾区及周边城市经济空间联系与空间结构：基于改进引力模型与社会网络分析的实证分析 [J].经济地理，2017，37（12）：57-64.

[61] 平力群 日本平衡首都圈规划建设五大关系的启示 [J].东北亚学刊，2020（2）：89 150.

[62] 邱坚坚，刘毅华，陈浩然，等.流空间视角下的粤港澳的大湾区空间网络格局：基于信息流与交通流的对比分析 [J].经济地理，2019，39（6）：7-15.

[63] 邱衍庆，钟烨，刘沛，等.粤港澳大湾区背景下的穗莞深创新网络研究 [J].城市规划，2021，45（8）：31-41.

[64] Scott A J. Regional push: towards a geography of development and growth in lowand middle-income countries[J]. Third World Quarterly, 2002, 23(1): 137-161.

[65] 单婧，张文闻 . 高质量发展下粤港澳大湾区产业结构转换和全要素生产率 [J]. 经济问题探索，2021（12）：178-190.

[66] 宋吉涛，方创琳，宋敦江 . 中国城市群空间结构的稳定性分析 [J]. 地理学报，2006（12）：1311-1325.

[67] 宋家泰 . 城市—区域与城市区域调查研究：城市发展的区域经济基础调查研究 [J]. 地理学报，1980，35（4）：277-287.

[68] 唐常春，李亚平，杜也，等 .1980—2018 年粤港澳大湾区国土空间结构演变 [J]. 地理研究，2021，40（4）：928-944.

[69] 唐承辉，张衔春 . 全球城市区域合作网络结构演变：以粤港澳大湾区为例 [J]. 经济地理，2022，42（2）：25-34.

[70] 唐子来，赵渺希 . 经济全球化视角下长三角区域的城市体系演化：关联网络和价值区段的分析方法 [J]. 城市规划学刊，2010（1）：29-34.

[71] Taylor P J. Urban hinterworlds: geographies of corporate service provision under conditions of contemporary globalization[J]. Geography, 2001, 86(1): 51-60.

[72] 涂建军，况人瑞，毛凯 . 等，成渝城市群高质量发展水平评价 [J]. 经济地理，2021，41（7）：50-60.

[73] Wall R S. Netscape: cities and global corporate networks[M]. Rotterdam: Haveka，2009.

[74] 王蓓，刘卫东，陆大道 . 中国大都市区科技资源配置效率研究：京津冀、长三角和珠三角地区为例 [J]. 地理科学进展，2011，30（10）：1233-1239.

[75] 王方方，李香桃 . 粤港澳门大湾区城市群空间结构演化机制及协同发展：基于高铁网络数据 [J]. 城市问题，2020（1）：43-52.

[76] 王凯，陈明，等 . 中国城市群的类型和布局 [M]. 北京：中国建筑工业出版社，2019.

[77] 王少剑，高爽，王宇渠 . 基于流空间视角的城市群空间结构研究：以珠三角城市群为例 [J]. 地理研究，2019，38（8）：1849-1861.

[78] 王兴平 . 都市区化：中国城市化的新阶段 [J]. 城市规划汇刊，2002（4）：56-59，80.

[79] 吴家权，谢涤湘，李超骎，等 . 知识创新与技术创新网络空间结构的演化特征：基于"流空间"视角的粤港澳大湾区案例研究 [J]. 城市问题，2021（4）：12-21.

[80] 解芳芳，赵迎雪，方煜，等 . 粤港澳大湾区跨界地区的规划及发展路径思考 [J]. 城市规划学刊，2022（7）：28-34.

[81] 谢守红 . 都市区、都市圈和都市带的概念界定与比较分析 [J]. 城市问题，2008（6）：19-23.

[82] 闫小培，毛蒋兴，普军 . 巨型城市区域土地利用变化的人文因素分析：以珠江三角洲地区为例 [J]. 地理学报，2006（6）：613-623.

[83] 杨兰桥 . 推进我国城市群高质量发展研究 [J]. 中州学刊，2018（7）：21-25.

[84] 杨阳，窦钱斌，姚玉洋 . 长三角城市群高质量发展水平测度 [J]. 统计与决策，2021（11）：89-93.

[85] 姚士谋，陈振光，叶高斌，等 . 中国城市群基本概念的再认识 [J]. 城市观察，2015（1）：73-82.

[86] 姚士谋 . 我国城市群的特征、类型与空间布局 [J]. 城市问题，1992（1）：10-15.

[87] 姚士谋，周春山，王德，等 . 中国城市群新论 [M]. 北京：科学出版社，2016.

[88] 尹海丹 . 粤港澳大湾区城市经济高质量发展评价与对策 [J]. 中国经贸导刊，2020（2）：6-9.

[89] 于洪俊，宁越敏 . 城市地理概论 [M]. 合肥：安徽科学技术出版社，1983.

[90] 张京祥 . 城镇群体空间组合 [M]. 南京：东南大学出版社，2000.

[91] 张磊 . 都市圈空间结构演变的制度逻辑与启示：以东京都市圈为例 [J]. 城市规划学刊，2019（1）：74–81.

[92] 张晓明 . 长江三角洲巨型城市区特征分析 [J]. 地理学报，2006（10）：1025–1036.

[93] 张艺帅，赵民，程遥 . 我国城市群的识别、分类及其内部组织特征解析：基于"网络联系"和"地域属性"的新视角 [J]. 城市规划学刊，2020（4）：18–27.

[94] 张昱，陈俊坤 . 粤港澳大湾区经济开放度研究：基于四大湾区比较分析 [J]. 城市观察，2017(6)：7–13，24.

[95] 张震，覃成林 . 新时期京津冀城市群经济高质量发展分析 [J]. 城市问题，2021（9）：38–48.

[96] 赵渺希，魏冀明，吴康 . 京津冀城市群的功能联系及其复杂网络演化 [J]. 城市规划学刊，2014（1）：46–52.

[97] 曾春水，林明水，湛东升，等 . 城市职能特征及其形成机理研究进展与展望 [J]. 地理科学进展，2021，40（11）：1956–1969.

[98] 郑德高 . 经济地理空间重塑的三种力量 [M]. 北京：中国建筑工业出版社，2021.

[99] 郑德高，朱雯娟，陈阳，等 . 基于网络和节点对长三角城镇空间的再认识 [J]. 城市规划学刊，2017(8)：20–26.

[100]郑艳婷 . 中国城市群的空间模式：分散性区域集聚的理论背景、形成机理及最新进展 [J]. 地理科学进展，2020，39（2）：339–352.

[101]周恺，孙超群 . 百年交响：四次纽约大都市区规划的历史演化分析 [J]. 城市发展研究，2021，28（10）：15–22.